高等职业教育"新资源、新智造"系列精品教材

用微课学·电路分析与应用

张晓娟　刘　爽　主　编

马莹莹　张立娟　高艳春　副主编

電子工業出版社

Publishing House of Electronics Industry

北京·BEIJING

内 容 简 介

本书根据教育部高职课程教学基本要求和电路基础课程标准编写，为满足应用型人才培养的教学需求，共开发了 6 个学习情境，精心设计了 13 个项目，分别为安全用电、触电方式与急救方法、电路的基本概念、基尔霍夫定律、电动车照明电路的设计、直流电路的分析与应用、指针式万用表的设计、直流激励下的一阶动态电路分析、简单低通滤波电路的设计、正弦交流电路分析、日光灯照明电路的设计、变压器的工作原理和单相电源变压器的设计。在每个学习情境中均设置了技能实训，以培养学生的学习兴趣和提高学生的综合能力。

为了让学生能够快速、有效地掌握电路分析的核心知识和技能，同时通过行动导向实现学生“德技并修”的培养目标，每一个项目又分为若干个任务，并通过任务导入循序渐进地展开教学，使学习者的专业能力和综合能力不断提升。

本书以“纸质教材+在线开放课程”的方式，配有数字化课程网站，既可以通过扫描书中的二维码观看教学视频，也可以在平台上在线学习。

本书可作为高职高专院校机电一体化技术、电气自动化技术、智能控制技术、应用电子技术等专业的教材，也可作为其他相关专业学生的选修教材，还可作为企业培训用书及供工程技术人员自学参考使用。

图书在版编目（CIP）数据

用微课学・电路分析与应用 / 张晓娟，刘爽主编. —北京：电子工业出版社，2019.7

ISBN 978-7-121-36691-8

Ⅰ. ①用… Ⅱ. ①张… ②刘… Ⅲ. ①电路分析—高等职业教育—教材 Ⅳ. ①TM133

中国版本图书馆 CIP 数据核字（2019）第 103155 号

责任编辑：王昭松
印　　刷：河北鑫兆源印刷有限公司
装　　订：河北鑫兆源印刷有限公司
出版发行：电子工业出版社
　　　　　北京市海淀区万寿路 173 信箱　邮编　100036
开　　本：787×1092　1/16　印张：13.75　字数：335 千字
版　　次：2019 年 7 月第 1 版
印　　次：2024 年 8 月第 8 次印刷
定　　价：39.80 元

凡所购买电子工业出版社图书有缺损问题，请向购买书店调换。若书店售缺，请与本社发行部联系，联系及邮购电话：（010）88254888，88258888。

质量投诉请发邮件至 zlts@phei.com.cn，盗版侵权举报请发邮件至 dbqq@phei.com.cn。

本书咨询联系方式：（010）88254015，wangzs@phei.com.cn，QQ：83169290。

前 言

"电路分析与应用"是机电类、电子电气类专业开设的一门专业基础课程。本书根据高等职业教育的培养目标，结合多年的教学改革和课程改革成果，本着"工学结合、任务驱动、学做一体、体现标准、创新形式"的原则编写，突出实践应用和职业能力培养。其编写特点是以学习情境为单元，以实际应用为主线，通过设计不同的项目，引导学生将知识学习自然地嵌入到每一个任务中，做到学做一体。通过每一个任务的完成，将知识点、技能点、素质点的学习和培养有机地融合到教与学中。

全书共分为 6 个学习情境，分别为用电安全、电动车照明电路的设计、指针式万用表的设计、简单低通滤波电路的设计、日光灯照明电路的设计、变压器及其测试，较为全面地介绍了电路基础与应用的有关内容。

本书为满足应用型人才培养的教学需求，精心设计了 13 个项目，分别为安全用电、触电方式与急救方法、电路的基本概念、基尔霍夫定律、电动车照明电路的设计、直流电路的分析与应用、指针式万用表的设计、直流激励下的一阶动态电路分析、简单低通滤波电路的设计、正弦交流电路分析、日光灯照明电路的设计、变压器的工作原理、单相电源变压器的设计。每个项目又由若干个任务组成，每个任务通过任务导入循序渐进地展开教学，既能引导学生学习，又能激发学生自主学习的热情。在每个学习情境中均设置了技能实训，以培养学习兴趣和提高综合能力。

本书依托纸质内容，形成立体化、移动式的教学资源，制作了微课视频、演示文稿、动画等资源，极大地方便了各种教学活动，可同时满足线上、线下学习的需要，拓展了学生的学习空间，学生可通过扫描书中的二维码观看视频等资源。

本书的参考学时为 90 学时，使用时可根据具体情况酌情删减学时。本书中的教学内容已在吉林电子信息职业技术学院实践多年，并在实践过程中进行了优化。

本书由吉林电子信息职业技术学院张晓娟、刘爽担任主编，马莹莹、张立娟、高艳春担任副主编，陈西林、田军等参与编写，全书由张晓娟教授统稿。在编写本书的过程中，作者参考了多位同行的编著和文献，在此向他们真诚致谢。

由于编者水平有限，时间仓促，书中错误和不妥之处在所难免，恳请使用本书的读者批评指正。

编　者

2019 年 3 月

目录

学习情境 1

用 电 安 全

本学习情境重点介绍电的危害、影响触电危险程度的因素、安全用电的方法、常见的触电方式以及触电后的急救措施。教学难点是对安全用电方法、触电急救措施的灵活应用。在具备以上知识与技能的基础上，完成触电急救实训演练。

知识目标

1. 了解电的危害
2. 了解常见的触电方式
3. 掌握安全用电的方法
4. 掌握触电后的急救方法

技能目标

1. 培养防触电的工作习惯
2. 能熟练掌握安全用电的方法
3. 能熟练掌握触电后的急救措施

项目 1　安全用电

演示文稿

认识电的危害

任务 1　认识电的危害

任务导入： 电和人们的生活息息相关，在现代社会，如果没有电，将会导致城市全面瘫痪。与其他能量相比，电能具有不能比拟的可贵之处，包括使用过程简单、干净清洁且较为便宜；便于传送；易于转化成其他形式的能量等。与此同时，使用电所带来的不安全事故也不断发生，每年全世界范围内因电引发的火灾有上百万起，更有上万人死于电击。

但如果能够掌握安全用电的基本规则、常识和方法，并严格按照规程操作，电就能够很好地为我们服务。为了更好地利用电，我们首先通过一个案例来认识一下电的危害。

1. 案例分析

1988 年 7 月 31 日上午，在某厂职工子弟中学校办工厂承包工程的室外地沟里进行对接管道作业的青年管工拉着焊机二次回路线，往钢管上搭接时触电，倒地后将回路线压在身下导致触电身亡。

图 1-1　模拟触电现场

该管工在雨后有积水的地沟内摆放对接管时，脚上穿的塑料底布鞋、手上戴的帆布手套均已湿透。当右手拉着焊机回路线往钢管上搭接时，裸露的线头触到戴手套的左手，使电流在回路线—人体—手把线（已放在地上）之间形成回路，电流通过心脏。尤其是触电倒下后，在积水的沟内，人体成了良好的导体。模拟触电现场如图 1-1 所示。

在皮肤潮湿的情况下，人体电阻最多为 1000Ω 左右，而焊机空载二次电压为 70V 左右，则通过人体的电流为 70mA。而成人通常的致命电流为 50mA，因此，70mA 的电流足以使其心脏不能再起到输送血液的作用，血液循环停止造成死亡。环境的不安全因素加上缺乏安全用电知识使年仅 23 岁的青年工人死于非命。

2. 触电的危害

电流对人体的伤害主要有电击、电伤和电磁场生理伤害三种形式。

1）电击

电击是指电流通过人体内部器官，破坏呼吸系统、心脏和神经系统的正常功能，使血液循环减弱，导致人体发生抽搐、痉挛、失去知觉，甚至造成死亡。

2）电伤

电伤是指由电流的热效应、化学效应、机械效应造成的人体外部器官的局部伤害。电伤会在人体皮肤表面留下明显的伤痕，常见的有电灼伤、电烙伤和皮肤金属化等现象。

3）电磁场生理伤害

高压电线会产生较强的辐射。世界卫生组织已经确认高压输电产生的工频电磁场是人类可疑致癌物。高压磁场强度可使人出现头晕、乏力、心血管系统及中枢神经系统异常等情况。

3. 影响触电危险程度的因素

影响触电危险程度的因素包括流经人体的电流强度、人体的电阻、电流的频率、电流流经人体的路径、电流的持续作用时间及人体的健康状况等。

1）流经人体的电流强度

通过人体的电流越大，人体的生理反应就越明显，感应就越强烈，引起心室颤动所需的时间就越短，致命的危害就越大。按照流经人体的电流的大小和人体所呈现的不同状态，工频交流电可大致分为以下四种。

（1）感觉电流。指引起人的感觉的最小电流。实验表明，成年男性的平均感觉电流约为 1.1mA，成年女性的平均感觉电流约为 0.7mA。感觉电流不会对人体造成伤害，但当电流增大时，人体的生理反应会变得强烈，很可能导致坠落、撞击等二次事故发生。

（2）摆脱电流。指人体触电后能自主摆脱电源的最大电流。实验表明，成年男性的平均摆脱电流约为 16mA，成年女性的平均摆脱电流约为 10mA。

（3）致命电流。指在较短的时间内能危及生命的最小电流。实验表明，当流经人体的电流达到 50 mA 以上时，心脏会停止跳动，可能导致死亡。

（4）安全电流。指在没有防止触电保护装置的条件下，人体允许通过的最大电流，一般为 30 mA。

2）人体的电阻

流经人体的电流大小取决于外加电压和人体电阻。在皮肤干燥、洁净、无破损的情况下，人体电阻可达 40～100kΩ；但在皮肤潮湿、有破损时，人体电阻会降至 1kΩ以下；如果皮肤完全遭到破坏，则人体电阻将下降到 600～800Ω。故在确定安全条件时，通常不按安全电流考虑，而是用安全电压表示。

3）电流的频率

不同频率的电流对人体的危害程度也不一样。一般认为，直流的危险性比交流小，而 50～60Hz 的交流电对人体的伤害程度最为严重；当低于或高于这个频率范围时，其伤害程度会显著减轻；而在高频情况下，人体也能承受较大的电流，当频率高到 2000Hz 以上时，对人体的影响就已经很小了。因此，医生常采用高频电流为病人做理疗。

4）电流流经人体的路径

人体触电后，在电流通过人体的不同路径中，从左手到胸部的电流路径最危险，因为这条路径通过心脏、中枢神经（脑、脊髓）、呼吸系统等重要器官；其次是从手到手、从手到脚的电流路径；而从脚到脚是危险性较小的电流路径，但这条路径易导致触电者痉挛而摔倒，从而发生二次事故。

5）电流的持续作用时间

电流通过人体持续作用的时间越长，生命的危险性就越大。

6）人体的健康状况

触电危险程度还与触电者的性别、年龄、健康状况、精神状态等有关。女性比男性对电流的敏感程度高，承受力为男性的 2/3；小孩比成年人受电击伤害的程度严重；过度疲劳、措手不及的人比有思想准备的人受电击伤害的程度高；病人比健康人受电击伤害的程度严重。

安全提示

在公共场所的配电室门上，为了防止人们误进配电室，可张贴“配电重地、闲人莫入”的标识，如图 1-2 所示。

在高压线产生的磁场区域内，为了提醒特殊人群，如孕妇或儿童等，可张贴“当心电离辐射”的标识，如图 1-3 所示。

图 1-2 “配电重地、闲人莫入”标识

图 1-3 “当心电离辐射”标识

任务 2 安全用电的方法

演示文稿

安全用电的方法

任务导入：认识了电的重要性及其危害性后，如何做到安全用电呢？通过本任务，我们将学习安全用电的防护措施及安全用电技术。

1. 案例分析

云南省红河州蒙自市文澜镇余家寨村处于大山深处。2010 年，村民们开始修筑进村的公路。但因机械施工等原因，经常会影响到附近的电力线路，致使此条线路跳闸而全部停电。同年，220kV 小开 I 回线 47#杆后侧 50 米处，因修建锁蒙高速公路，吊车施工时吊臂对 220kV 小开 I 回 C 相导线（下相）高压导线安全距离不足，通过吊车吊臂对地放电导致线路跳闸，使得该线路供电中断 55 分钟，造成经济损失达 20 万元。同年 5 月 17 日，蒙自市老寨村村民陈某因在 400V 线路下建房，用钢筋勾提沙灰时勾到输电线，造成其当场触电身亡。现场模拟如图 1-4 和图 1-5 所示。

图 1-4 吊车事故模拟现场

图 1-5　陈某触电事故模拟现场

蒙自市兴盛路、天竺路、文澜路所围成的一片区域，是蒙自市典型的“城中村”，以前由于这一片区大多是低矮的平房，输电线与房屋之间的距离都还在安全距离之外，可是随着这些房屋的加高，房屋与输电线几乎贴在了一起。特别是在一些建筑施工过程中，各种建筑材料和工具距离输电线特别近，甚至从输电线中间穿过，导致安全隐患问题非常突出。

以上案例均是由违章施工、建房引发的事故，大多是由于施工地点与输电线的安全距离不够而发生的，从而造成了多起人身意外触电或损坏供电设施设备事故。因此，居民们在电力设施附近进行施工时，应先到供电部门进行咨询。如果需要搬迁电力设施，则应先向供电部门提出申请，再由供电部门进行现场勘察，提出搬迁方案后妥善处理，以杜绝事故的发生。那么，除了要考虑安全距离，还有哪些安全用电方法呢？

2. 直接触电的防护措施

1）绝缘

用绝缘物把带电体封闭起来。电气设备的绝缘应符合其相应的电压等级、环境条件和使用条件。陶瓷、玻璃、云母、橡胶、木材、胶木、塑料、布、纸和矿物油等都是常用的绝缘材料。电气设备的绝缘不得受潮，否则会丧失绝缘性能或在强电场的作用下绝缘性能遭到破坏，同时，表面不得有粉尘、纤维或其他污物，不得有裂纹或放电痕迹，表面光泽不得减退，不得有脆裂、破损，弹性不得消失，运行时不得有异味。

绝缘的电气指标主要是绝缘电阻。绝缘电阻用兆欧表测量。任何情况下绝缘电阻不得低于每伏工作电压 1000Ω，并应符合专业标准的规定。

2）屏护

采用遮栏、护罩、护盖、箱闸等将带电体同外界隔绝开来。电气设备的可动部分如开关等一般不能使用绝缘，可采用屏护。高压设备不论是否有绝缘，均应采用屏护。

屏护装置应有足够的尺寸，应与带电体保证足够的安全距离：遮栏与低压裸导体的距离不应小于 0.8 m；网眼遮栏与裸导体之间的距离，对于低压设备不宜小于 0.15 m，对于 10 kV 设备不宜小于 0.35 m。屏护装置应安装牢固。由金属材料制成的屏护装置应可靠接地（或接零）。遮栏、栅栏应根据需要挂标识牌。遮栏出入口的门上应根据需要安装信号装置和联锁装置。

3）安全距离

为了防止人体触及或接近带电体而造成危害，需要保持一定的空间隔离来实现安全防护。其安全作用与屏护的安全作用基本相同，能够防止带电体之间、带电体与地面之间、带电体与其他设施之间、带电体与工作人员之间因距离不足而发生由电弧放电现象引起的电击或电伤事故。安全距离的大小取决于电压高低、设备类型、环境条件和安装方式等综合因素。

4）特低电压

特低电压是指在最不利的情况下对人不会有危险的、存在于两个可同时触及的可导电部分之间的最高电压。

在 GB/T 3805-2008《特低电压（ELV）限值》中规定，特低电压 ELV 及低于 ELV 的电压对人体不构成危险，表 1-1 给出了在正常状态和故障状态下，环境状况为 1～3 的稳态直流电压和频率范围为 15～100Hz 的稳态交流电压的限值，其中，环境状况 1、2、3 分别对应水中、潮湿和干燥的作业环境，环境状况 4 为特殊环境，由各相关专业标准化技术委员会规定。

表 1-1　稳态电压限值

环境状况	电压限值（V）					
	正常（无故障）		单故障		双故障	
	交流	直流	交流	直流	交流	直流
1	0	0	0	0	16	35
2	16	35	33	70	不适用	
3	33[a]	70[b]	55[a]	140[b]	不适用	
4	特殊应用					

a—对接触面积小于 $1cm^2$ 的不可握紧部件，电压限值分别为 66V 和 80V。

b—在电池充电时，电压限值分别为 75V 和 150V。

3．间接触电的防护措施

1）接地

接地指的是为了保护人体安全，把设备的某一部分通过接地装置与大地进行可靠的电气连接，接地分为工作接地和保护接地。工作接地是指电气设备的某一部分通过接地线与埋在地下的接地体连接起来，如三相发电机或变压器的中性点接地；保护接地是指将可能出现对地危险电压的设备外露部分（如金属外壳、金属构架或机座）与地下的接地体相连，保护接地只适用于中性点不接地的系统，是防止人体接触设备外露部分而触电的一种接地形式。

接地装置由接地体和接地线组成，埋入地下直接与大地接触的金属导体称为接地体，连接接地体和电气设备接地螺栓的金属导体称为接地线。接地体的对地电阻和接地线电阻的总和称为接地装置的接地电阻。一般要求接地电阻为 4～10Ω。

2）保护接地

在中性点（三相电源连接成星形时出现的一个公共点）不接地的三相电源系统中，若电气设备不采取保护接地，如图 1-6（a）所示，当设备外壳因发生内部意外故障而带电时，如果人体没有采取绝缘保护措施，则当人站在地上用手触及设备外壳时，电流将由带电设备外壳经过人体和输电线对地分布阻抗回到电源，使人发生触电危险。

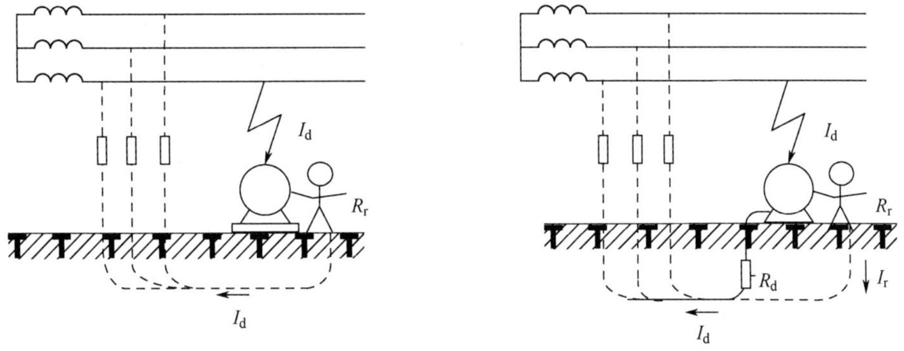

（a）无保护接地　　（b）有保护接地

图 1-6　保护接地原理图

如果电气设备安装了保护接地装置，如图 1-6（b）所示，保护接地的接地电阻一般是 4Ω左右，当人体触及带电外壳时，形成人体电阻 R_r（一般情况下，R_r 为 1000Ω左右）和接地电阻 R_d 的并联等效电路。由于人体电阻 R_r 远远大于接地电阻 R_d，依据分流原理，通过人体的电流 I_r 很小，远小于允许的安全电流，从而避免了触电的危险。

对于中性点接地的三相四线制供电线路，一般不宜采用保护接地措施。原因如下。

电气设备的金属外壳若因为内部绝缘损坏等原因而使不应带电的金属外壳意外接触到相线时，会产生短路电流，如图 1-7 所示。设接地电阻 R_n 和 R_d 均为 4Ω，电源相电压为 220V，则短路电流

$$I_{SC} = \frac{220}{4+4} = 27.5(\text{A})$$

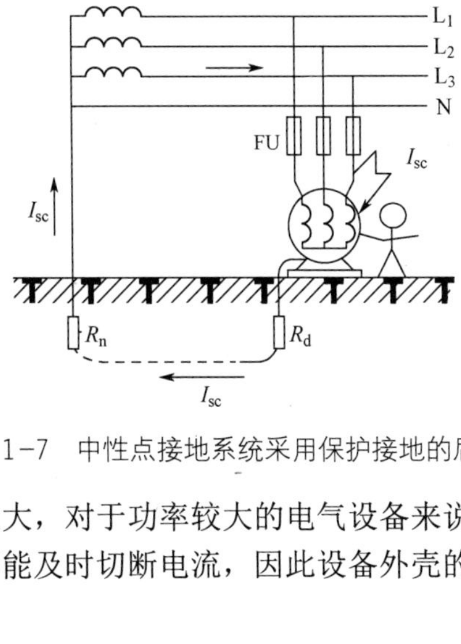

图 1-7　中性点接地系统采用保护接地的后果

这样的短路电流不是很大，对于功率较大的电气设备来说，此电流不足以使一般的过电流保护装置动作，也就不能及时切断电流，因此设备外壳的危险电压一直存在。根据电

阻的分压原理，当过电流保护装置不动作时，设备外壳的对地电压为相电压的一半，即110V，仍然远大于安全电压上限，故对于中性点接地的供电系统，一般不宜采用保护接地措施。

3）保护接零

对于中性点接地的电源系统，应采用保护接零。保护接零是将电气设备的外露部分与电源中性线直接连接，相当于设备的外露部分与大地进行了电气连接，如图1-8所示。当设备正常工作时，外露部分不带电，人体触及设备外壳相当于触及零线，无危险；如果由于一些特殊原因使相线与设备的金属外露部分发生相碰，因为相线与零线组成的回路阻抗很小，在一般情况下，短路电流会很大，足以让线路上的过电流保护装置（如自动保护装置、熔断器）迅速可靠动作，从而使设备迅速停电，缩短了接触电压的持续时间，消除了电击的危险，从而实现保护作用。

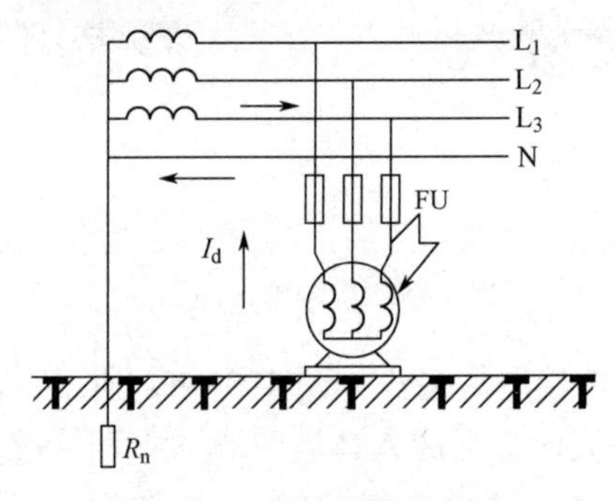

图1-8　保护接零原理图

注意：

（1）同一台变压器供电系统的电气设备不宜将保护接地和保护接零混用，而且中性点工作接地必须可靠。

（2）为保证连接可靠，保护零线上不准装设熔断器和开关。

4）重复接地

对于中性点接地的电源系统，为了确保保护接零的可靠，必须采用重复接地。重复接地是指将中性线相隔一定距离进行多处接地，如图1-9所示。

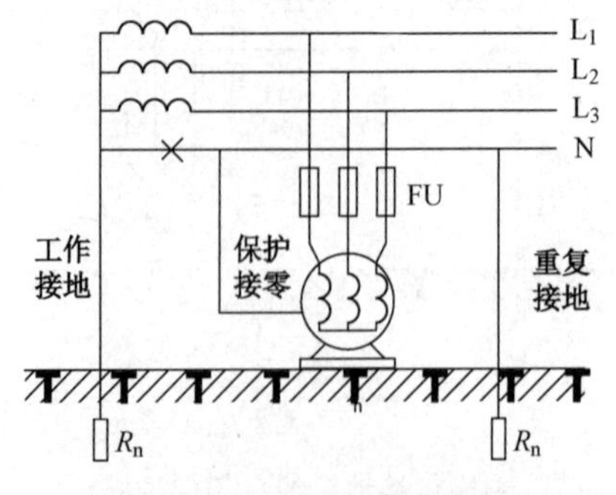

图1-9　重复接地原理图

若无重复接地，一旦中性线断线，设备外露部分带电，人体触及则会有触电的可能。

在重复接地的系统中，如果中性线因故在图中“×”处断开，但因外露部分重复接地，故设备仍有保护接地，从而使其对地电压大大降低，可以减轻触电的危险程度。不过，还是应该尽量避免中性线或接地线出现断线的现象。

5）工作接地和保护接零

微课

工作接地和保护接零

在中性点接地的供电线路中，如果设备外壳采用保护接零，则中性线必须可靠连接。因为一旦中性线断开，在发生电气设备内部相线与设备金属外壳意外相连时，设备外壳的对地电压就是相电压，这是十分危险的。

而对于住宅或办公场所的供电线路，往往在相线和中性线上装有双极开关，也称双刀开关，它可以同时切断火线和零线，在使用中更安全，如图 1-10 所示。在这种情况下，除了具有工作零线，还必须再设置保护零线。保护零线一端接电源变压器的中点，另一端接各种电器的金属外壳，同时还应有多处重复接地。

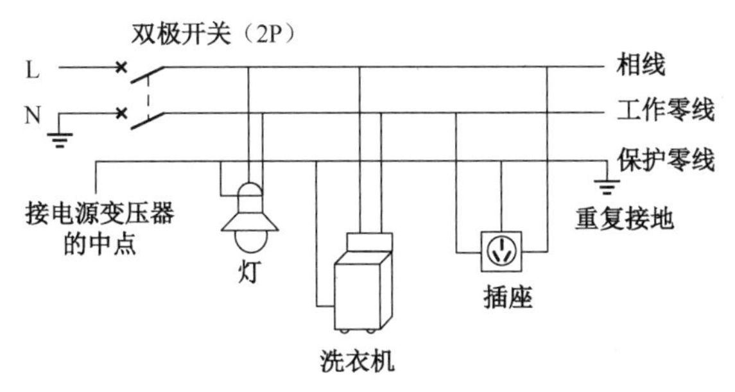

图 1-10　工作接地和保护接零

家用电器的金属外壳以及单相三眼插座中的接零端子都要接在保护零线上。在与三眼插座相配的插头中，有一个加长或加粗的插脚应与用电设备的金属外壳相连接。

对于三相四线制供电线路，另设保护零线后，就成了三相五线制供电线路，所有接零设备都要接在保护零线上。在正常工作时，工作零线中有电流，保护零线中不应有电流。如果保护零线中出现了电流，则必定有设备发生漏电故障。

以上的防护电击方法是在降低接触电压方面常用的保护措施。但实际上这些措施往往还不够完善，如保护接地中要求接地电阻很小，较难实现，特别是移动式或手持式电具难以实现接地保护，故需要采用漏电电流保护器作为间接防护措施来弥补以上方法的不足。

6）漏电电流保护器

漏电电流保护器又称剩余电流动作保护装置，其实物如图 1-11 所示。将漏电电流保护器安装在低压电路中，当发生漏电或触电且达到保护器所限定的动作电流值时，漏电电流保护器就立即在限定的时间内动作，自动断开电源进行保护，从而对低压电路中的单相直接触电或因设备漏电而引发的间接触电及漏电火灾起到有效的防护作用。

当系统正常工作时，剩余电流几乎为零；当系统中发生单相触电或漏电事故时，剩余电流才会出现，一般为 mA 级，最小为 6mA。

图 1-11　漏电电流保护器

漏电电流保护器可以按不同的方式分类，按工作原理分为电压动作型和电流动作型；按动作机构特征分为开关型和组合型；按极数分为二极（用于单相两相制）、三极（用于三相三线制及单相三线制）、四级（用于三相四线制）三种；按动作灵敏度分为高灵敏度（漏电动作电流在 30mA 以下）、中灵敏度（漏电动作电流为 30～1000mA）、低灵敏度（漏电动作电流在 1000mA 以上）。

7）保护接地与保护接零的主要区别

（1）保护原理不同。

保护接地的原理是限制设备漏电后的对地电压，使之不超过安全范围。在高压系统中，保护接地除限制对地电压以外，在某些情况下，还有促使电网保护装置动作的作用。保护接零是借助接零线路使设备漏电形成单相短路，促使线路上的保护装置动作，进而切断故障设备的电源。此外，在保护接零电网中，保护零线和重复接地还可以限制设备漏电时的对地电压。

（2）适用范围不同。

保护接地既适用于一般不接地的高低压电网，也适用于采取了其他安全措施（如装设漏电保护器）的低压电网；保护接零只适用于中性点直接接地的低压电网。

（3）线路结构不同。

如果采取保护接地措施，电网中可以无工作零线，只设保护接地线；如果采取保护接零措施，则必须设工作零线，利用工作零线做接零保护。保护接零线不应接开关、熔断器，当在工作零线上装设熔断器等开断电器时，还必须另装保护接地线或接零线。

安全提示

在一些高压电气设备四周围栏上，为了防止人们因疏忽而靠近或儿童玩耍攀爬，一定要张贴高压危险标识，如图 1-12 所示。

图 1-12　高压危险标识

在室外高压设备上工作时，应在工作地点四周装设围栏，其出入口要围至临近道路旁边，并可张贴“从此进出”的标识，如图 1-13 所示。

在工作地点可张贴“在此工作”的标识，如图 1-14 所示。

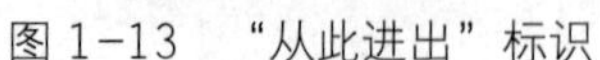

图 1-13　“从此进出”标识

图 1-14　“在此工作”标识

在室外构架上工作时，在工作人员上下铁架或梯子上可张贴“从此上下”的标识。在邻近的其他可能误登的带电构架上应张贴“禁止攀登，高压危险”的标识，如图 1-15 所示。

图 1-15　“从此上下”“禁止攀登，高压危险”标识

项目 2　触电方式与急救方法

任务 1　触电方式

演示文稿

触电方式

任务导入：人为什么会触电？由于人的身体能导电，大地也能导电，如果人的身体碰到带电的物体，电流就会通过人体传入大地，从而引起触电。那么，触电方式有哪几种呢？

1. 案例分析

某年 5 月 4 日 15 时，在辽宁省抚顺市某钢厂齿轮钢棒材工地滤波室内发生了一起触电死亡事故。第二建筑工程公司瓦工张某、曹某和力工吕某，三人一组负责滤波室西墙抹灰工作，由北向南抹，其中吕某负责和灰并给张某和曹某倒勺。移到靠近西墙大门北侧时，张某上到跳板上等吕某给他倒勺（跳板距地面高度为 2m），吕某站在灰槽的南侧和灰。附近的施工人员突然听到吕某“啊”的一声惨叫，随后便倒在灰槽南侧，头朝南、脚朝北、仰面朝上、左手置于胸部上方右侧、右手着地、呼吸急促、神志不清。吕某随即被抬到滤波室外，张某与曹某一顿乱按并大声呼叫触电者，直到医护人员到场，认定吕某已死亡。

触电事故发生时，在灰槽与西墙（灰槽距西墙大约 400mm）之间拖地敷设有一根临时照明软电缆。电缆有一接头位于吕某作业时的脚下，其接头处用黑色绝缘胶布包扎，但胶布陈旧老化松弛，表面沾有水泥痕迹。用万用表测量包扎缝隙，其中一端显示电压为 220V；滤波室地面潮湿，局部积水，电缆拖地敷设接头处受潮；而死者吕某作业时脚穿布底鞋，已受潮失去绝缘能力。经过鉴定，医学死亡诊断为吕某死亡原因是心肺电击伤。事故模拟现场如图 1-16 所示。

图 1-16　事故模拟现场

依据上述环境、人、物等事故要素，综合分析为：由于吕某作业时，脚接近或触及了电缆接头漏电处，两脚之间形成跨步电压，电流流经双脚将其击倒。倒地后裸露的右手着地，脚与手之间又形成了新的闭合回路，即跨步电压，然后部分电流又流经右手对地放电。因此，吕某跨步电压触电死亡的可能性极大。同时，吕某触电后，瓦工张某、曹某由于经验不足，未能在第一时间对触电者实施有效地救护，从而错过了宝贵的急救时间。

2. 人体触电的方式

1）单相触电

当人体站在地面上或其他接地体上，身体的某一部分触及带电体的一相时，电流通过人体流入大地（或中性线），称为单相触电，如图 1-17 所示。如图 1-17（a）所示为电源中性点接地时单相触电情况，而图 1-17（b）所示为中性点不接地时的单相触电情况。一般情况下，接地电网的单相触电比不接地电网的单相触电危险性大。

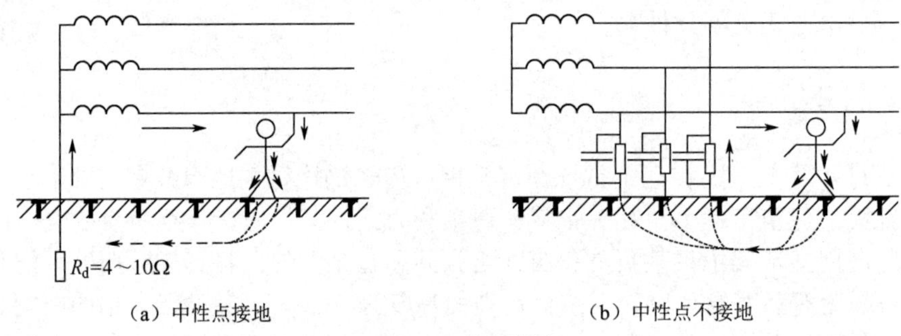

（a）中性点接地　　（b）中性点不接地

图 1-17　单相触电

注意：要避免发生单相触电，操作时必须穿上胶鞋或站在干燥的木凳上。

2）两相触电

两相触电是指人体两处同时接触到两根火线或者电气设备两个不同相的带电部位时，电流从一相导体流入另一相导体的触电方式，如图 1-18 所示。当发生两相触电时，人体承受的电压为线电压，线电压为相电压的 $\sqrt{3}$ 倍，此时不论电网的中性点接地与否，其触电的危险性都很大。

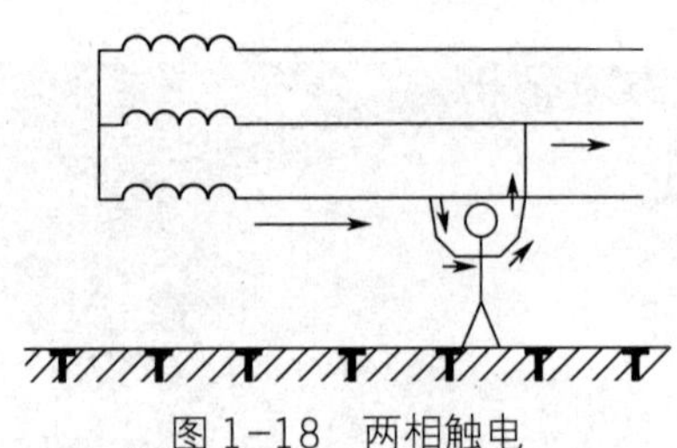

图 1-18　两相触电

3）跨步电压触电

当带电体接地时有电流向大地流散，在以接地点为圆心、半径为 20m 的圆面积内形成分布电位。当人的两脚站在不同电位的地面上时，两脚之间的电位差称为跨步电压 U_{kb}，一般人的步距取 0.8m，如图 1-19 所示，由此引起的触电事故称为跨步电压触电。高压故障接地处或有大电流流过的接地装置附近都可能出现较高的跨步电压。离接地点越近、两脚距离越大，跨步电压值就越大。

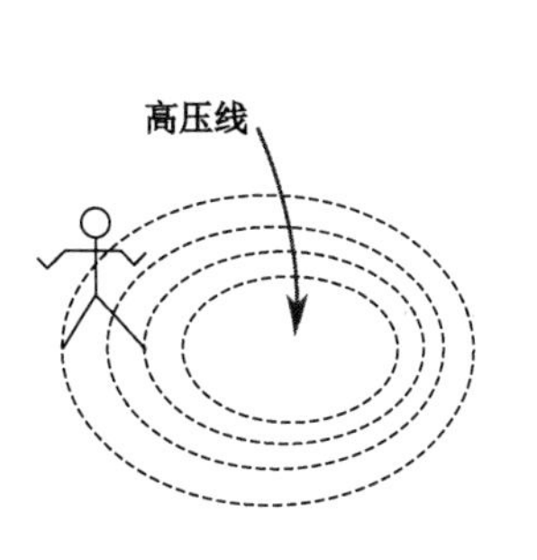

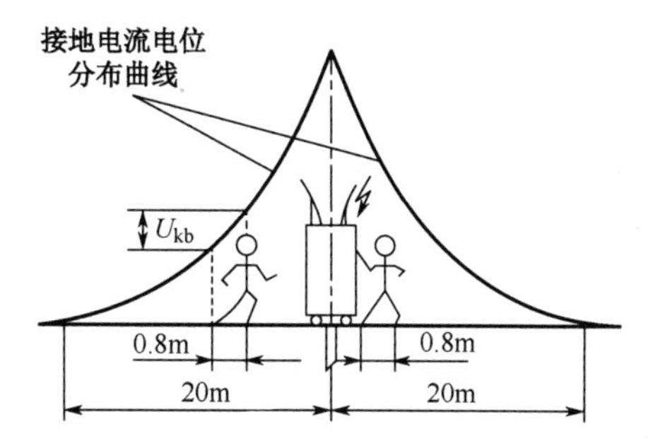

图1-19 跨步电压

4）剩余电荷触电

剩余电荷触电是指当人触及带有剩余电荷的设备时，带有电荷的设备对人体放电造成的触电事故。设备之所以会带有剩余电荷，通常是由于检修人员在检修中用摇表测量停电后的并联电容器、电力电缆、电力变压器及大容量电动机等设备时，检修前、后没有对其充分放电所造成的。

任务2 触电急救方法

任务导入：在了解了常见的几种人体触电方式的基础上，我们必须熟练掌握发生触电后对触电者的现场及时急救方法，从而减少伤残率和死亡率。

触电急救必须分秒必争，触电者是否能够获救，关键在于能否迅速脱离电源和进行正确的现场触电急救。

1．迅速脱离电源

人在触电后由于失去知觉或流过人体的电流超过摆脱电流而不能自主脱离电源，而电流作用的时间越长，对人体的伤害就越大，所以首先要使触电者迅速脱离电源。

1）脱离低压电源的方法

迅速切断近处的电源，如断开开关、拔掉电源插头等；割断电线，用带干木把的斧子或有绝缘柄的钳子切断电线，使触电者脱离电源；使用绝缘工具或干燥的木棍、竹竿等不导电物体推开触电者，救护人员也可戴绝缘手套或用干燥的衣物包住自己的手后，拖开触电者。如触电者在高处，在脱离电源的过程中，还应防止触电者脱离电源后跌伤而发生高空坠落的二次事故。

2）脱离高压电源的方法

救护人员应迅速切断电源或用适合该电压等级的绝缘工具拖开触电者。救护人员在抢救过程中应注意自身与周围带电部分之间的安全距离。

如果触电者是触及断落在地上的带电高压电线，在未能确认线路无电且救护人员未采取安全措施（如穿绝缘靴等）的情况下，不能走进断线点 8～10m 范围内，防止救护人员发生跨步电压触电。触电者被脱离带电导线后，应迅速移到断线点范围外，再立即实施触电急救。

如发生高压带电线路触电，短时间内又不可能迅速切断电源开关时，可采取应急措施，即抛掷足够截面、适当长度的金属导线，使电源线短路，迫使保护装置动作，断开电源开关。抛掷前，应先将金属导线的一端固定在铁塔或接地引线上，另一端系上重物。抛掷时，应防止电弧伤人或断线危及他人安全。抛掷点应尽可能远离触电现场。

2. 触电急救措施

当触电者脱离电源后，应迅速拨打 120 急救电话，联系专业的医护人员来现场抢救；同时应立即判断其伤害程度，根据触电者心跳、呼吸情况，采取不同的现场急救方法。

（1）若触电者神志清醒，只是乏力心慌，此时需要将触电者放到空气流通性好、温度适宜的环境下，使其平躺休息，待其慢慢恢复正常。在恢复过程中，应注意观察触电者状态，不要让触电者站立或走动，以减轻心脏负担。

（2）若触电者神志不清，应将其就地平躺，解开衣领以利呼吸，采用呼叫名字或轻拍肩部的方式来观察其反应，判断触电者是否丧失意识。切勿用摇动触电者头部的方法呼叫。

（3）若触电者神志丧失，应反复使用“看、听、试”的方法，在 10s 内完成触电者自然呼吸和心跳情况的判断。看，即看触电者的胸部、腹部有无起伏动作；听，即将耳朵贴近触电者口鼻处，听其有无呼气声；试，即用两手指轻试一侧喉结旁凹陷处的颈动脉有无搏动，以判断心跳情况。

（4）若触电者已失去知觉，停止呼吸，但有心跳，应采用口对口的人工呼吸法予以抢救。口对口的人工呼吸法是利用外加的人为机械动作，帮助触电者逐渐恢复正常呼吸的有效方法，具体做法如表 1-2 所示。

表 1-2　口对口的人工呼吸法

操作序号	操作示意图	动作方法	注意说明
1		平仰清异物：使触电者平躺仰卧，头先侧向一边清除其口腔内的异物，避免舌下坠导致呼吸不畅	头不垫枕头，以免影响通气
2		捏鼻掰嘴巴：救护人员位于触电者头部位置的左边或右边，一只手的拇指和食指捏紧其鼻孔，使其不漏气，另一只手将其下颌拉向前下方，使嘴巴张开，嘴上可盖上一层纱布，准备接受吹气	
3		贴嘴大吹气：救护人员深吸一大口气，然后紧贴触电者被掰开的嘴巴，以中等力量向其口内吹气。每次吹气应该持续 2s 以上。若触电者是儿童，只可小口吹气，以防肺泡破裂。在吹气的同时观察触电者胸部隆起的程度，一般应以胸部略有起伏为宜	

续表

操作序号	操作示意图	动作方法	注意说明
4		松嘴鼻换气：救护人员吹气至需要换气时，应立即离开触电者的嘴巴，并松开触电者的鼻子，让其自由呼气。反复并有节律地进行，每分钟吹16～20次，直至触电者恢复自主呼吸为止	

当难以做到口对口人工呼吸时，可采取口对鼻人工呼吸法。具体的操作要领与口对口人工呼吸法基本相同，只是救护人员在用嘴唇包绕封住触电者鼻孔吹气的同时，须使触电者的嘴闭合。

（5）若触电者仍有呼吸，但心脏和脉搏均已停止跳动，应采取人工胸外心脏挤压法实施抢救。具体操作步骤如表1-3所示。

表1-3 人工胸外心脏挤压法

操作序号	操作示意图	动作方法	注意说明
1		解开触电者的衣裤，使其胸部能自由扩张；清除触电者口腔内的异物；使其仰卧在地上或硬板上（背部着地处的平面必须牢固），头部放平	下肢可抬高，以促进静脉血回流
2		救护人员跨跪在触电者的腰部，双手相叠。手掌根部与胸骨长轴平行，放在心口窝稍高一点的地方（掌根放在胸骨的下三分之一部位），双肩及上身压力置于手掌根部	对儿童只能用一只手
3		找到触电者的正确按压点后，自上而下垂直均衡地用力挤压，每秒钟按压一次，压力大小使胸骨压下3～5cm为宜。注意，用力应适当，对成人触电者不能太轻，否则影响救护效果	对儿童用力要轻一些
4		挤压后，两手掌根迅速放松（手掌不要离开胸部），以便触电者胸部自动复原，血液又回流到心脏	

注意：按压要有节奏，压力应均匀且不中断，直到心跳恢复为止，按压频率以100次/分为宜。

（6）若触电者伤害相当严重，呼吸及心跳均已停止，则视其为假死，应立即就地同时采用口对口人工呼吸和人工胸外挤压两种方法进行抢救。如果现场救护人员仅一人，可交替使用这两种方法，先胸外挤压心脏30次，然后人工呼吸2次，再挤压心脏，再吹气，反复循环进行操作。如现场救护人员为两人，则一人每按压5次后，由另一人吹气1次，也是反复进行。

注意：在现场急救过程中，禁止使用肾上腺素等强心针，如使用不恰当则可能加速死亡，如图1-20所示；禁止采取冷水浇淋、猛烈摇晃等方法刺激触电者，否则会使其因急性心力衰竭而死亡。

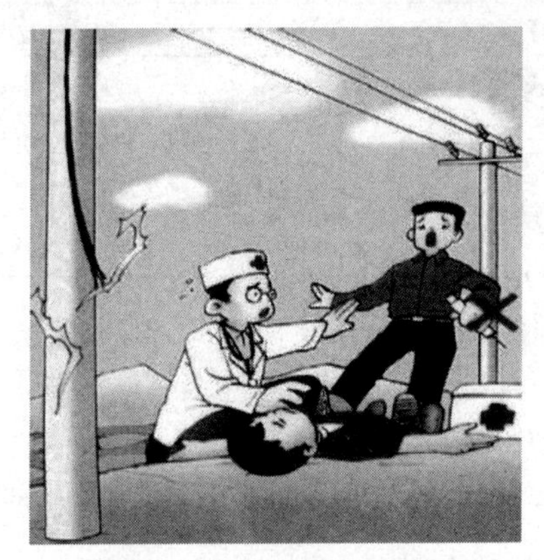

图 1-20　禁止打强心针

技能实训　触电急救方法训练

一、实训目的

（1）学会根据不同触电情境正确选择绝缘工具，使触电者脱离电源。
（2）掌握“看、听、试”的判断方法。
（3）掌握口对口人工呼吸法、人工胸外挤压法的操作要领。

二、实训步骤

1. 脱离电源训练

学生分两批进行，由一批学生模拟触电后的各种情境，训练另一批学生选择正确的绝缘工具和安全快速的方法，使触电者迅速脱离电源。两批学生互换角色再训练一次。

2. “看、听、试”训练

将已脱离电源的触电者按急救要求放置好体位，练习“看、听、试”的判断方法。

3. 口对口人工呼吸法训练

熟练掌握口对口人工呼吸法的动作和节奏。

4. 人工胸外挤压法训练

熟练掌握人工胸外挤压法的操作位置、动作和节奏。

本情境小结

在本学习情境中，认识了电的危害、影响触电危险程度的相关因素和常见的触电方式，重点学习了安全用电的相关知识，训练了根据实际触电情形对触电者进行现场有效急救的方法。

练习与提高

一、单项选择题

1．发现有人触电，正确的处理方法是（　　）。

A．打电话汇报领导，找救护车，再想办法抢救

B．立即切断电源，使触电者脱离电源，并在现场进行急救

C．立即切断电源，使触电者脱离电源，等待医务人员抢救

D．等待触电者自救

2．特低电压是指在（　　）的情况下对人不会有危险的、存在于两个可同时触及的可导电部分之间的最高电压。

A．最不利　　B．最有利

C．火灾事故　　D．电线断路事故

3．在雷电天气下需要巡视室外高压设备时，应（　　）。

A．穿绝缘靴，并不得靠近避雷器和避雷针

B．无任何安全措施，可单独巡视

C．穿绝缘靴，可靠近任何设备

D．向领导请示后再巡视

4．被电击的人能否获救，关键在于（　　）。

A．能否尽快脱离电源和正确实施紧急救护

B．人体电阻的大小

C．触电电压的高低

D．人体的健康状况

5．下列做法中符合安全用电原则的是（　　）。

A．在有绝缘皮的通电导线上搭晾衣服

B．将有绝缘皮的通电导线直接绕在铁窗上

C．发现有人触电时立即切断电源

D．用湿抹布擦拭亮着的电灯泡

6．电工站在干燥的椅子上检修电路，下列情况中不安全的是（　　）。

A．一只手接触到火线

B．两只手都接触到火线

C．一只手接触火线，另一只手接触水泥墙壁

D．一只手接触零线，另一只手接触水泥墙壁

7．特低电压中，在潮湿环境下正常无故障时，稳态直流电压的限值为（　　）。

A．24V　　B．35V

C．42V　　D．220V

8．若触电者伤害相当严重，呼吸及心跳均已停止时，如果现场救护人员仅一人，可交替使用口对口人工呼吸和人工胸外挤压这两种方法，先胸外挤压心脏（　　）次，然后人工呼吸（　　）次，再挤压心脏，再吹气，反复循环进行操作。

A．30，2　　B．5，1

C．10，2　　D．20，3

9．在现场急救过程中，（　　）是不正确的。

A．禁止给触电者使用肾上腺素等强心针

B．禁止采取冷水浇淋触电者

C．禁止用猛烈摇晃等方法刺激触电者

D．可采取冷水浇淋方法刺激触电者

10．致命电流是指在较短的时间内能危及生命的最小电流，其电流强度为（　　）。

A．50mA　　B．0.7mA

C．10mA　　D．30mA

二、判断题

1．触电对人的伤害主要是电击和电伤。（　　）

2．电流对人的伤害与通电时间的长短无关。（　　）

3．安全特低电压是36V。（　　）

4．在静电感应的瞬间，电击人体一般不会造成生命危险，但若不采取安全措施，由于瞬间电击对人体的刺激作用，可能使工作人员从高空坠落或跌倒，造成其他可能的二次伤害。（　　）

5．两相触电比单相触电危险程度高。（　　）

6．绝缘就是用不同的导电材料将带电体封闭或隔离起来。（　　）

7．使用电热器具时，应与易燃易爆物保持一定的安全距离，对于无自动控制的电热器具，人离开时应断开电源。（　　）

8．用电器具的外壳、手柄开关、机械防护有破损、失灵等有碍安全的情况时，应及时修理，未经修复不得使用。（　　）

9．在工作进行中，工作负责人可以离开工作现场从事别的工作。（　　）

10．为了保证连接可靠，保护零线上应装设熔断器和开关。（　　）

11．验电时，应戴绝缘手套，并由专人监护。（　　）

12．对不同杆架的多层电力线路进行验电时，先验高压，后验低压，先验下层，后验上层。（ ）

13．电容器进行停电工作时，应先断开电源，并将电容器放电、接地后才可以进行工作。（ ）

14．若触电者已失去知觉，停止呼吸，但有心跳，应采用口对口的人工呼吸法予以抢救。（ ）

15．若触电者伤害相当严重，呼吸及心跳均已停止，如现场救护人员为两人，则一人每按压5次后，由另一人吹气1次，再挤压心脏，再吹气，反复循环进行操作。（ ）

三、简答题

1．发现电线落地时应如何处理？

2．什么是接触电压触电？

3．哪些电气设备必须进行接地或接零保护？

4．工作负责人的安全责任是什么？

5．电气工作人员必须具备什么条件？

6．安全标识牌有哪些作用？

学习情境 2

电动车照明电路的设计

在本学习情境中，将重点介绍电流、电压、电位等电路的基本物理量，电阻、电容、电感、电压源和电流源等常见的元件以及电路的基本定律。教学难点是对组成电路后元件受到的两类约束的理解。两类约束指的是元件本身受电流、电压约束的关系——元件的伏安特性和受电路中各支路电流、电压约束的关系——基尔霍夫定律。在具备以上知识与技能的基础上，完成电动车照明电路的设计。

知识目标

1．掌握电路、电路模型、理想元件等基本概念
2．掌握电路的基本物理量
3．理解电路中基本元件的伏安特性
4．理解电压、电流的关联参考方向
5．了解电源的基本知识
6．熟悉理想电源的伏安特性及受控源
7．掌握基尔霍夫定律

技能目标

1．能分析电路中各点的电位
2．能分析、计算电路中各处的功率
3．能进行元件的测量和检测
4．能应用基尔霍夫定律对电路进行分析和计算

项目 1　电路的基本概念

任务 1　电路与电路模型

任务导入：如今，人们在工作和生活中都会接触到种类繁多的电路，如为了采光而使用的照明电路、用于异地间信息交流的通信电路、将微弱电信号进行放大的放大电路以及用于生产的各种自动控制电路等。当这些电路处于工作状态时，组成电路的实际元件通常会表现出多种性质，如何实现对电路定量地分析与计算呢？下面就让我们先来认识一下电路。

1．电路及其功能

电路是为了实现某种需要，由电气设备和电路元件按一定方式连接起来的总体。由于比较复杂的电路常呈网状，故复杂的电路常被称为“网络”。实际上，电路与网络这两个名词一般可以通用。

实际电路的组成方式有很多，功能也各不相同。根据其功能不同，可分为两种：一种用于实现电能的传输和转换，如电力网络将电能从发电厂输送到各个工厂和千家万户，供各种电气设备使用；另一种用于实现电信号的传输、处理和存储，如电视接收天线将接收到的含有声音和图像信息的高频电视信号通过高频传输线送到电视机中，这些信号经过选择、变频、放大和检波等处理，恢复出原来的声音和图像，在扬声器中发出声音并在显像管屏幕上呈现图像。

如图 2-1（a）所示是一个实际手电筒电路，它由开关、干电池、灯泡和连接导线组成。合上开关，闭合的回路中有电流流过，灯泡发光，起到照明的作用。实际的电路不管是简单电路还是复杂电路，都是由电源、负载和中间环节三部分组成的。其中，电源是为电路提供电能的部分；负载是消耗或转换电能的部分；中间环节是连接及控制电路的部分，最简单的中间环节是连接电源和负载的导线以及控制电路通断的开关。

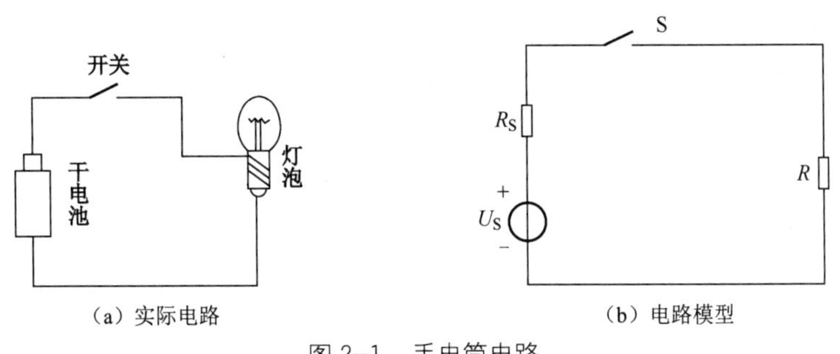

（a）实际电路　　（b）电路模型

图 2-1　手电筒电路

电压和电流是在电源的激励作用下产生的，因此，电源又称为激励（源）。激励源在电路中产生的电压和电流可以称为响应。有时，根据激励和响应之间的因果关系，把激励称为输入，响应称为输出。

2. 电路模型

实际电路是由起各种不同作用的实际电路元件组成的，在电路工作过程中，实际电路元件会呈现出多种性质。例如，当一个实际的线绕电阻器中有电流通过时，除对电流呈现阻碍特性以外，还会在导线周围产生磁场，兼有电感器的性质，同时，在各匝线圈间还会存在电场，因而又具有电容器的性质。故对于实际的电路元件，很难用一个简单的数学表达式来表示其物理性质。

为了简化分析，常略去元件的次要性质，突出其主要的物理特征，把它理想化，用一个简单、准确的数学式对其进行描述。这种经过简化的器件称为理想元件或元件模型。理想元件分为有源元件和无源元件两种。无源元件包括电阻元件、电容元件和电感元件；有源元件包括电压源元件、电流源元件等。电路中常用元件的图形符号如图 2-2 所示。

理想元件具有以下两个特点：第一，它所反映的电磁性质可以用数学表达式精确地描述，这样才能使人们可以运用数学方法对电路进行定量的分析和计算；第二，在实际电气设备或元件中所发生的电磁现象都可以用理想元件或者它们的适当组合来表示。例如，在电源频率不是很高的电路中，可以用“电阻元件”这一理想元件来表示各种电阻器、电灯、电炉等实际电路中的元件。同样，在一定条件下可以用“电容元件”来表示各种实际的电容器，用“电感元件”来表示各种实际的线圈，用“理想电压源”和一个“电阻元件”的串联组合来表示各种干电池、蓄电池等实际直流电源。

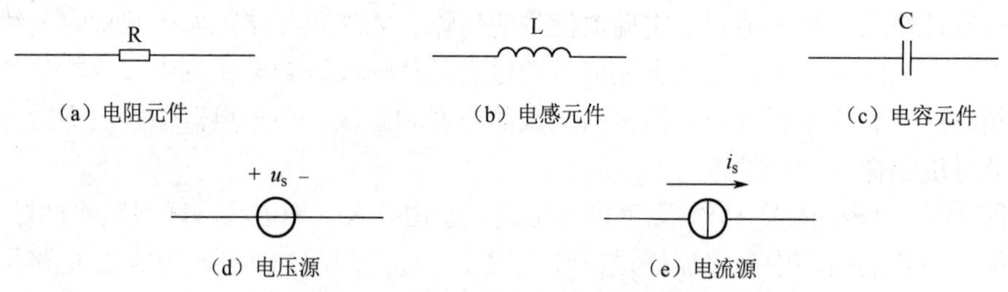

图 2-2　电路中常用元件的图形符号

根据端子数目的不同，理想元件又可分为二端、三端、四端元件等。如图 2-2 所示的元件均为二端元件。

引入了理想元件的概念以后，实际的电路元件都可以用能够反映其主要电磁性质的理想元件来替代，因此，实际电路都可以通过若干种理想电路元件所构成的抽象电路来表示，我们把这种抽象电路称为“电路模型”。显然，电路模型只反映各种理想元件在电路中的作用及相互连接方式，并不表示电气设备和元件的真实几何形状和实际位置。本书中所说的电路都是指这种电路模型，并将其简称为电路。

手电筒的电路模型如图 2-1（b）所示。在该图中，R 表示灯泡，理想直流电压源 U_S 和电阻元件 R_S 的串联组合表示干电池，连接导线用理想导线（其电阻设为零）表示。

任务 2　电路的基本物理量

演示文稿

电路的基本物理量

任务导入：在高中物理的学习过程中，我们接触过电压、电流等电路的基本物理量，除此之外，还有哪些用于分析和计算的重要电路物理量呢？本节将对这些物理量以及与它们有关的概念进行介绍与说明。

1. 电流

微课

电流

电荷（带电粒子）的定向移动形成电流，如导体中的自由电子，电解液和已电离的气体中的正、负离子，半导体中的自由电子和空穴，都属于带电粒子。习惯上将正电荷定向移动的方向规定为电流的正方向，将负电荷定向移动的方向规定为电流的反方向，如图 2-3 所示。

电子　电流

图 2-3　电荷的定向移动

电流的大小常用电流强度来衡量。电流强度常被简称为电流，用字母 i 表示。

在一段时间 Δt 内，通过导体横截面的电荷量为 Δq，则电流 i 可定义为

$$i = \lim_{t \to 0} \frac{\Delta q}{\Delta t} = \frac{\mathrm{d}q}{\mathrm{d}t} \tag{2-1}$$

式（2-1）中，电荷量 q 的单位是库仑（C）；t 的单位是秒（s）；电流 i 的单位是安（A）。在实际使用中，常会用到较小的电流单位毫安（mA）和微安（μA），它们之间的换算关系为

$$1\mathrm{A} = 1000\mathrm{mA}$$
$$1\mathrm{mA} = 1000\mu\mathrm{A}$$

若电流的大小和方向不随时间变化，则称这种电流为恒定电流，简称直流，常用字母 DC 表示。直流电流常用大写的字母 I 表示，所以式（2-1）可改写为

$$I = \frac{Q}{t} \tag{2-2}$$

若电流的大小和方向随时间改变，则称这种电流为变动电流。若变动电流呈周期性变化且一个周期内平均值为零，则称其为交变电流，简称交流，常用字母 AC 表示。把大小随时间改变而方向不变的电流称为脉动直流电流。直流、交流和脉动直流随时间变化的关系如图 2-4 所示。

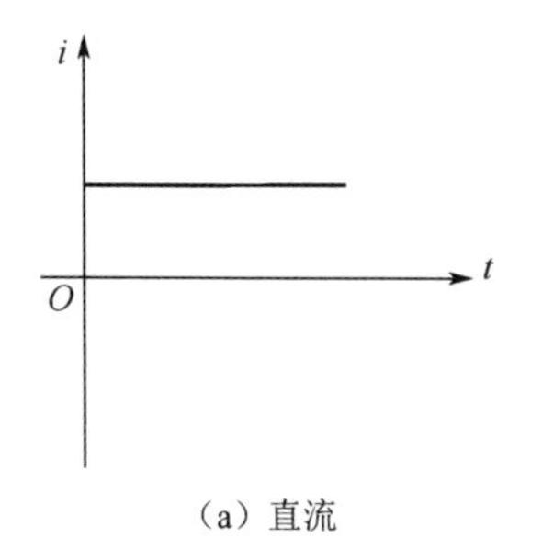

（a）直流

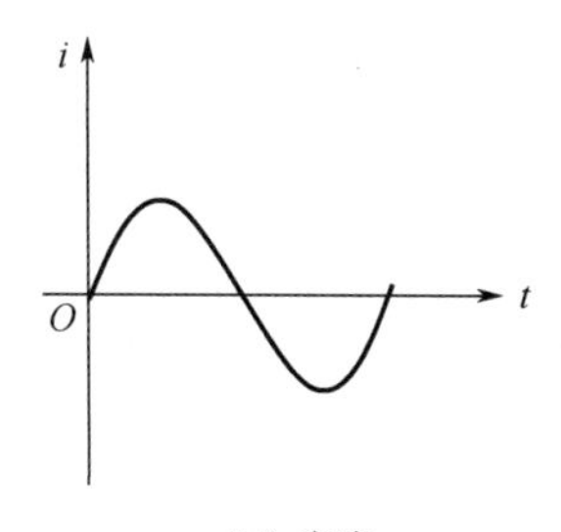

（b）交流

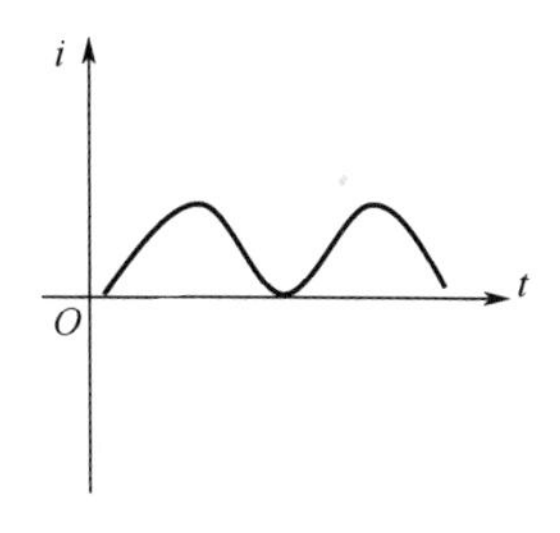

（c）脉动直流

图 2-4　i-t 变化关系图

注意：

（1）电流既是一种物理现象，又是一个表示电荷定向运动强弱的物理量。

（2）小写字母 i 表示交变电流，大写字母 I 表示直流电流。

微课

电压

2．电压

电荷在电场力的作用下移动时，电场力要做功。在如图 2-5 所示的电场中，电荷 $\mathrm{d}q$ 在电场力的作用下由 A 点移动到 B 点，移动距离为 L_{AB}，那么电场力对电荷做的功为

$$\mathrm{d}w = \mathrm{d}FL_{\mathrm{AB}}$$

图 2-5　电场力对电荷做功

为了衡量电场力做功能力的大小，引入电压这个物理量。若电场力把电荷由 A 点移动到 B 点所做的功为 $\mathrm{d}w$，则将 $\mathrm{d}w$ 与电荷的电荷量 $\mathrm{d}q$ 的比值称为 A、B 两点间的电压 u_{AB}，可用下式表示

$$u_{\mathrm{AB}} = \frac{\mathrm{d}w}{\mathrm{d}q} \tag{2-3}$$

式中，w 的单位为焦耳（J）；u_{AB} 的单位为伏特（V）。

在国际单位制中，电压的常用单位还有千伏（kV）和毫伏（mV），具体换算关系为

$$1\mathrm{kV} = 1000\mathrm{V}$$

$$1\mathrm{V} = 1000\mathrm{mV}$$

电压的实际方向规定为在电场中正电荷受电场力作用而移动的方向，即高电位指向低电位的方向。

任何时刻电场力将电荷 $\mathrm{d}q$ 从 A 点移动到 B 点，所做的功 $\mathrm{d}w$ 都相等时，式（2-3）可以简化为

$$U_{\mathrm{AB}} = \frac{\mathrm{d}w}{\mathrm{d}q} = \text{恒量} \tag{2-4}$$

式（2-4）说明导体两端的电压 U_{AB} 为直流电压，它具有大小和方向均不随时间改变的特点。

任何时刻电场力将电荷 $\mathrm{d}q$ 从 A 点移动到 B 点，所做的功 $\mathrm{d}w$ 不相等时，导体两端的电压 u_{AB} 为交流电压，其大小和方向随时间改变。

由电压的定义可知，电压总是对电路中的两点而言的，所以通常用带双下标的字母来表示，且双下标字母的顺序与计算该电压时两点的顺序相对应。设正电荷 $\mathrm{d}q$ 从 A 点运动到 B 点，电场力做正功 $\mathrm{d}w_{\mathrm{AB}}$，那么，该电荷从 B 点回到 A 点时将克服电场力而做功，即电场力将做负功 $\mathrm{d}w_{\mathrm{BA}}$。依据物理学知识可知

$$\mathrm{d}w_{\mathrm{BA}} = -\mathrm{d}w_{\mathrm{AB}}$$

则有

$$u_{BA}=\frac{\mathrm{d}w_{BA}}{\mathrm{d}q}=\frac{-\mathrm{d}w_{AB}}{\mathrm{d}q}=-u_{AB} \tag{2-5}$$

由式（2-5）可知，改变电压起点与终点的顺序，电压的数值不变，但要相差一个负号。

3. 电位

微课

电位

在分析电路的过程中，经常会遇到需要计算电路中各点与某个固定点 O 之间电压的情况，我们把固定点称为“参考点”，并把电路中各点与参考点之间的电压称为该点的电位。电位用字母 V 表示，A 点的电位记作 V_A。显然，电位的单位与电压的单位相同。

参考点的电位为零，即 $V_O=0$，所以参考点也称零电位点。参考点在电路图中常用符号“⊥”表示。在如图 2-6 所示的一段电路中，取 O 点作为参考点，则有

动画

电位的概念

$$V_A=u_{AO},\quad V_B=u_{BO}$$

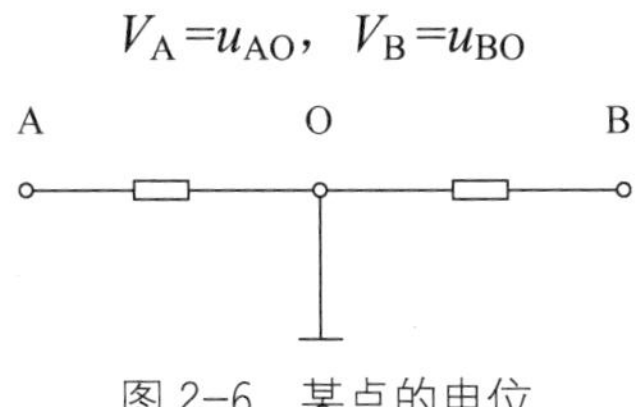

图 2-6　某点的电位

电压和电位有何区别和联系呢？在如图 2-7 所示的电路中，已知各电阻均为 100Ω，直流电源电压 U_S=20V，分别以 A 点、B 点为参考零电位点，测得各点的电位值及两点间的电压值如表 2-1 所示。

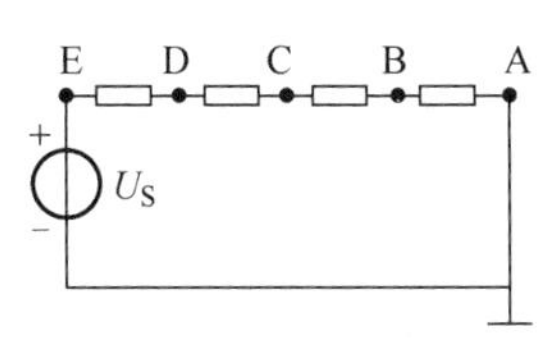

图 2-7　电压与电位

表 2-1　电压与电位的关系　（单位：V）

参考点	测量内容									
	U_{BA}	U_{CB}	U_{DA}	U_{EC}	U_{AB}	V_A	V_B	V_C	V_D	V_E
A 点	5	5	15	10	−5	0	5	10	15	20
B 点	5	5	15	10	−5	−5	0	5	10	15

观察并分析表 2-1 中的数据，不难发现：

（1）电压是针对电路中的两点而言的，而电位则是针对电路中的某一点而言的。

（2）电压是绝对的，即两点间的电压与参考点的选择无关，而电位是相对的，即某一点的电位是相对于参考点而言的，与参考点的选择有关。

（3）两点间的电压等于这两点的电位之差，如 $u_{AB}=V_A-V_B$。

【例 2-1】在如图 2-8 所示的电路中，$U_{AC}=4V$，$U_{CB}=-14V$，$U_{OC}=6V$，求 V_A、V_B、V_C 的值。

图 2-8　例 2-1 图

解：图中标明 O 点接地，则以 O 点为参考点，故有

$$V_O = 0$$

$$U_{OC} = V_O - V_C = 0 - V_C = -V_C$$

$$V_C = -6(\text{V})$$

$$U_{AC} = V_A - V_C$$

$$V_A = U_{AC} + V_C = 4 + (-6) = -2(\text{V})$$

$$U_{CB} = V_C - V_B$$

$$V_B = V_C - U_{CB} = (-6) - (-14) = 8(\text{V})$$

4. 电流与电压的参考方向

电流和电压是电路分析中经常需要求解的物理量。虽然前面已经对电流和电压的方向做了明确的规定，但在分析和计算电路参数时，在很多情况下并不能确定电路中电流或电压的实际方向。此时，可以为电流或电压先任意选取一个方向（假想的方向），并标注在电路上，根据这个方向，再结合有关电路定律、定理等进行分析、计算。这个任意选取的方向称为参考方向。若计算后电流（或电压）的结果为正值，那么电流（或电压）的实际方向与参考方向一致；若计算后电流（或电压）的结果为负值，那么电流（或电压）的实际方向与参考方向相反，如图 2-9 所示为电流的实际方向与参考方向的关系。

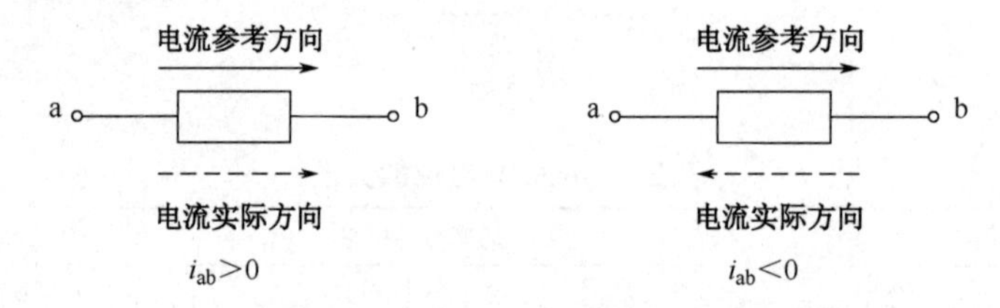

图 2-9　电流的实际方向与参考方向的关系

在电路中，参考方向一般用实线箭头表示，也可以用双下标表示，如 i_{ab}、u_{ab} 等。电压参考方向还可以用“+”“-”符号表示，“+”号表示假设的高电位端，“-”号表示假设的低电位端，那么电压的参考方向即由“+”号端指向“-”号端。如图 2-10 所示为电流与电压的参考方向。

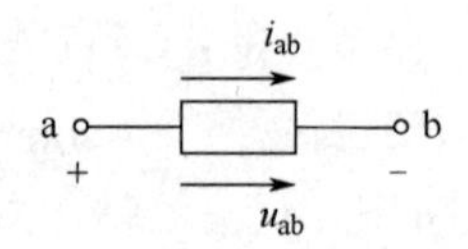

图 2-10　电流与电压的参考方向

电流与电压的参考方向可以各自任意选定，为方便起见，往往将一段电路或某个元

件的电流、电压参考方向选成一致，电流和电压的这种参考方向称为关联参考方向，简称关联方向，如图 2-10 所示。否则，称为非关联参考方向。本书中若未特别说明，均采用关联方向。

在选取了参考方向后，电流、电压都是代数量，其实际方向由该代数量的正、负及参考方向来决定。参考方向是进行电路分析、计算的一个重要概念。注意，不规定参考方向而去谈论一个电流或电压是没有意义的，所以每提到一个电流或电压时，应同时指明其参考方向；求解一个电流或电压时，应预先规定好其参考方向。

【例 2-2】 在如图 2-11 所示的电路中，$U_1 = 50\text{V}$，$U_2 = 80\text{V}$，用箭头表示 U_1、U_2 的参考方向，求 U_{AB} 和 U_{BC} 的值。

图 2-11　例 2-2 图

解： U_{AB} 表示电压参考方向由 A 点指向 B 点，与 U_1 的参考方向一致；U_{BC} 表示其参考方向由 B 点指向 C 点，与 U_2 的参考方向相反，故有

$$U_{AB} = U_1 = 50(\text{V})$$
$$U_{BC} = -U_2 = -80(\text{V})$$

微课

电能与电功率

5．电能与电功率

1）电能

电流通过电路元件时，电场力要做功。当有电流从元件的高电位端流入、低电位端流出，即有正电荷从元件的“+”端移动到“−”端时，电场力做正功，电能转化为其他形式的能量。例如，电流流过电阻元件时电能转换为热能，或者电流流过被充电的电池时电能转换为化学能，此时元件消耗电能。相反，当电流从元件的低电位端流入、高电位端流出，即有正电荷从元件的“−”端移动到“+”端时，电场力做负功，元件将其他形式的能量转换为电能，如正在供电的电源，此时元件向外提供电能。

如果加在导体两端的电压为 u，在时间 $\mathrm{d}t$ 内通过导体横截面的电荷量为 $\mathrm{d}q$，则导体中的电流 $i = \dfrac{\mathrm{d}q}{\mathrm{d}t}$，由电压的定义式（2-3）可知，电流所做的功，即电能为

$$\mathrm{d}w = u\mathrm{d}q = ui\mathrm{d}t \tag{2-6}$$

$$w = \int_0^t \mathrm{d}w = \int_0^t ui\mathrm{d}t \tag{2-7}$$

由此可知，在 $\mathrm{d}t$ 时间内，元件消耗了电能 $\mathrm{d}w$。如果正电荷 $\mathrm{d}q$ 是从元件的“−”端移动到“+”端，则电场力做负功。

当通入导体的电流为直流时，电压 U 和电流 I 都是常量，电场力做的功为

$$W = \int_0^t \mathrm{d}w = \int_0^t ui\mathrm{d}t = UIt$$

电能的单位是焦耳（J），通常用千瓦时（kW·h，俗称“度”）表示，它们的换算关系为

$$1\text{度电}=1\ \text{kW}\cdot\text{h}=3.6\times10^{6}\ \text{J}$$

2）电功率

电功率是度量电路中能量转换速率的一个物理量，简称功率。其定义为单位时间内元件吸收或发出的电能，用字母 p 表示，即当 u、i 为关联参考方向时

$$p=\frac{\mathrm{d}w}{\mathrm{d}t}=\frac{u\mathrm{d}q}{\mathrm{d}t}=ui \tag{2-8}$$

当 u、i 为非关联参考方向时，功率 p 的计算公式由式（2-8）改写为

$$p=-ui \tag{2-9}$$

利用式（2-8）或式（2-9）计算完功率后，若 $p>0$，则表明元件消耗电能，吸收功率；若 $p<0$，则表明元件向外提供电能，发出功率。功率的单位是瓦（W），在实际应用中还会用到千瓦（kW）、毫瓦（mW），它们之间的关系是

$$1\text{kW}=1000\text{W} \qquad 1\text{W}=1000\text{mW}$$

在直流的情况下，式（2-8）可写成

$$P=\frac{W}{t}=UI \tag{2-10}$$

【例 2-3】 求图 2-12 中各元件吸收或发出的功率，并判断该元件是电源还是负载。

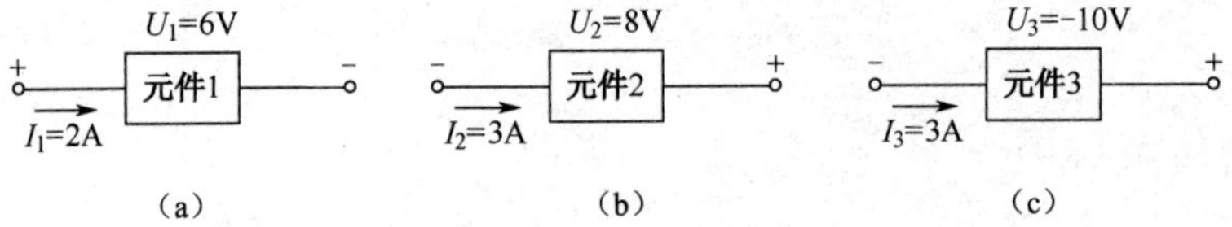

U_1=6V　+ 元件1 −　I_1=2A　（a）

U_2=8V　− 元件2 +　I_2=3A　（b）

U_3=−10V　− 元件3 +　I_3=3A　（c）

图 2-12　例 2-3 图

解： 在图 2-12（a）中，由于元件 1 两端电压的参考方向与电流的参考方向相关联，故有

$$P_1=U_1I_1=6\times2=12(\text{W})>0$$

因求得的功率 P_1 大于零，故元件 1 吸收功率，是负载。

在图 2-12（b）中，由于元件 2 两端电压的参考方向与电流的参考方向非关联，故有

$$P_2=-U_2I_2=-8\times3=-24(\text{W})<0$$

因求得的功率 P_2 小于零，故元件 2 发出功率，是电源。

在图 2-12（c）中，由于元件 3 两端电压的参考方向与电流的参考方向非关联，故有

$$P_3=-U_3I_3=-(-10)\times3=30(\text{W})>0$$

因求得的功率 P_3 大于零，故元件 3 吸收功率，是负载。

【例 2-4】 求图 2-13 所示电路中各元件吸收或发出的功率，并计算电路吸收的总功率。

解： 在如图 2-13 所示的电路中，电路电流 I 为

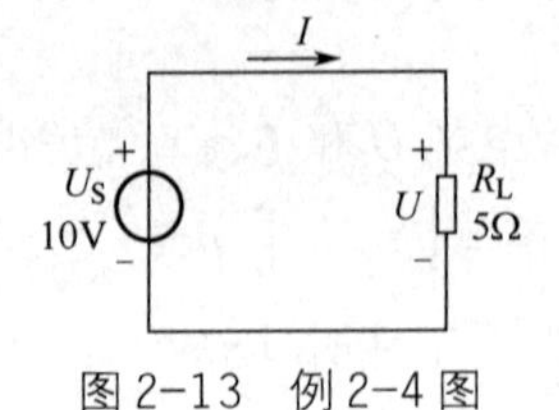

图 2-13　例 2-4 图

$$I=\frac{U_S}{R_L}=\frac{10}{5}=2(\mathrm{A})$$

电源两端电压的参考方向与电流的参考方向非关联，则电源吸收的功率为

$$P_S=-U_S I=(-10)\times 2=-20(\mathrm{W})<0$$

即 U_S 发出 20W 功率，为电源。

电阻两端电压的参考方向与电流的参考方向相关联，则电阻吸收的功率为

$$P_L=UI=10\times 2=20(\mathrm{W})>0$$

即 R_L 吸收 20W 功率，是负载。

电路吸收的总功率为

$$P=P_S+P_L=(-20)+20=0(\mathrm{W})$$

由此可见，对于一个完整的电路，电路中的功率是平衡的，即电路中电源发出的功率一定等于电路中负载所消耗的功率，电路总吸收功率为零。

演示文稿

电路的三种基本元件

任务 3　电路的三种基本元件及其伏安特性

任务导入：在电工与电子技术中，电阻器、电容器和电感器是组成电路的常用基本元件，利用它们可以搭接积分电路、微分电路、延时电路等。要分析含有这些元件的电路，首先要清楚各元件的伏安特性。

微课

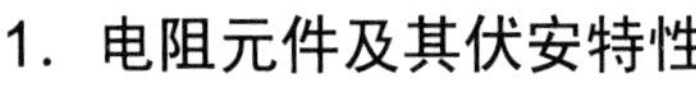

1. 电阻元件及其伏安特性

电阻元件

1）电阻元件

当电流通过导体时会受到一种阻力，使得自由电子的运动受阻。这种阻碍作用最明显的特征是导体要消耗电能而发热。我们把物体对电流的阻碍作用称为该物体的电阻。

导体电阻是导体本身的一种性质，由导体自身的因素决定，那么电阻的大小到底由哪些因素决定呢？移动滑动变阻器的滑片可以改变电阻值，这说明导体的电阻与它的长度有关；对于额定电压为 220V 的白炽灯，灯丝越粗则灯越亮，这说明导体的电阻与横截面积有关；电线常用铜丝制作而不用钢丝或铁丝，这说明导体的电阻与它的材料有关；220V、40W 的白炽灯的灯丝冷却电阻约为 100Ω，而炽热电阻约为 1kΩ，这说明导体的电阻受温度的影响。

电阻用 R 表示，其常用单位是欧姆（Ω），在实际应用中还有千欧（kΩ）、兆欧（MΩ）等，它们之间的关系是

$$1\mathrm{M\Omega}=1000\ \mathrm{k\Omega}$$

$$1\mathrm{k\Omega}=1000\ \Omega$$

电阻元件是从实际电阻器抽象出来的理想化电路元件，通常简称为电阻，因此，“电阻”一词既指电路中的一种元件，又指电路中电阻的参数。电阻元件的实物图及电路图形符号如图 2-14 所示。

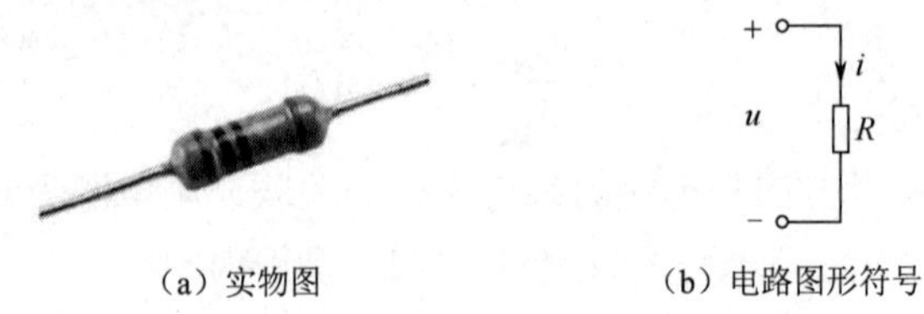

（a）实物图　　（b）电路图形符号

图 2-14　电阻元件的实物图及电路图形符号

电阻的倒数称为电导，用 G 表示，即

$$G=\frac{1}{R}$$

电导的单位为西门子，简称西（S）。

2）电阻元件的伏安特性

通过电阻元件的电流与什么因素有关呢？实验表明：通过电阻元件的电流 i 与元件两端的电压 u 成正比，与电阻 R 成反比。在电压和电流取关联参考方向时，该关系可写成

$$u=Ri \tag{2-11}$$

这就是电阻元件的伏安特性，又称欧姆定律，是电路分析中重要的基本定律之一。

在平面直角坐标系中，以电流为横坐标，电压为纵坐标，画出电阻元件的 $u-i$ 伏安特性曲线，如图 2-15 所示。

在图 2-15（a）中，伏安特性曲线是一条通过原点的直线（$R=\frac{u}{i}$=常数），R 值越大，该直线的斜率越大，直线越陡，由此可知，$R_1>R>R_2$。阻值为常数的电阻元件称为线性电阻元件。线性电阻元件的电流和电压关系符合欧姆定律。

在图 2-15（b）中，伏安特性曲线是一条曲线（$R=\frac{u}{i}=\mathrm{tg}\alpha\neq$ 常数），这种元件的电压与电流的比值是变化的，即其电阻值是变化的，具有这种特点的电阻元件称为非线性电阻元件。非线性电阻元件的伏安特性不服从欧姆定律。

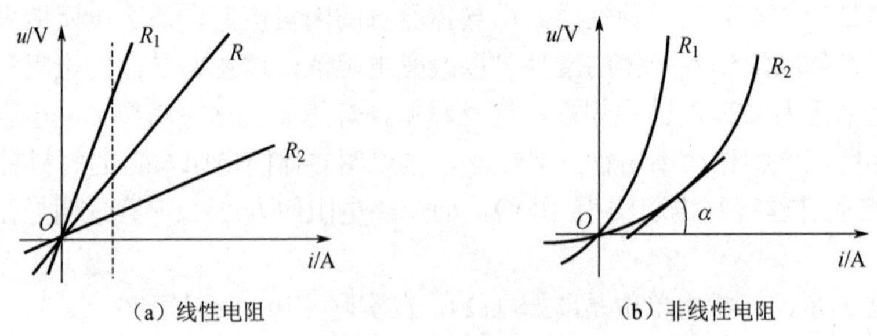

（a）线性电阻　　（b）非线性电阻

图 2-15　$u-i$ 伏安特性曲线

3）常用电阻器的基本知识

在实际的工程电路中，会用到不同类型的电阻器，包括线绕电阻器、薄膜电阻器、集成电阻器、实心电阻器等。

多数电阻器的标称采用色环标志法，即用几条不同颜色的色环来表示电阻的阻值和允许误差。普通电阻器用四条色环表示，靠近端头最近的第 1 条及第 2 条色环表示标称阻值的第 1 位及第 2 位有效数字，第 3 条色环表示标称阻值的倍率（10 的整数次幂），

第 4 条色环表示允许误差。精密电阻器用 5 条色环表示，第 1、2、3 条色环表示标称阻值的 3 位有效数字，第 4 条色环表示标称阻值的倍率，第 5 条色环表示允许误差。表示允许误差的色环其特点是该环离其他环的距离较远，且标准的误差色环宽度是其他色环宽度的 1.5～2 倍。色环电阻器各色环标志的含义见表 2-2，色环电阻器的示例如图 2-16 所示。

表 2-2　色环电阻器各色环标志的含义

颜色	棕	红	橙	黄	绿	蓝	紫	灰	白	黑	金	银	无色
数值	1	2	3	4	5	6	7	8	9	0	—	—	—
乘数	10^1	10^2	10^3	10^4	10^5	10^6	10^7	10^8	10^9	10^0	10^{-1}	10^{-2}	—
误差	±1%	±2%	—	—	±0.5%	±0.2%	±0.1%	—	—	—	±5%	±10%	±20%

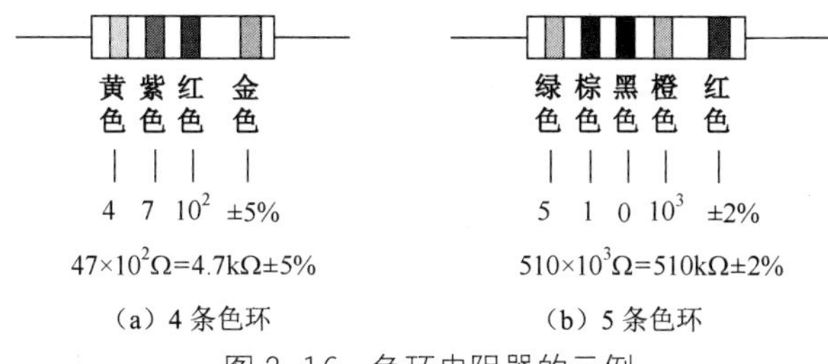

图 2-16　色环电阻器的示例

为了便于记忆，可以用下面的口诀帮助记忆：

棕 1 红 2 橙上 3；4 黄 5 绿 6 是蓝；
7 紫 8 灰 9 雪白；黑色是零要记清。

电阻器的标称方法除常用的色环标志法以外，还有文字符号直标法、数码表示法以及文字符号法等。

微课

电容元件

2．电容元件及其伏安特性

1）电容元件

电容器的应用很广泛，它是由绝缘介质隔开的两块金属极板构成的，其中的绝缘介质可以是空气、纸、云母、陶瓷等，其结构如图 2-17 所示。电容器加上电源后，由于介质是不导电的，最后电容器的极板上分别聚集起等量的异种电荷，这些电荷彼此吸引，被约束在极板上，即在介质中建立起电场。带正电荷的极板称为正极板，带负电荷的极板称为负极板，两个极板的引出线称为电极。当电源断开后，电荷仍然保持在极板上，极板间的电场能量继续存在。因此，电容器是一种能够储存电场能量的电路元件。

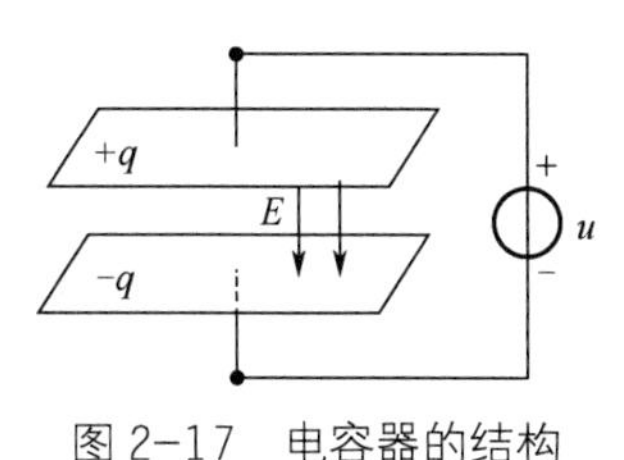

图 2-17　电容器的结构

电容器的质量好坏常通过测量电容器的漏电电阻来判定，漏电电阻越大，说明电容器的漏电电流越小，质量越好。电容器工作时，电极、介质在交变电场的作用下会发热而消耗电能，产生能量损耗。高品质的电容器其漏电电流和能量损耗都很小，若忽略不计，只考虑电容器具有储存电场能量的特性，这样的电容器可抽象为一种理想的电路元件——电容元件，其实物图及电路图形符号如图 2-18 所示。

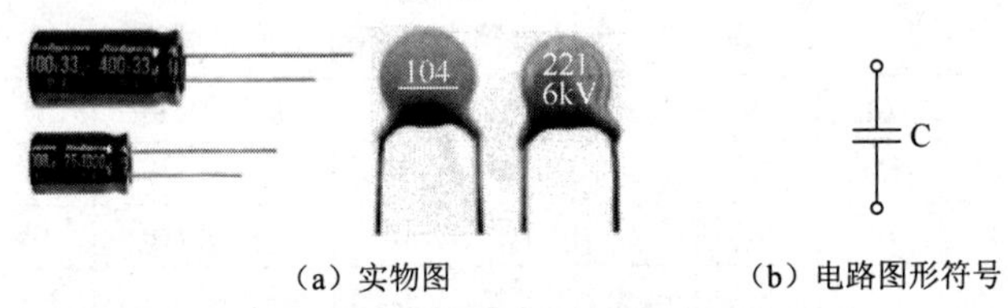

（a）实物图　　（b）电路图形符号

图 2-18　电容元件的实物图及电路图形符号

加在电容元件两个极板间的电压 u 越大，则极板上携带的电荷 q 就越多，我们把 q 与 u 的比值称为电容元件的电容量，简称电容，用 C 表示，即

$$C = \frac{q}{u} \tag{2-12}$$

电容 C 表征了电容元件储存电荷能力的大小，是元件本身的固有参数，与极板间的相对面积、距离以及介质材料有关。若 C 为常数，则称其为线性电容元件，否则称其为非线性电容元件。本书涉及的电容元件均为线性电容元件。在国际单位制中，电容的单位是法拉（F），实际上常使用较小的单位微法（μF）、皮法（pF）。它们的换算关系为

$$1\text{F} = 10^6\,\mu\text{F}$$

$$1\text{F} = 10^{12}\,\text{pF}$$

“电容元件”和“电容”本是两个概念，但应用时，电容元件也可简称为电容。故“电容”一词既可以指电路中的电容元件，也可以指电容元件的参数，需注意区别。

2）电容元件的伏安特性

根据式（2-12）可知，当电容两端的电压 u 发生变化时，聚集在极板上的电荷 q 也将相应地发生变化，由于两极板之间的介质是不导电的，故电荷只能通过连接导线在极板与电源之间定向移动，进而形成电流，也就是说，只要电容两端的电压 u 发生变化，电容所在的电路就会形成电流 i。电压变化的过程实际上就是对电容进行充放电的过程。在图 2-19 中，选定 u、i 为关联参考方向，在时间间隔 $\mathrm{d}t$ 内，电容 C 两极间的电压变化了 $\mathrm{d}u$，相应的电荷量变化了 $\mathrm{d}q$，根据式（2-12）可知

$$\mathrm{d}q = C\mathrm{d}u$$

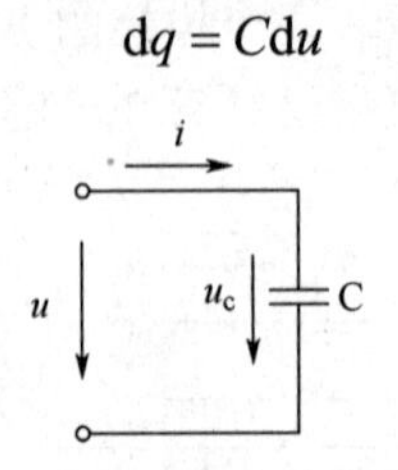

图 2-19　电容元件上的电流和电压

此时电容所在电路的瞬时电流为

$$i=\frac{\mathrm{d}q}{\mathrm{d}t}=C\frac{\mathrm{d}u}{\mathrm{d}t} \tag{2-13}$$

式（2-13）即为电容元件的伏安特性。由此可知，在某一时刻通过电容的电流与该时刻电容两端电压的变化率 $\frac{\mathrm{d}u}{\mathrm{d}t}$ 成正比，而与该时刻电压值的大小无关。当电容两端的电压为交流电压时，电压的变化率越大，电流就越大，电压的变化率越小，电流就越小；当电容两端的电压为直流电压时，电压的变化率为零，则电路中的电流为零，这时电容相当于开路，因此电容具有“隔直通交”的作用。

电容的充、放电过程实际上是电场能与其他形式的能量相互转化的过程，充电时，电源的能量转化为电容中储存的电场能；而放电时，电容中储存的电场能转化为其他形式的能量，所以电容是一个储能元件。

流过电容的电流所做的功（电能）将转化为电容中储存的电场能 w_{C}。将式（2-13）代入式（2-7）可知

$$w=\int_0^t \mathrm{d}w=\int_0^t ui\mathrm{d}t=\int_0^u Cu\mathrm{d}u$$

$$w_{\mathrm{C}}=\frac{1}{2}Cu^2 \tag{2-14}$$

也就是说，当电容两极之间的电压为 u 时，电容中储存的电场能为 $\frac{1}{2}Cu^2$，电容两端的电压越大，储存的电场能越多；当加在电容两端的电压相同时，电容越大，则储存的电场能越多。因此，C 是反映电容元件储存电场能能力大小的物理量。

3）常用电容器的基本知识

按绝缘介质不同，电容可分为纸介电容、瓷介电容、涤纶薄膜电容等。按电容量的可变性不同，电容可分为固定电容、可变电容和半可变电容。

电容器最主要的指标有 3 项，分别是标称容量、允许误差和额定工作电压，一般这 3 项指标都标注在电容器的外壳上，可作为正确选用、使用电容器的依据。成品电容器上所标注的电容量称为标称容量，而标称容量往往有误差，但是只要该误差在国家标准规定的允许范围内就可以使用，这个误差被称为允许误差。电容器的额定工作电压习惯上被称为“耐压”，是指电容器在线路中能够长期可靠地工作而不被击穿时所能够承受的最大直流工作电压。耐压值的大小与电容器介质的种类和厚度有关。在实际交流电路中，交流电压的最大值（峰值）不能超过电容器的耐压值。

电容器常用的标注方法有直标法和文字符号法两种。

直标法是将 3 项指标直接标注在电容器的外壳上。如某一电容器标注“0.22μF±10%，25V”字样，则说明该电容器的电容量为 0.22μF，允许误差为±10%，额定工作电压为 25V。

文字符号法是将容量的整数部分写在容量单位标志符号的前面，容量的小数部分写在容量单位标志符号的后面。如某电容器的容量为 6800pF，则可写成 6n8；容量为 2.2pF，则可写成 2P2；容量为 0.01μF，则可写成 10n 等。

3. 电感元件及其伏安特性

1）电感元件

在电子技术和电力工程中，经常用到一种由导线绕制而成的线圈，如收音机中的高频扼流圈、日光灯电路中的镇流器等，这些线圈统称为电感线圈。由物理学知识可知，当线圈中有电流通过时，在它的周围将建立起磁场，并产生感应电动势，即线圈储存了磁场能量。实际的电感线圈具有一定的电阻，若忽略电感线圈的电阻值，只考虑其具有储存磁场能量的特性，则电感线圈可抽象为一种理想的电路元件——电感元件，其实物图及电路图形符号如图 2-20 所示。

（a）实物图

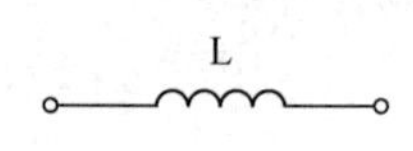

（b）电路图形符号

图 2-20　电感元件实物图及电路图形符号

显然，通过电感线圈的电流 i 越大，穿过线圈的磁链（总磁通量）ψ 也越大，我们将 ψ 与 i 的比值称为电感元件的电感，用符号 L 表示，即

$$L=\frac{\psi}{i} \tag{2-15}$$

电感 L 表征了电感元件产生磁场能力的大小，是元件本身的固有参数，其大小取决于线圈的几何形状、线圈截面积、匝数及其中间的磁介质等。若元件的 L 是常数，则称该元件为线性电感元件，否则称其为非线性电感元件。本书所涉及的电感元件均为线性电感元件。

在国际单位制中，电感的单位是亨利（H），实际上常使用较小的单位毫亨（mH）和微亨（μH），它们之间的换算关系为

$$1\text{H}=1000\,\text{mH}$$
$$1\text{mH}=1000\,\mu\text{H}$$

在实际应用中，电感元件也可简称为电感，故“电感”一词既可以指电路中的电感元件，也可以指电感元件的参数。

2）电感元件的伏安特性

根据式（2-15）可知，通过电感元件的电流 i 变化时，穿过电感线圈的磁通量也发生变化，依据法拉第电磁感应定律，在线圈两端将产生感应电压。如图 2-21 所示，选定 u、i 为关联参考方向，则电感线圈两端的电压 u_{L} 为

$$u_{\text{L}}=L\frac{\text{d}i}{\text{d}t} \tag{2-16}$$

式（2-16）就是电感元件的伏安特性。由此可知，在某一时刻电感元件两端的电压与该时刻流过电感的电流变化率 $\frac{\text{d}i}{\text{d}t}$ 成正比，而与该时刻电流值的大小无关。当流过电感的电流为交流时，电流的变化率大，电压就大，电流的变化率小，电压就小；当流过电感的电

流为直流时，电流的变化率为零，则电感两端的电压为零，这时电感相当于短路，因此，电感具有“通直流”的作用。

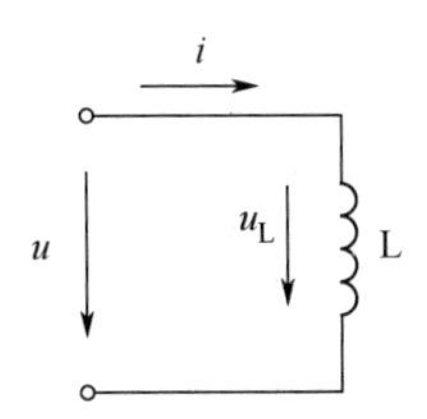

图 2-21 电感元件上的电流和电压

流过电感的电流的变化过程实际上是电感的电场能与磁场能相互转化的过程，这个转化过程是可逆的。当电流增大时，电感将电场能转化为磁场能储存在电感中；而当电流减小时，电感将储存的磁场能转化为电场能，所以电感也是一个储能元件。

流过电感的电流所做的功（电能）将转化为电感中储存的磁场能 w_L。将式（2-16）代入式（2-7）可知

$$w=\int_0^t \mathrm{d}w=\int_0^t ui\mathrm{d}t=\int_0^i Li\mathrm{d}i$$

$$w_L=\frac{1}{2}Li^2 \tag{2-17}$$

也就是说，当流过电感的电流为 i 时，在电感中储存的磁场能即为 $\frac{1}{2}Li^2$，通过电感的电流越大，储存的磁场能越多；在通有相同电流的电感中，电感越大，则储存的磁场能越多。因此，L 是反映电感元件储存磁场能能力大小的物理量。

3）常用电感器的基本知识

电感器一般由磁芯、骨架和线圈组成。线圈有两个引脚，不分正、负极，可互换使用。

电感器最主要的指标有 3 项，分别是标称容量、允许误差和额定工作电流，可作为正确选用、使用电感器的依据。额定工作电流是指电感在工作电路中，在规定的温度下连续正常工作的最大允许工作电流。

电感器的标注方法有直标法和色环标志法，色环标志法与电阻的色环标志法相似。

直标法是将电感器的电感量允许误差和额定工作电流用数字直接标注在电感器的外壳上。

色环标志法采用色环表示电感量和允许误差，它的读数方法和色环含义都与色环电阻器相同。第 1、2 条色环表示电感量的有效数字，第 3 条色环表示倍率，第 4 条色环表示允许误差，如图 2-22 所示。

注意：电感器的参数不管采用色环法还是色点法，其电感量的单位都是微亨。

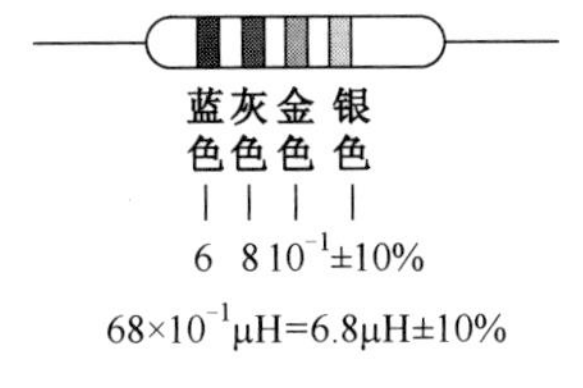

图 2-22 色环电感器的示例

演示文稿

独立电源与受控源

任务 4　独立电源与受控源

任务导入：电源是一种将其他形式的能量转换成电能的装置。任何一个实际电路在工作时都必须有提供能量的电源，电源的种类繁多，如干电池、蓄电池、光电池、交直流发电机、电子线路中的信号源等。理想电压源和理想电流源是在一定的条件下从实际电源抽象出来的理想电路元件模型。

1. 电压源

微课

电压源与电流源

1）理想电压源

端电压始终按照某一给定的规律变化而与其电流无关的电源，称为理想电压源。端电压为恒定值的理想电压源，又称为直流理想电压源，简称直流电压源或恒压源，其电路图形符号如图 2-23 所示。图中，U_S 表示直流电压源所产生的电压数值，“+”“-”符号表示 U_S 的极性，即“+”端的电位高于“-”端的电位。直流理想电压源的伏安特性如图 2-24 所示，它是一条平行于 i 轴的直线。

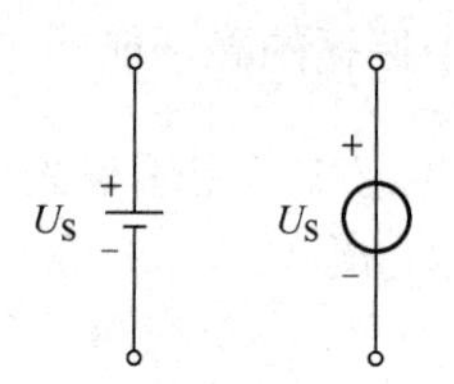

图 2-23　直流理想电压源的图形符号

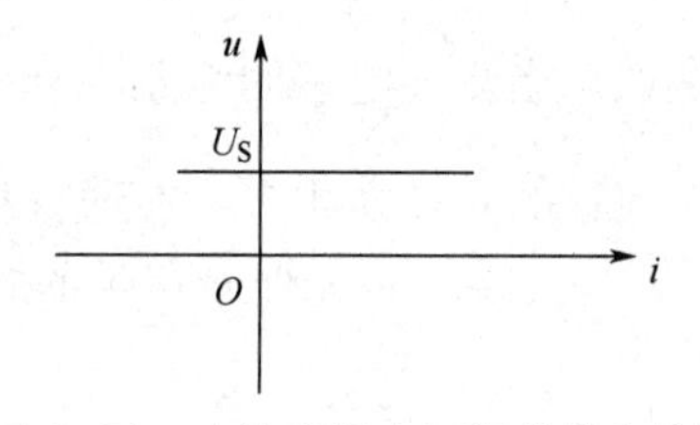

图 2-24　直流理想电压源的伏安特性

理想电压源应该满足三个特点。

（1）它的端电压的大小与其所接的外电路没有任何关系，总保持为某个给定值（直流电压源）或给定的时间函数（交流电压源）。

（2）通过电压源的电流取决于它所连接的外电路，电流的大小、方向都由外电路决定。

（3）电源内阻为零。

2）实际电压源

实际上，理想电压源是不存在的，电源内部总要存在一定的内阻。例如，电池是一个实际的直流电压源，当接上负载有电流流过时，电池内阻就会有能量损耗，电流越大，损耗就越大，输出端的电压就越低，这样电池就不具有端电压是恒定值的特点。因此，在电路分析与计算中，实际的电压源可以用一个理想电压源 U_S 和一个内阻 R_i 相串联的模型来表示，称为电压源模型。实际电压源的电路模型及其特性曲线如图 2-25 所示。

值得注意的是，多个电压源可以串联，并可以等效成一个电压源。如果将端电压不相等的理想电压源并联，则是没有意义的。

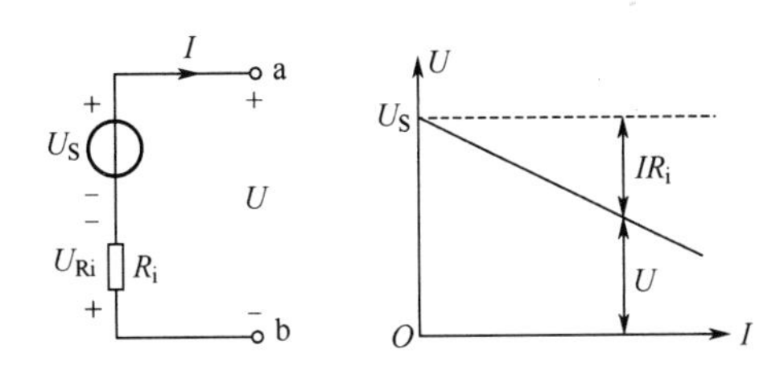

图 2-25　实际电压源的电路模型及其特性曲线

2. 电流源

1）理想电流源

输出电流始终按照某一给定的规律变化而与其端电压无关的电源，称为理想电流源。输出电流为恒定值的理想电流源，又称为直流理想电流源，简称直流电流源或恒流源，其电路图形符号如图 2-26 所示。图中，I_S 表示直流电流源输出的电流数值，箭头表示 I_S 的参考方向。直流理想电流源的伏安特性如图 2-27 所示，它是一条平行于 u 轴的直线。

理想电流源具有三个特点。

（1）理想电流源的电流与其所接的外电路没有任何关系，总保持为某个给定值（直流电流源）或给定的时间函数（交流电流源）。

（2）电源的端电压取决于它所连接的外电路，电压的大小、方向都由外电路决定。

（3）电源内阻为无穷大。

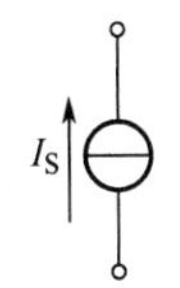

图 2-26　直流理想电流源的图形符号

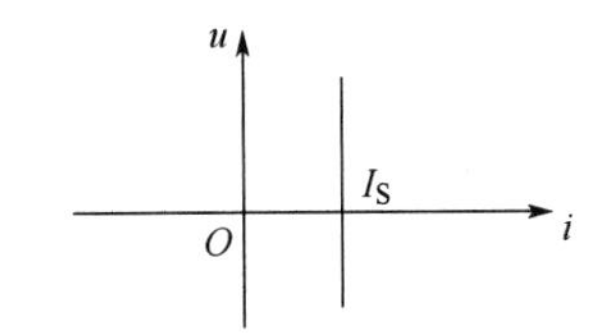

图 2-27　直流理想电流源的伏安特性

2）实际电流源

实际上，理想电流源也是不存在的。因为实际电源具有一定的内电导，工作时，电流源内部也要有一定的能量损耗，电流源产生的电流不能全部输出，因此，在电路分析与计算中，实际电流源可以用一个理想电流源 I_S 与一个电阻 R_i 并联的模型来表示，称为电流源模型。实际电流源的电路模型及其特性曲线如图 2-28 所示。由图可知，内阻越大，电流源的输出电流越稳定。

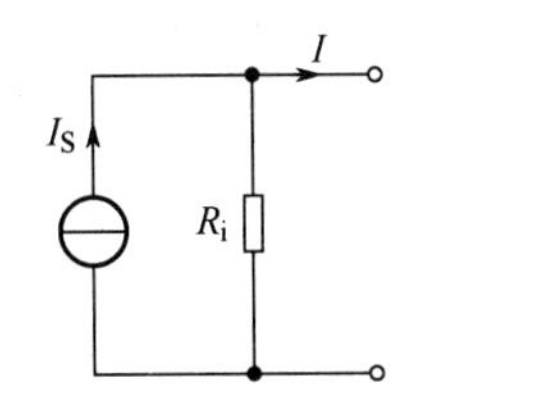

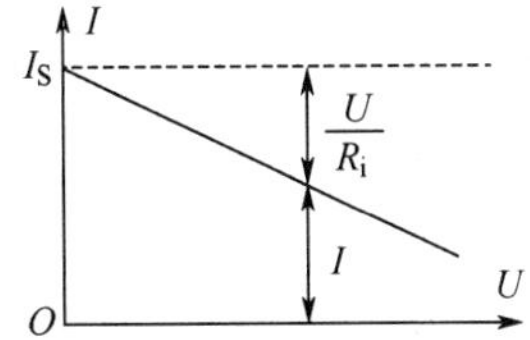

图 2-28　实际电流源的电路模型及其特性曲线

值得注意的是，多个电流源可以并联，并能等效成一个电流源，但是多个电流源串联是没有意义的。

电压源和电流源统称电源。在电路分析中，常把电源特别是信号源对电路的作用称为激励，而把电源在电路中产生的电流和电压称为响应。

3. 受控源

前面介绍的电压源和电流源都是独立电源，其外特性由电源本身的参数决定，而不受电源之外的其他参数的控制。此外，在电子电路的另一类电源中，电压源的端电压或电流源的输出电流是受电路中其他电压或电流控制的，这类电源称为“受控源”或“非独立源”。例如，在电子电路中，晶体三极管的集电极电流受基极电流的控制，场效应管的漏极电流受栅极电压的控制；运算放大器的输出电压受输入电压的控制；发电机的输出电压受其励磁线圈的电流的控制等。这类电路器件的工作性能可用受控源元件来描述。

根据控制量是电压还是电流，受控的是电压源还是电流源，理想受控源有四种基本形式，分别是电压控制电压源（VCVS）、电压控制电流源（VCCS）、电流控制电压源（CCVS）和电流控制电流源（CCCS），其电路符号如图 2-29 所示。

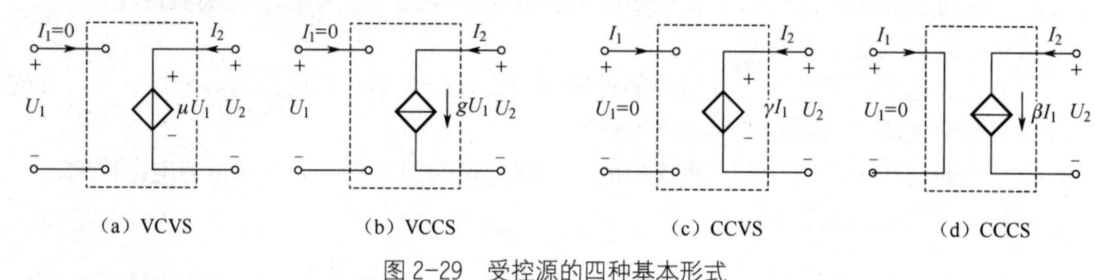

图 2-29 受控源的四种基本形式

为了区别于独立电源，受控源采用菱形符号表示。在受控源电路模型中，γ、μ、β、g 称为受控源的控制系数，它反映了控制量对受控源的控制能力。

【例 2-5】求如图 2-30 所示电路中的电流 I，已知 VCVS 的电压为 $U_2=0.5U_1$，$I_S=2\text{A}$，$R_1=5\Omega$，$R_2=2\Omega$。

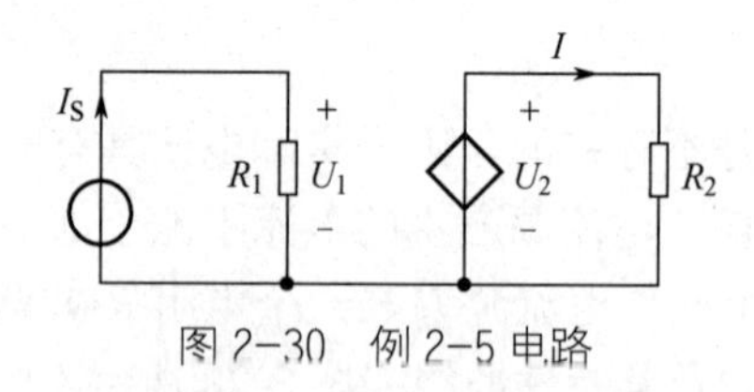

图 2-30 例 2-5 电路

解：先求出控制量 U_1，由电路可得

$$U_1 = R_1 I_S = 5 \times 2 = 10(\text{V})$$

故有

$$U_2 = 0.5U_1 = 5(\text{V})$$

所以

$$I = \frac{U_2}{R_2} = \frac{5}{2} = 2.5(\text{A})$$

演示文稿

基尔霍夫电流定律

项目 2　基尔霍夫定律

任务 1　基尔霍夫电流定律

微课

基尔霍夫电流定律

任务导入：各元件连接成电路后，其电流、电压在电路中将受到两类约束。一类是由元件的自身特性所造成的约束，如 R、L、C 元件的伏安特性；另一类则是由元件相互连接而形成的约束，这一类约束则由基尔霍夫定律来体现。基尔霍夫定律是电路中电压和电流所遵循的基本定律，是分析和计算较复杂电路的基础。它既可以用于直流电路的分析，也可以用于交流电路、非线性电路的分析，是放之四海而皆准的定律。基尔霍夫定律包括电流定律和电压定律。在介绍基尔霍夫定律之前，先以图 2-31 所示电路为例介绍几个电路连接的相关术语。

1．电路连接的相关术语

节点：三个或三个以上元件的连接点称为节点。在如图 2-31 所示电路中，共有 3 个节点，分别是 a、b、c。

支路：连接于两个节点之间的一段电路称为支路。在如图 2-31 所示电路中，共有 5 条支路。其中，adc、aec、bfc 支路中接有电源，称为含源支路；ab、bc 支路中没有电源，称为无源支路。

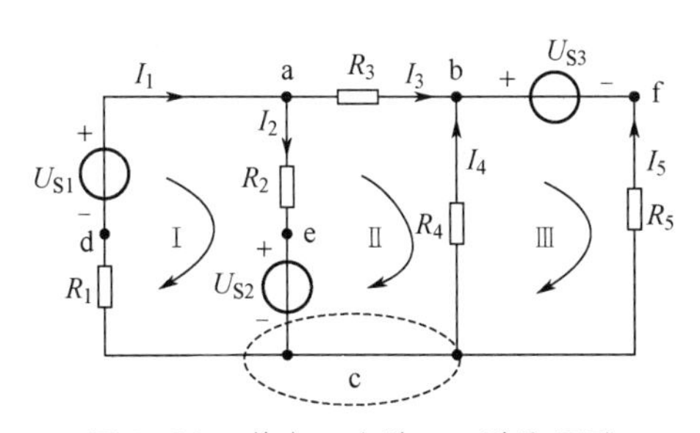

图 2-31　节点、支路、回路和网孔

回路：电路中的任一闭合路径称为回路。在如图 2-31 所示电路中，共有 6 条回路，分别是 adcea、aecba、bcfb、adcba、aecfba、adcfba。

网孔：回路内部没有包围别的支路的回路，称为网孔。如电路中的 aecda、abcea、bfcb 都是网孔，而回路 adcba、aecfba、adcfba 则不是网孔。

网络：网络一词原指含支路较多的电路，现在则与电路互称，含义相同。

2．基尔霍夫电流定律

基尔霍夫电流定律（Kirchhoff's Current Law，KCL），是指在任一时刻流入电路中任一

节点的电流之和恒等于流出该节点的电流之和，即

$$\sum i_{流入}=\sum i_{流出} \tag{2-18}$$

式（2-18）称为KCL方程或节点电流方程。例如，在图2-31中，节点a的电流方程为$I_1=I_2+I_3$。KCL反映了电路中任一节点所连接的各支路电流之间的约束关系。

需要注意的是，KCL中所提到的电流的“流入”与“流出”，均以电流的参考方向为准，而不论其实际方向如何。流入节点的电流是指电流的参考方向指向该节点，流出节点的电流是指电流的参考方向背离该节点。

【例2-6】电路中某一节点如图2-32所示，试根据已知的流入、流出该节点的电流，求i。

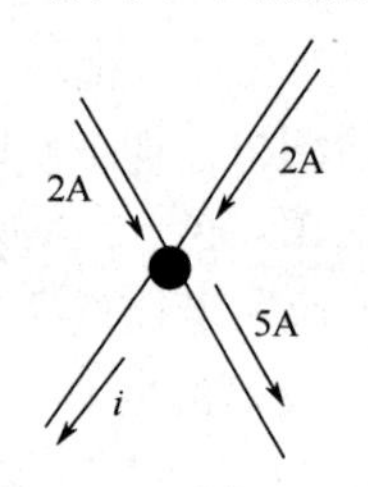

图2-32　例2-6图

解：由图2-32可知，两个2A电流为流入电流，5A和电流i为流出电流，根据KCL可列出该节点的电流方程

$$2+2=i+5$$

解得

$$i=-1(\text{A})$$

【例2-7】电路如图2-33所示，已知$I_1=1\text{A}$，$I_2=3\text{A}$，$I_5=9\text{A}$，求该电路中的未知电流。

解：该电路有a、b、c三个节点，由KCL可分别列出这三个节点的方程。

b节点：$$I_1+I_2=I_3$$

c节点：$$I_3+I_4=I_5$$

a节点：$$I_6=I_2+I_4$$

则 $$I_3=4(\text{A})\quad I_4=5(\text{A})\quad I_6=8(\text{A})$$

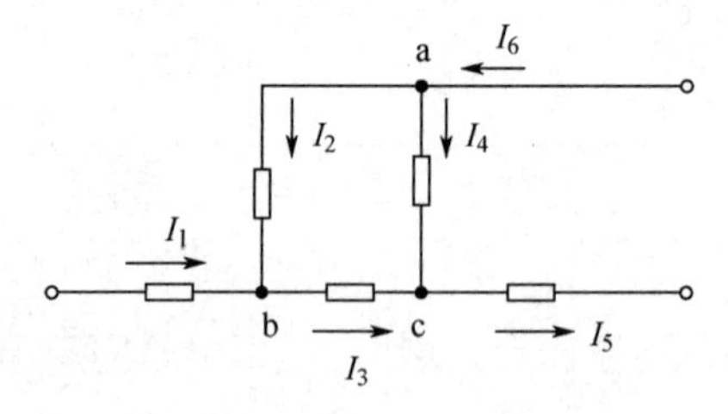

图2-33　例2-7图

3．基尔霍夫电流定律的扩展应用

基尔霍夫电流定律不仅适用于电路中的任一节点，还可以扩展应用于包围电路任一部分的封闭面。在任一时刻，对于这一封闭面（可将其想象成一个大节点），流入电流之和恒等于流出电流之和。

如图2-34（a）所示为电路中常用的基本器件三极管的电路符号，其b、e、c三极的

电流分别为 i_b、i_e、i_c。三个电流之间有什么约束关系呢？用假想的封闭面把三极管包围起来，如图 2-34（b）所示，则根据 KCL 有 $i_e = i_b + i_c$。

如图 2-35（a）所示电路表示两个网络之间只有一根导线相连。那么，在这根导线中有电流流过吗？用一假想的封闭面把网络 II 包围起来，如图 2-35（b）所示，由 KCL 可知 i=0。由此可知，导线中没有电流通过。同理，若某个电路中只有一个接地点，则该接地线中没有电流通过。

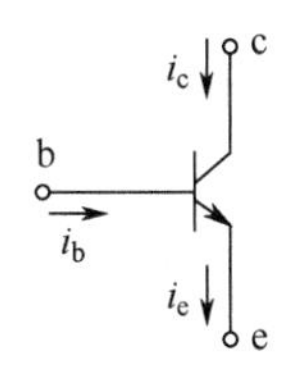

（a）三极管电路符号

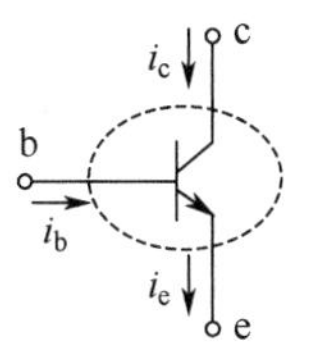

（b）用假想的封闭面包围后的三极管电路

图 2-34 应用 KCL 的三极管示例电路

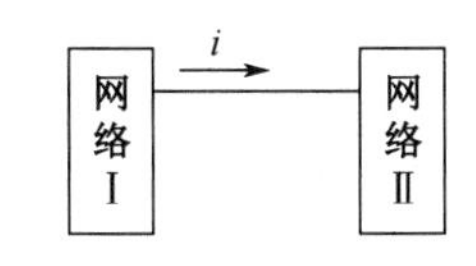

（a）一根导线连接两个网络

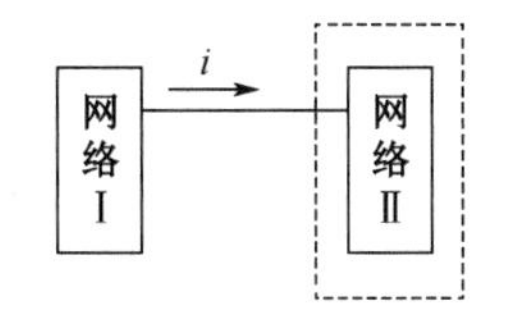

（b）用假想的封闭面包围后的网络

图 2-35 应用 KCL 分析网络的示意图

任务 2 基尔霍夫电压定律

演示文稿

基尔霍夫电压定律

1. 基尔霍夫电压定律

基尔霍夫电压定律（Kirchhoff's Voltage Law，KVL），是指在任一时刻沿电路中任一闭合回路绕行一周，该回路中所有元件电压的代数和恒等于零，即

$$\sum u = 0 \tag{2-19}$$

式（2-19）称为 KVL 方程或回路方程。需要注意的是，在列写 KVL 方程前，必须先指定沿回路的绕行方向为顺时针还是逆时针。当电压的参考方向与绕行方向一致时，该电压为正，否则为负。KVL 反映了电路中任一回路的各元件（或各支路）电压之间的约束关系。

【例 2-8】如图 2-36 所示电路为某一完整电路的一部分，已知电压 U_1=U_2=U_4=10V，求 U_3。

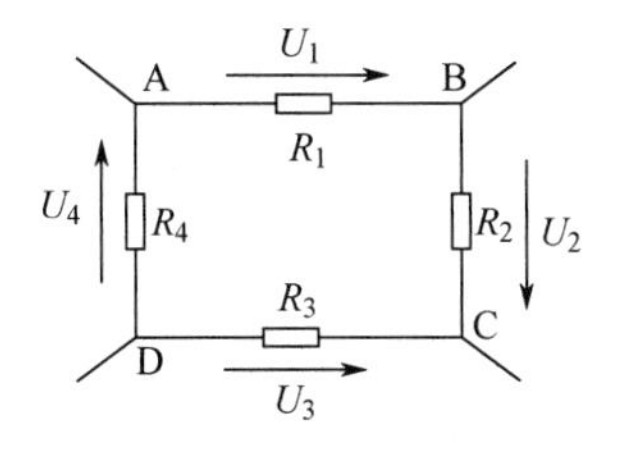

图 2-36 例 2-8 图

微课

基尔霍夫电压定律

解：设沿回路的绕行方向为顺时针，由 KVL 可列出如下方程：

$$U_1+U_2-U_3+U_4=0$$

则
$$U_3=U_1+U_2+U_4=30(\mathrm{V})$$

若设沿回路的绕行方向为逆时针，则由 KVL 可列出如下方程：

$$-U_1-U_2+U_3-U_4=0$$

则
$$U_3=U_1+U_2+U_4=30(\mathrm{V})$$

通过该例可以说明，在列写 KVL 方程时，规定回路绕行方向为顺时针还是逆时针，并不影响计算结果。但是，在同一个 KVL 方程中，绕行方向必须一致。

【例 2-9】 在如图 2-37 所示的电路中，已知 $U_{S1}=36\mathrm{V}$，$U_{S2}=18\mathrm{V}$，$R_1=R_2=2\Omega$，$R_3=8\Omega$，试用 KCL、KVL 求 I_1、I_2、I_3。

解：在电路中先标注各支路的电流及其参考方向，再标注回路的绕行方向。

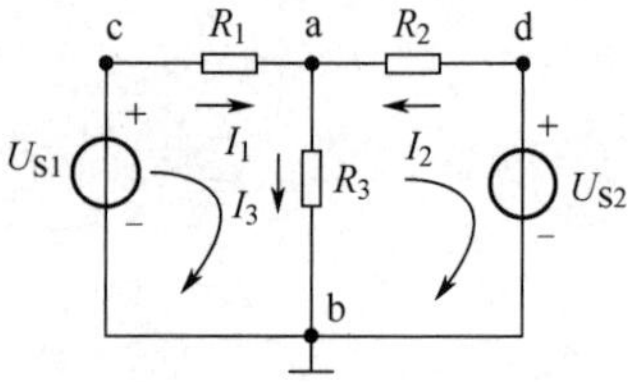

图 2-37　例 2-9 图

根据 KCL 列出节点 a 的电流方程：

$$I_1+I_2=I_3$$

根据 KVL 列出网孔电压方程：

abca 网孔：
$$I_1R_1+I_3R_3-U_{S1}=0$$

adba 网孔：
$$-I_2R_2+U_{S2}-I_3R_3=0$$

代入已知数，解联立方程组：

$$I_1+I_2-I_3=0$$
$$2I_1+8I_3-36=0$$
$$-2I_2-8I_3+18=0$$

解得

$$I_1=6(\mathrm{A})\qquad I_2=-3(\mathrm{A})\qquad I_3=3(\mathrm{A})$$

I_1、I_3 为正值，说明电流的实际方向与标注的参考方向相同；I_2 为负值，说明电流的实际方向与标注的参考方向相反。

2．基尔霍夫电压定律的扩展应用

基尔霍夫电压定律不仅适用于电路中任一闭合回路，还可扩展应用到任意未闭合的回路，只需将开口处电压也列入 KVL 方程中。

如图 2-38 所示为某电路的一部分，在 a、b 两点处没有闭合，设回路的绕行方向为顺时针，由 KVL 可得

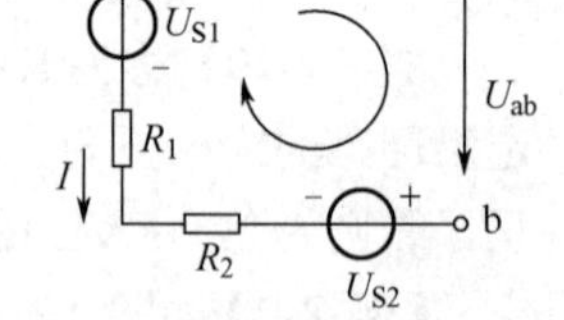

图 2-38　未闭合回路

$$U_{ab}+U_{S2}-I(R_1+R_2)-U_{S1}=0$$

整理后得
$$U_{ab}=I(R_1+R_2)-U_{S2}+U_{S1}$$

写成一般式为

$$U_{ab}=\sum_a^b U_i \tag{2-20}$$

利用式（2-20），可以方便地计算出电路中任意两点之间的电压，a、b 两点之间的电压等于从 a 到 b 路径上各元件电压 U_i 的代数和。若元件电压的参考方向与从 a 到 b 的路径方向一致，则该电压为正，否则为负。

【例 2-10】 电路如图 2-37 所示，在【例 2-9】中，已根据基尔霍夫定律计算出各支路

的电流，在此基础上试求 U_{ab} 的值。

解：在【例 2-9】中已知 $I_1=6A$，$I_2=-3A$，$I_3=3A$，则

$$U_{ab}=I_3R_3=3\times8=24(V)$$

也可应用 KVL 的扩展应用，若路径选择为 acb，则

$$U_{ab}=\sum_a^b U_i=-I_1R_1+U_{S1}=-6\times2+36=24(V)$$

若路径选择为 adb，则

$$U_{ab}=\sum_a^b U_i=-I_2R_2+U_{S2}=-(-3)\times2+18=24(V)$$

项目 3　电动车照明电路的设计

一、设计目的

✧ 能正确绘制电动车照明电路的电路模型；

✧ 能正确运用公式计算电路中的物理量；

✧ 能正确连接电路并检测电路故障。

二、设备选型

符　　号	名　　称	规格型号	数　　量
U_S	电压源	10V	1（个）
R_S	电源内阻	100Ω	1（个）
S_1～S_4	开关	单刀、单掷	4
L_1～L_5	灯泡	10V，15W	5
L_1～L_5	灯泡	10V，30W	5
	导线		若干

三、设计思路

在电动车照明电路中，共有 4 个开关，分别控制 5 盏灯：前大灯、后尾灯、左右转向灯和制动灯。其中，L_1 为前大灯，L_2 为后尾灯，L_3、L_4 为转向灯，L_5 为制动灯。S_1 开关控制 L_1 和 L_2 两盏灯，当合上开关 S_1 时，前大灯和后尾灯都亮；S_2 开关控制左转向灯 L_3；S_3 开关控制右转向灯 L_4；S_4 开关控制制动灯 L_5。电动车照明电路如图 2-39 所示。

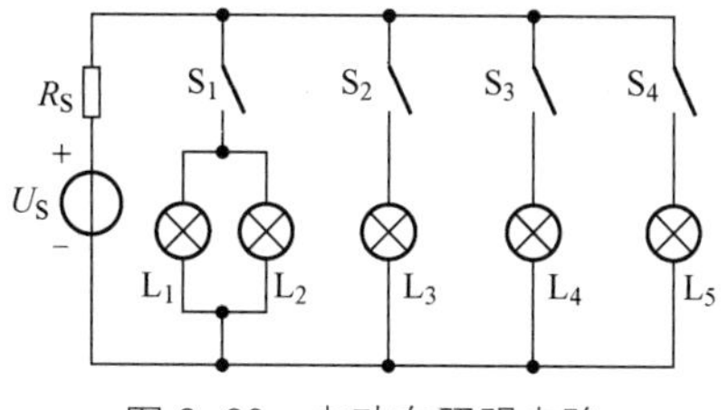

图 2-39　电动车照明电路

四、电路的安装

（1）检测电路的元器件质量。

（2）安装电路。装配电路板应遵循“先低后高，先内后外”的原则。将电路中的所有元件正确地装在印制电路板的相应位置上，采用单面焊接方法，无错焊、漏焊和虚焊。元件面上相同元器件的高度应一致。

五、整机调试

（1）用万用表的电压挡测试直流稳压电源的输出电压值为10V，用欧姆挡测试每只灯泡的阻值。

（2）把S_1开关合上，观察灯泡L_1、L_2的明亮程度。

（3）把S_2、S_3、S_4开关合上，观察灯泡L_3、L_4和L_5的明亮程度。

（4）当把开关同时合上时，前大灯、后尾灯、转向灯和制动灯同时亮。

（5）用电流表、电压表测量L_1～L_5两端的电压、电流和功率，并与公式计算值相比较。

（6）将灯泡换成30W，按照以上步骤再操作一次。

六、项目考核

能力目标	专业技能目标要求	评分标准	配分	得分	备注
硬件安装与接线	1．能够正确地按照系统设计要求进行器件的选择、布局和接线 2．接线牢固，不松动 3．布线合理、美观	1．接线松动、露铜芯过长、布线不美观，每处扣0.5分 2．接线错误，每处扣1分 3．漏选一个元件，或元件容量选择不匹配，每次扣0.5分 4．元件质量检测、线路通电前检测，每错1处扣0.5分 5．元件布置不整齐、不匀称、不合理，每处扣0.5分 6．损坏元件，每个扣1分	5		扣完为止
元件质量检测	能够根据元件工作原理，正确选用仪表进行质量检测，得到质检结果	在元件质量检测过程中，每错检、缺检、漏检一次，酌情扣0.5～3分	5		扣完为止
排除故障	1．排除故障条理清楚，能正确分析出故障原因 2．能正确排除系统硬件接线错误 3．能正确排除器件损件故障现象 4．通过对系统进行综合调试，能够正确排除系统故障	1．未能排除故障点，每个故障点扣1分 2．不会利用电工工具、仪表排除故障，酌情扣分	5		扣完为止

七、项目报告

电动车照明电路的设计报告

项目名称	
设计目的	
所需器材	
操作步骤	
故障分析	
心得体会	
教师评语	

技能实训1　电路基本元件的伏安特性测量

一、实训目的

（1）学会识别常用电路元件的方法。
（2）掌握线性电阻、非线性电阻伏安特性的测量方法。
（3）掌握实验台上直流电工仪表和设备的使用方法。

二、原理说明

由欧姆定律 $R=U/I$ 可知，测出电阻两端的电压和流过电阻的电流，即可求出待测电阻的阻值。

三、实训设备

序　号	名　称	型号与规格	数　量	备　注
1	直流可调稳压电源	0～30V	1	DG04
2	万用表	FM-47 或其他	1	自备
3	直流数字毫安表	0～200mA	1	D31
4	直流数字电压表	0～200V	1	D31
5	线性电阻器	任意阻值电阻若干	1	DG09

四、实训内容

按图 2-40 所示接线，调节稳压电源的输出电压 U，从 0 开始缓慢地增加，一直到 10V，记下电压表和电流表的读数 U_R 和 I，把数据填入表 2-3 中。用求平均值法计算电阻值。

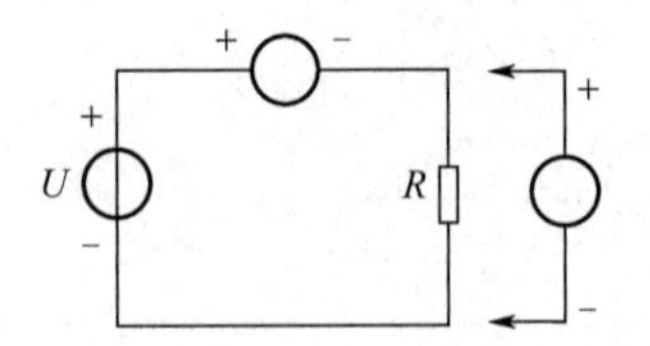

图 2-40　测量线性电阻器伏安特性电路图

表 2-3　实训记录

U_R（V）	0	2	4	6	8	10
I（mA）						

五、思考题

该测量结果中是否含有误差？请进行误差分析。

技能实训 2 电路中电位的测量

一、实训目的

（1）能理解电路中电位的相对性和电压的绝对性。
（2）能正确绘制电路的电位图。

二、实训设备

序号	名称	型号与规格	数量	备注
1	直流可调稳压电源	0～30V	1	DG04
2	万用表		1	自备
3	直流数字电压表	0～200V	1	D31
4	电位、电压测量实验电路板		1	DG05

三、实训内容

（1）按图 2-41 所示电路接线。

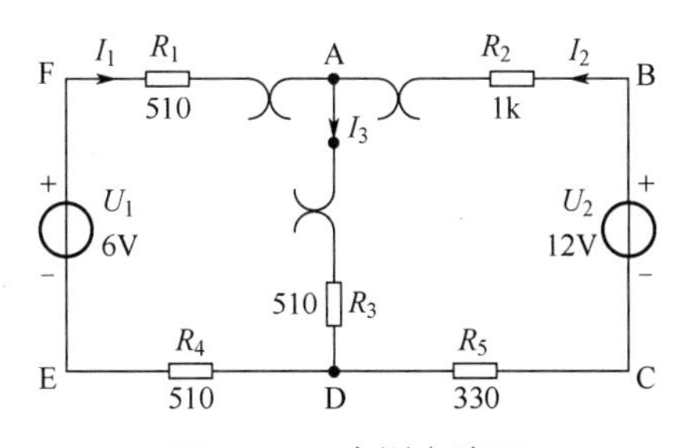

图 2-41 实训电路图

（2）将图 2-41 中的 A 点作为电位的参考点，分别测量 B、C、D、E、F 各点的电位值 φ 及相邻两点之间的电压值 U_{AB}、U_{BC}、U_{CD}、U_{DE}、U_{EF} 及 U_{FA}，将数据记入表 2-4 中。

（3）将 D 点作为参考点，重复第（2）步的测量内容，将测得的数据记入表 2-4 中。

表 2-4 实训记录

电位参考点	φ 与 U	φ_A	φ_B	φ_C	φ_D	φ_E	φ_F	U_{AB}	U_{BC}	U_{CD}	U_{DE}	U_{EF}	U_{FA}
A	测量值												
D	测量值												

四、思考题

先以 F 点为参考电位点，通过实训测得各点的电位值，再以 E 点为参考电位点，试分析此时各点的电位值应有何变化。

技能实训 3　基尔霍夫定律的验证

一、实训目的

（1）验证基尔霍夫定律的正确性，加深对基尔霍夫定律的理解。

（2）学会用电流插头、插座测量各支路的电流。

二、原理说明

基尔霍夫定律是电路的基本定律，当测量某电路的各支路电流及每个元件两端的电压时，应能分别满足基尔霍夫电流定律（KCL）和基尔霍夫电压定律（KVL）。即对电路中的任一节点而言，应有 $\Sigma I_{流入}=\Sigma I_{流出}$；对任一闭合回路而言，应有 $\Sigma U=0$。

应用上述定律时必须注意各支路或闭合回路中电流的正方向，此方向可预先任意设定。

三、实训设备

序　号	名　称	型号与规格	数　量	备　注
1	直流可调稳压电源	0～30V	1	DG04
2	万用表		1	自备
3	直流数字电压表	0～200V	1	D31
4	电位、电压测量实验电路板		1	DG05

四、实训内容

实训电路如图 2-41 所示，用 DG05 挂箱的“基尔霍夫定律/叠加定理”线路。

（1）实训前，先任意设定三条支路和三个闭合回路的电流正方向。如图 2-41 所示，I_1、I_2、I_3 的方向已设定，三个闭合回路的电流正方向可设为 ADEFA、BADCB 和 FBCEF。

（2）分别将两路直流稳压电源接入电路，令 $U_1=6V$，$U_2=12V$。

（3）熟悉电流插头的结构，将电流插头的两端接至数字毫安表的“+”“-”两端。

（4）将电流插头分别插入三条支路的三个电流插座中，读出并记录电流值。

（5）用直流数字电压表分别测量两路电源及电阻元件上的电压值，记入表 2-5 中。

表 2-5 实训记录

被测量	I_1(mA)	I_2(mA)	I_3(mA)	U_1(V)	U_2(V)	U_{FA}(V)	U_{AB}(V)	U_{AD}(V)	U_{CD}(V)	U_{DE}(V)
计算值										
测量值										
相对误差										

五、思考题

实验中，若用指针式万用表的直流毫安挡测量各支路电流，在什么情况下可能出现指针反偏的情况呢？若指针反偏，应如何处理呢？在记录数据时有哪些注意事项？若用直流数字毫安表进行测量，则会有什么显示呢？

本情境小结

一、研究电路的一般方法

为了研究电路的基本规律，需要对构成实际电路的电气元件根据其在工作时所表现出来的电磁性质加以近似化、理想化，从而抽象出一种称之为“理想元件”的物理模型。由理想电路元件代替实际电路元件所构成的电路称为电路模型。我们所进行的电路分析、计算就是对这种电路模型而言的。

二、电路的基本物理量

1. 电流

电荷的定向移动形成了电流。电流的方向规定为正电荷的移动方向。电流用符号 i 表示，其定义式为 $i=\dfrac{\mathrm{d}q}{\mathrm{d}t}$，单位为安培（A）。

2. 电压和电位

电路中电场力将单位正电荷从 A 点移到 B 点所做的功称为 A、B 两点之间的电压 u_{AB}。在规定了参考点以后，电路中任一点 A 和参考点之间的电压称为该点的电位 V_A。电压的方向规定为由高电位点指向低电位点。电压和电位的单位均为伏特（V）。

3. 电流或电压的方向

对于实际方向未知的电流或电压，可以用参考方向来假定，如果由此计算出来的值大于零，则表示电流或电压的实际方向与参考方向一致；如果小于零，则表示电流或电压的实际方向与参考方向相反。习惯上将电流和电压的参考方向设定为同一方向，称它们为关联参考方向。

4. 电功率

电功率是一个表示元件消耗或提供电能快慢的物理量。在关联参考方向下，若 $P>0$，则表示元件消耗电能，为吸收功率；若 $P<0$，则表示元件提供电能，为输出功率。

三、元件的伏安特性

元件对通过它的电流 i 和它两端的电压 u 有一种约束关系，这种关系称为元件的伏安特性。下面是在关联参考方向下各理想元件的伏安特性。

1. 电阻元件

$$u=Ri$$

2. 电容元件

$$i=C\frac{\mathrm{d}u}{\mathrm{d}t}$$

3. 电感元件

$$u=L\frac{\mathrm{d}i}{\mathrm{d}t}$$

4. 理想电压源

端电压恒定不变或始终按某一给定的规律变化，与通过它的电流的大小、方向无关。理想电压源的内阻为零。

5. 理想电流源

输出电流恒定不变或始终按某一给定的规律变化，与它两端电压的大小、方向无关。理想电流源的内阻为无穷大。

6. 受控源

电路中电压源的端电压或电流源的输出电流受电路中其他元件的电压或电流控制，这样的电源称为受控源。

四、基尔霍夫定律

基尔霍夫电流定律简称 KCL，是指在任一时刻流入电路中任一节点的电流之和恒等于流出该节点的电流之和，即

$$\sum i_{流入}=\sum i_{流出}$$

基尔霍夫电压定律简称 KVL，是指在任一时刻沿电路中任一闭合回路绕行一周，该回路中所有元件电压的代数和恒等于零，即

$$\sum u=0$$

练习与提高

1．列举你所知道的一些日常生活中的实际电路，大致说明其作用。

2．谈谈你对电路模型的理解。在建立电路模型时要注意些什么？

3．已知在 2s 内从 A 到 B 通过某导线横截面的电荷量为 0.5C，如图 2-42 所示，请分别就电荷为正和负两种情况求 I_{AB} 和 I_{BA}。

4．在如图 2-43 所示的电路中，已知 U=−100V，试求出 U_{AB} 和 U_{BA} 的值。

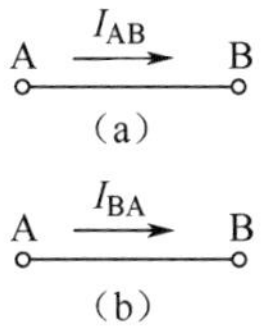

图 2-42　习题 3 图 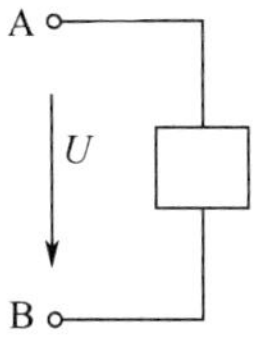　　图 2-43　习题 4 图

5．在如图 2-44 所示的电路中，已知 U=−1V，试判断电压的实际方向。

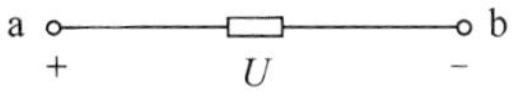

a　b
\+　U　−

图 2-44　习题 5 图

6．如图 2-45 所示，按给定的电压、电流参考方向，求出 U、I 的值。

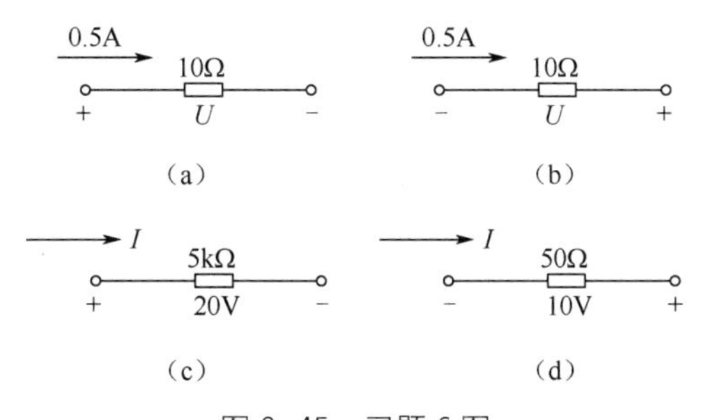

图 2-45　习题 6 图

7．在如图 2-46 所示的电路中，若以 O 点为参考点，则 V_A =21V，V_B =15V，V_C =5V，现重选 C 点为参考点，求 V_A 、V_B 、V_C 并计算两种情况下的 U_{AB} 和 U_{BA}。

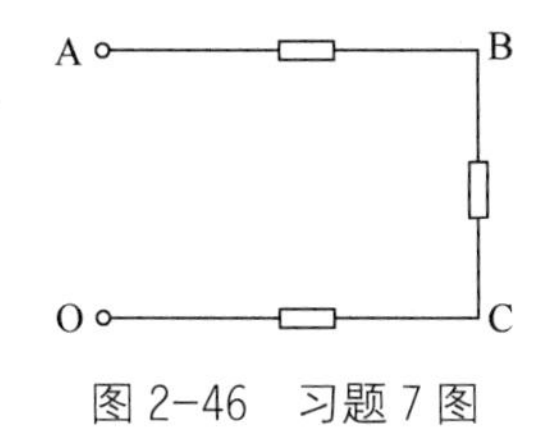

图 2-46　习题 7 图

8．如图 2-47 所示，计算元件的功率，并说明元件是吸收功率还是发出功率。

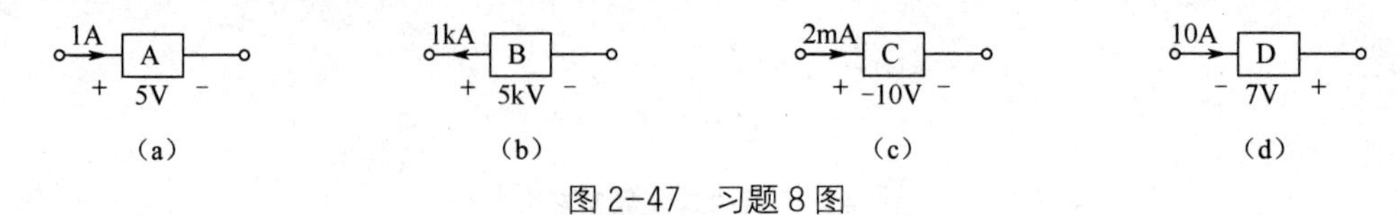

图 2-47　习题 8 图

9．在如图 2-48 所示的三个元件中，（1）元件 A 处于耗能状态，且功率为 10W，电流 I_A=1A，求U_A；（2）元件 B 处于供能状态，且功率为 10W，电压U_B=100V，求I_B并标出实际方向；（3）元件 C 上U_C=10mV，I_C=2mA，且处于耗能状态，请标出I_C的实际方向并求P_C。

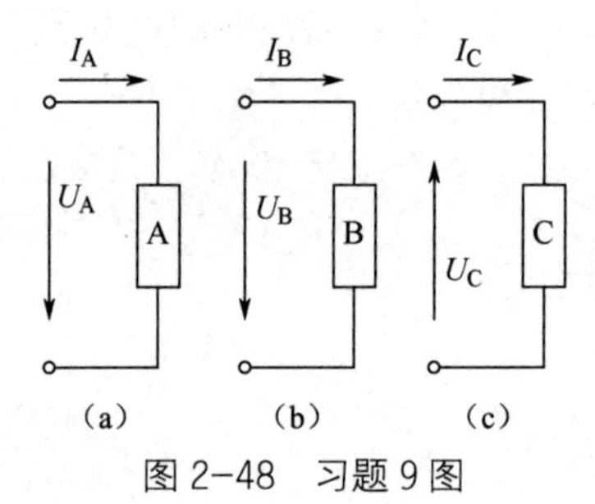

图 2-48　习题 9 图

10．在如图 2-49 所示的电路中，方框代表某个元件，已知 ab 段上的元件其电功率为 500W，且处于供能状态，其余三个元件处于耗能状态，电功率分别为 50W、400W 和 50W。（1）求U_{ab}、U_{cd}、U_{ef}、U_{gh}；（2）由题意可知，电路提供的电能恰好与其消耗的电能相等，这符合能量守恒定律。试根据（1）中计算的结果观察这一定律反映在整个电路的电压上有什么规律？

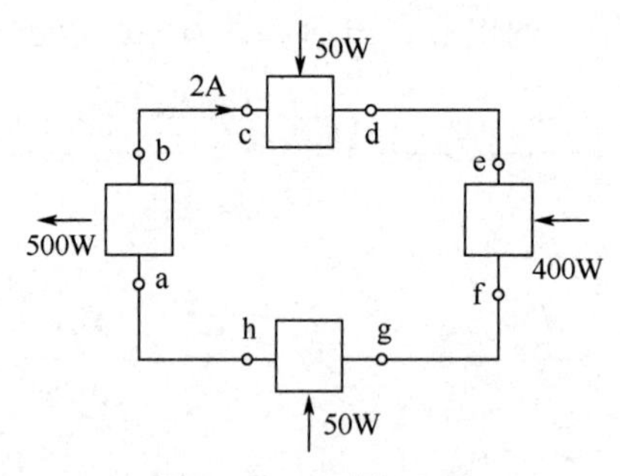

图 2-49　习题 10 图

11．在如图 2-50 所示的电路中，电源为理想电压源，其两端电压为 3V，当在其两端分别接入一个 1Ω 电阻与一个 10Ω 电阻时，求电源流过的电流及电源的输出功率。

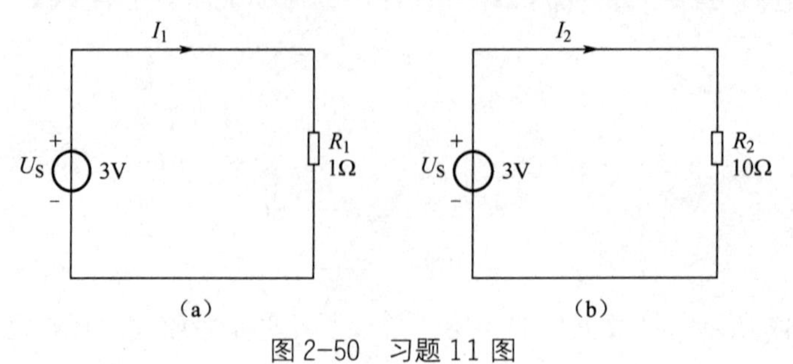

图 2-50　习题 11 图

12．在如图 2-51 所示的电路中，电源为理想电流源，电流为 2A，当在其两端分别接入一个 1Ω 电阻与一个 10Ω 电阻时，求电源两端电压及电源的输出功率。

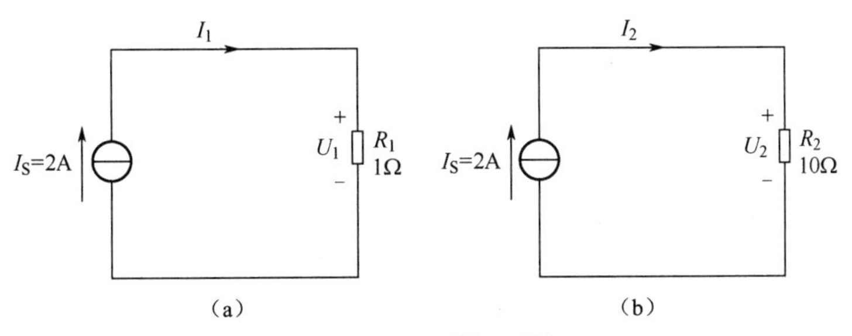

图 2-51 习题 12 图

13．如图 2-52 所示为电路的一部分，各已知条件在图中已标出，求电流 I_x。

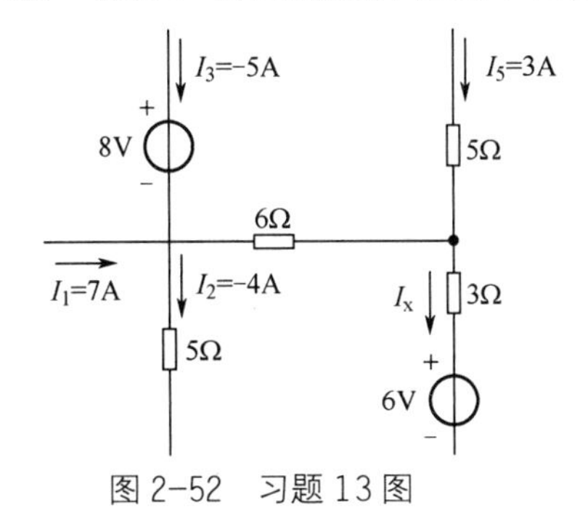

图 2-52 习题 13 图

14．在如图 2-53 所示的电桥电路中，已知 I_1=15mA，I_2= 10mA，I_3= 8mA，求 I_4、I_5、I_6 的值。

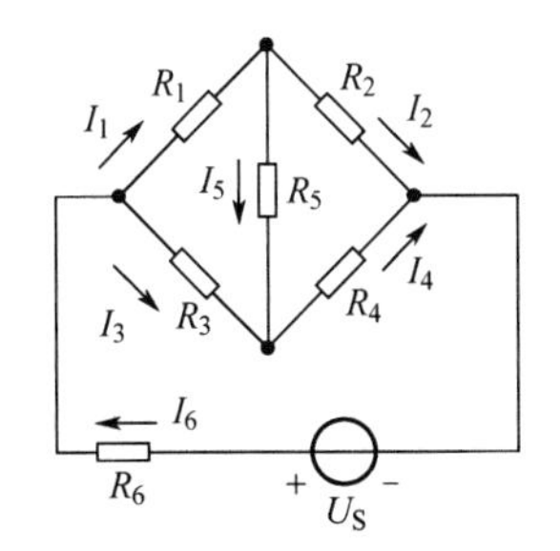

图 2-53 习题 14 图

15．电路如图 2-54 所示，试求解电压 U_{ab}、U_{bc}、U_{ca} 和电流 I_3。

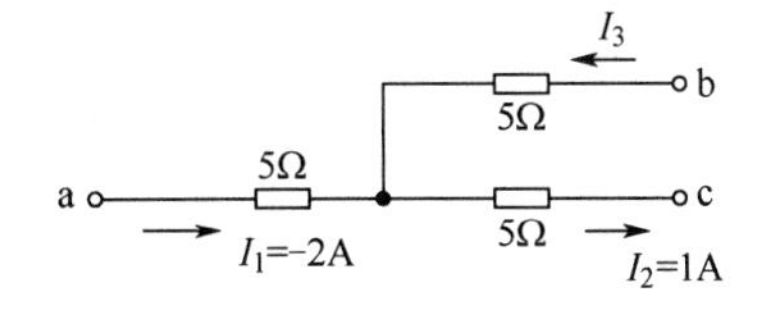

图 2-54 习题 15 图

16．电路中电压的参考方向如图 2-55 所示，U_{S1}=15V，U_{S2}=5V，R_1=1Ω，R_2=2Ω，R_3=3Ω，R_4=4Ω，试列出回路的基尔霍夫电压方程，并计算回路电流 I 与 A、B 两点之间的电压 U_{AB}。

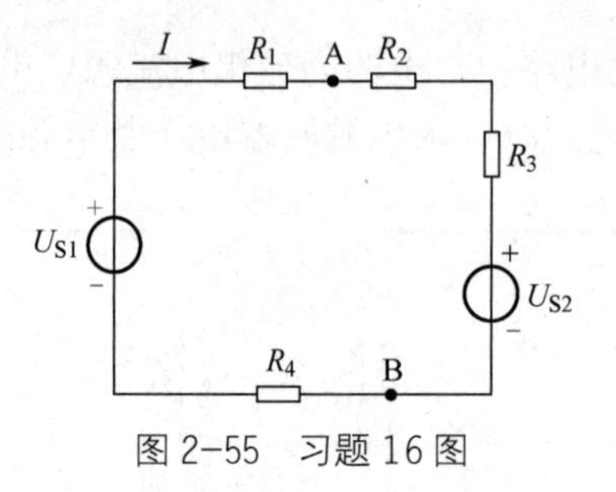

图 2-55 习题 16 图

17．在如图 2-56 所示的电路中，U_{S1}=70V，U_{S2}=6V，R_1=7Ω，R_2=7Ω，R_3=11Ω，求电路中各支路的电流及 U_{AB}。

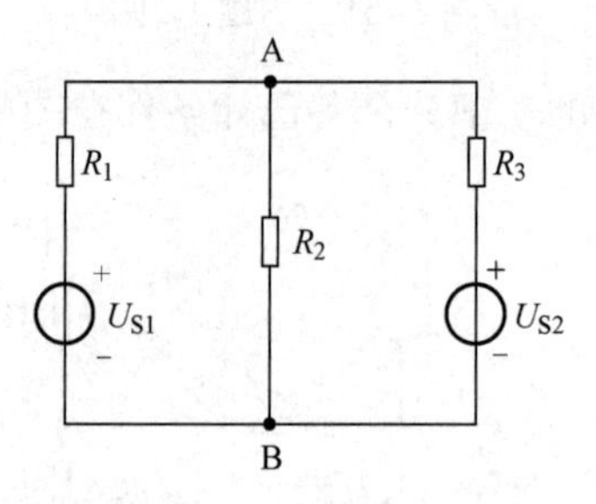

图 2-56 习题 17 图

学习情境 3

指针式万用表的设计

万用表具有用途多、量程广、使用方便等优点，是电子测量中最常用的工具。它可以用来测量电阻、交直流电压和直流电流，掌握万用表的使用方法是学好电路的一项基本技能。

电路的结构形式是多样的，有单回路电路，也有较复杂的电路，但它们都可以用串联或并联的方法简化成单回路电路进行分析和计算。本学习情境主要介绍电路的三种工作状态；对于简单的电路，可直接应用电路的等效变换来分析；学习线性电路的基本分析方法，如支路电流法、网孔电流法、节点电位法等，能根据电路的结构特点找出一种简便的参数求解方法。在掌握以上知识与技能的基础上，完成指针式万用表的设计。

知识目标

1．了解电路的几种工作状态
2．掌握等效变换的概念、特点及各种电路间的等效变换
3．了解支路电流法、网孔电流法、节点电位法及其应用
4．掌握叠加定理和戴维南定理及其应用
5．掌握最大功率传输定理及其应用
6．能分析、设计和制作万用表电路

技能目标

1．能利用等效变换化简电路
2．能应用支路电流法、网孔电流法、节点电位法对电路进行分析、计算
3．能应用叠加定理和戴维南定理对电路进行分析、计算
4．能利用电路定理分析电路，排查故障
5．能设计和制作简单的万用表电路，通过调试达到预期目标

项目 1　直流电路的分析与应用

任务 1　电路的工作状态

任务导入：在分析电路时需要了解电路的工作状态。电路有三种工作状态，分别是短路、开路和负载。下面分析电路三种工作状态的特点。

1．开路

开路通常又称断路，在开路状态下电路中没有电流流过。开路可分为控制性开路和故障性开路两种。控制性开路指的是根据需要人为地将开关断开，使电路切断，如图 3-1 所示，当把电路中的一对端子断开时，电源和负载未构成闭合回路，这时外电路的电阻可视为无穷大，电路中的电流为零，因此电路中电源的输出功率和负载的吸收功率均为零。故障性开路指的是意外发生的断路。

2．负载

如果把图 3-1 中的开关合上，则电路形成闭合回路，电源就会向负载电阻 R 输出电流，此时电路就处于负载状态，如图 3-2 所示。实际的用电设备都有额定电压、额定电流和额定功率等，如果用电设备按照额定值运行，则称电路处于额定工作状态。用电设备必须按照厂家给定的额定条件来使用，不允许超过额定值。

3．短路

如果把图 3-2 中的负载电阻用导线连起来，即电阻的两端电压为零，那么此时电阻就处于短路状态，电压源也就处于短路状态，如图 3-3 所示。注意，电压源是不允许被短路的，因为短路将导致外电路的电阻为零，根据欧姆定律，电流将会无穷大，必将损坏电压源。因此，短路是一种电路故障，应该避免。

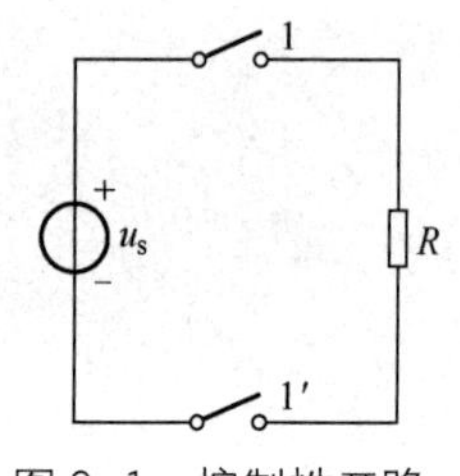

图 3-1　控制性开路

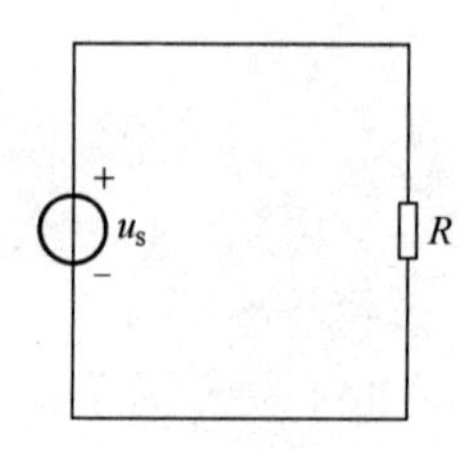

图 3-2　负载

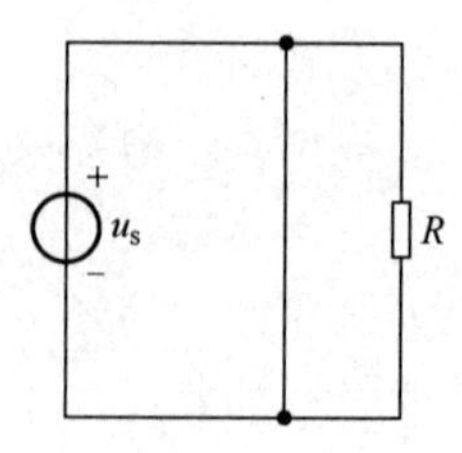

图 3-3　短路

任务 2 电路的等效变换

任务导入：如图 3-4（a）和图 3-4（b）所示电路，均由多个电阻与电源构成，当分别在其端口接入相同的负载电阻 R_L 后，负载电阻得到的电压及流过的电流是否相等？

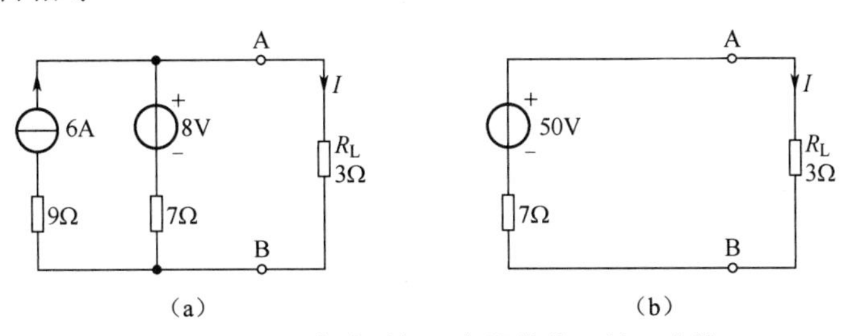

图 3-4 不同电路对相同电阻的作用效果比较

1. 二端网络等效的概念

“等效”是电路分析中极为重要的概念之一，电路的等效变换是分析电路问题的一种常用方法。其实质是在效果相同的情况下，将较为复杂的实际问题变换为简单的问题，使问题得到简化，从而便于求解。

1）二端网络

网络是指一个较为复杂的电路。如果网络 A 通过两个端子与外电路连接，则网络 A 称为二端网络，如图 3-5（a）所示。

2）等效的概念

若二端网络 A 与二端网络 A_1 对同一外电路的伏安特性相同，即 $I = I_1$，$U = U_1$，则 A 与 A_1 对外电路而言可以相互等效，如图 3-5（b）所示。

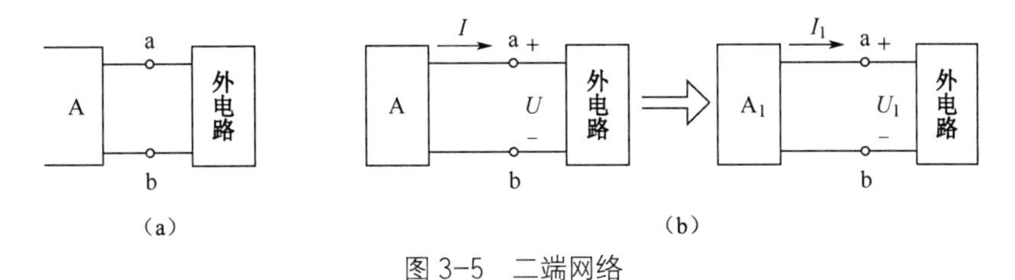

图 3-5 二端网络

2. 电阻的串联、并联和混联

1）电阻的串联

如图 3-6 所示，假定有 n 个电阻 R_1，R_2，…，R_n 顺序相接，其中没有分支，称为 n 个电阻串联，U 代表总电压，I 代表电流。此电路具有如下特点：通过每个电阻的电流相同。

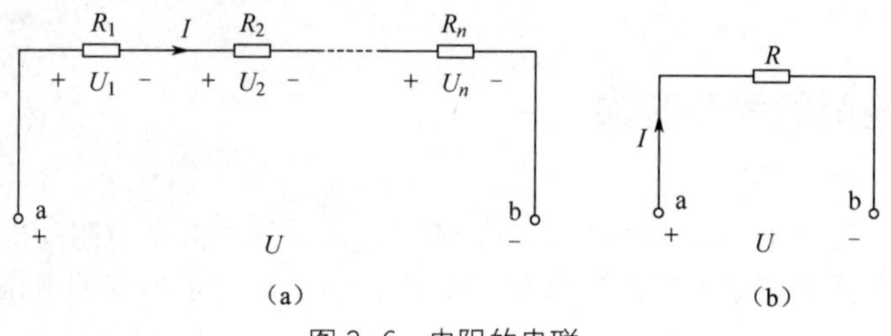

图 3-6　电阻的串联

根据基尔霍夫电压定律 KVL，有

$$U = U_1 + U_2 + \cdots + U_n = R_1 I + R_2 I + \cdots + R_n I = (R_1 + R_2 + \cdots + R_n)I = RI$$

式中，等效电阻

$$R = R_1 + R_2 + \cdots + R_n = \sum_{k=1}^{n} R_k \tag{3-1}$$

电阻串联，其等效电阻等于串联的各电阻之和。显然，等效电阻必大于任意一个串联的电阻。各串联电阻上的电压与电阻值成正比，即

$$U_k = R_k I = \frac{R_k}{R} U \tag{3-2}$$

功率为

$$P = UI = (R_1 + R_2 + \cdots + R_n)I^2 = RI^2 \tag{3-3}$$

n 个串联电阻吸收的总功率等于它们的等效电阻所吸收的功率。

当 $n=2$ 时，即两个电阻串联，则得到经常使用的两个电阻串联时的分压公式

$$\left.\begin{aligned} U_1 &= \frac{R_1}{R_1 + R_2} U \\ U_2 &= \frac{R_2}{R_1 + R_2} U \end{aligned}\right\} \tag{3-4}$$

从式（3-4）中不难看出：电阻串联时各电阻上的分压与其电阻值成正比，即电阻值大者分得的电压大。

2）电阻的并联

如图 3-7 所示，假定有 n 个电阻 R_1，R_2，…，R_n 并排连接，承受相同的电压，称为 n 个电阻并联，I 代表电流，U 代表总电压。此电路具有以下特点：加在每个电阻两端的电压相同。

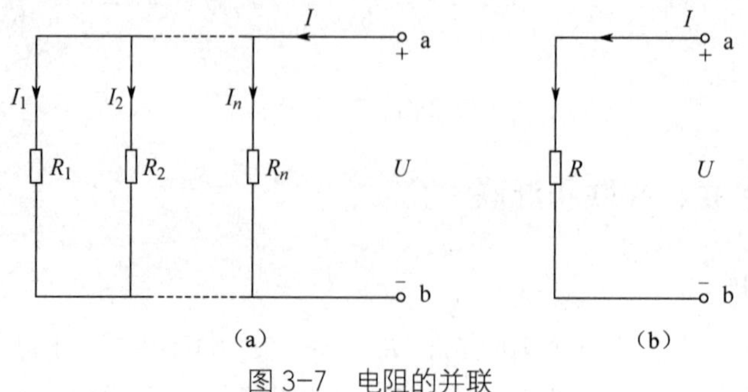

图 3-7　电阻的并联

根据基尔霍夫电流定律 KCL，有

$$I = I_1 + I_2 + \cdots + I_n$$
$$= (\frac{1}{R_1} + \frac{1}{R_2} + \cdots + \frac{1}{R_n})U = \frac{1}{R}U$$
$$\frac{1}{R} = \frac{1}{R_1} + \frac{1}{R_2} + \cdots + \frac{1}{R_n} = \sum_{k=1}^{n}\frac{1}{R_k} \tag{3-5}$$

显然，$R < R_k$，等效电阻小于任意一个并联电阻。在并联电阻中，各电阻上流过的电流与电阻值成反比，即

$$I_k = \frac{U}{R_k} \tag{3-6}$$

功率为

$$P = UI = \frac{U^2}{R_1} + \frac{U^2}{R_2} + \cdots + \frac{U^2}{R_n} = \frac{U^2}{R} \tag{3-7}$$

n 个并联电阻吸收的总功率等于它们的等效电阻所吸收的功率。

当 $n = 2$ 时，即两个电阻并联，则得到常用的电阻并联时的分流公式为

$$\left.\begin{aligned} I_1 &= \frac{R_2}{R_1 + R_2}I \\ I_2 &= \frac{R_1}{R_1 + R_2}I \end{aligned}\right\} \tag{3-8}$$

从式（3-8）中不难看出：电阻并联时各电阻上的分流与其电阻值成反比，即电阻值大者分得的电流小。

3）电阻的混联

既有电阻串联又有电阻并联的电路称为电阻混联电路。电阻相串联的部分具有电阻串联电路的特点，电阻相并联的部分具有电阻并联电路的特点。判别混联电路的串、并联关系一般应掌握以下三点。

（1）看电路的结构特点。若两电阻首尾相接，则为串联；若两电阻首首相接、尾尾相接，则为并联。

（2）看电压、电流关系。若流经两电阻的电流是同一个电流，则为串联；若两电阻上承受的电压是同一个电压，则为并联。

（3）对电路做等效变形，即对电路做扭动变形，一般来说，如果确实是电阻串、并联电路的问题，则都可以判别出来。

【例 3-1】求如图 3-8（a）所示电路 a、b 两端的等效电阻。

解：将短路线压缩，c，d，e 三个点合为一点，如图 3-8（b）所示，再将能看出串、并联关系的电阻用其等效电阻代替，如图 3-8（c）所示，就可以方便地求得

$$R_{ab} = \left[\left(2+2\right) /\!/ 4 + 1\right] /\!/ 3 = 1.5(\Omega)$$

这里，“//”表示两电阻并联，其运算规律遵循电阻并联公式。

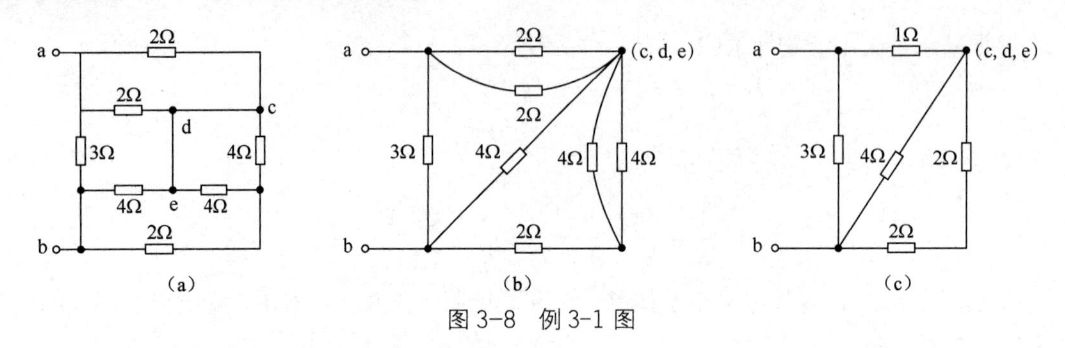

图 3-8 例 3-1 图

3. 电阻星形连接和三角形连接的等效变换

在实际电路中，电阻的连接形式既不是串联也不是并联，如在通信电路中，采用的是能消除干扰信号的 π 型滤波电路，而在供电系统电路中则广泛采用星形和三角形连接等。3 个电阻的一端共同连接于一个节点上，而它们的另一端分别连接到 3 个不同的端子上，这就构成了如图 3-9（a）所示的 Y 形连接的电路，称为电阻的星形连接。3 个电阻分别接在两个端子之间，就构成了如图 3-9（b）所示的Δ形连接的电路，称为电阻的三角形连接。

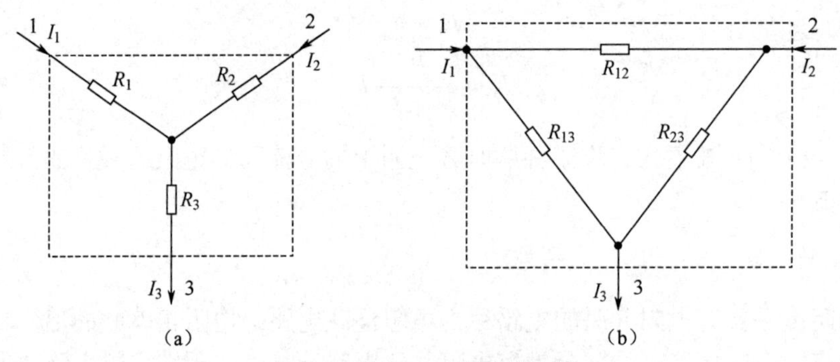

图 3-9 Y形、Δ形连接电路

在电路分析中，有时为了简化分析，需要将电阻的星形和三角形网络进行等效变换，将电路结构化简成电阻的串、并联连接形式。根据等效变换的条件（端口的伏安特性相同），可以得到等效变换的公式。

将电阻的星形网络等效变换为三角形网络的公式为

$$\left.\begin{aligned} R_1 &= \frac{R_{12}R_{13}}{R_{12}+R_{23}+R_{13}} \\ R_2 &= \frac{R_{12}R_{23}}{R_{12}+R_{23}+R_{13}} \\ R_3 &= \frac{R_{13}R_{23}}{R_{12}+R_{23}+R_{13}} \end{aligned}\right\} \tag{3-9}$$

反之，将电阻的三角形网络等效变换为星形网络的公式为

$$\left.\begin{aligned}R_{12}&=\frac{R_1R_2+R_2R_3+R_1R_3}{R_3}\\R_{23}&=\frac{R_1R_2+R_2R_3+R_1R_3}{R_1}\\R_{13}&=\frac{R_1R_2+R_2R_3+R_1R_3}{R_2}\end{aligned}\right\}\tag{3-10}$$

值得注意的是，在进行星形、三角形等效变换时，与外界相连的三个端子之间的对应位置不能改变，否则，变换是不等效的。接在复杂网络中的 Y 形或Δ形网络部分，可以运用式（3-9）和式（3-10）进行等效变换，变换后的结果不影响网络其余未经变换部分的电压、电流和功率。

为了便于记忆，以上变换公式可归纳为

$$\text{Y形电阻}=\frac{\Delta\text{形相邻电阻的乘积}}{\Delta\text{形电阻之和}}$$

$$\Delta\text{形电阻}=\frac{\text{Y形电阻两两乘积之和}}{\text{Y形不相邻电阻}}$$

在特殊情况下，若 Y 形电路中 3 个电阻阻值相等，则等效变换的Δ形电路中 3 个电阻的阻值也相等，由式（3-10）不难得到：

$$R_{12}=R_{23}=R_{13}=R_\Delta=3R_{\rm Y}$$

【例 3-2】 如图 3-10（a）所示电路，求电压 U_1。

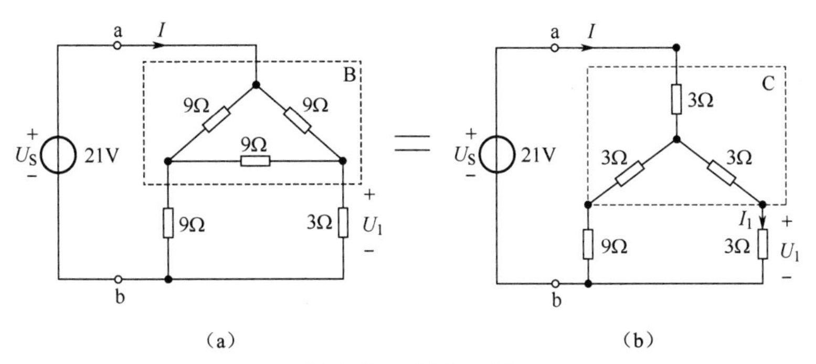

图 3-10　例 3-2 图

解： 应用Δ−Y 变换将图 3-10（a）所示电路等效变换为图 3-10（b）所示电路，再应用电阻串、并联等效求得等效电阻为

$$R_{ab}=3+(3+9)//(3+3)=7(\Omega)$$

动画

电流的形成

则电流

$$I=\frac{U_S}{R_{ab}}=\frac{21}{7}=3(\text{A})$$

由分流公式计算得

$$I_1=\frac{3+9}{3+9+3+3}\times I=\frac{2}{3}\times 3=2(\text{A})$$

故电压

$$U_1=3I_1=3\times 2=6(\text{V})$$

4．电位的分析与计算

电位的分析与计算

电路中某一元件的工作状态往往可以用其两端的电压来反映。但是当电路中元件数量较多时，表示每两点之间的电压就显得很烦琐，如果用电位来表示，则会更加简单清晰。

在电路中，相对于不同的零电位点，各点的电位也是不同的，要求某点的电位首先要确定一个零电位点。原则上零电位点可以任取，习惯上规定电源负极为零电位点，但有时为了方便计算，也可以取多个元件的汇集点为零电位点。在实际应用中，通常会选择大地、金属地板、机壳、公共线（点）等为零电位点。

【例 3-3】 如图 3-11 所示，已知 E_1=33V，电源内阻忽略不计，R_1=5Ω，R_2=4Ω，R_3=2Ω，求 B、C 两点的电位。

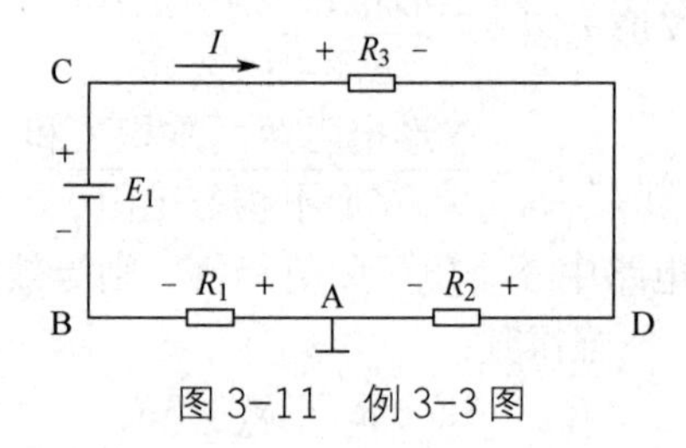

图 3-11　例 3-3 图

解：

（1）选择 A 点为零电位点，则 V_A=0V。

（2）标出电流的参考方向和各元件电压降的方向，计算电流大小。

$$I=\frac{E_1}{R_1+R_2+R_3}=\frac{33}{5+4+2}=3(\text{A})$$

（3）计算各点至参考点的电压，即为各点的电位，换句话说，就是求路径上全部电压降的代数和。

B 点的电位：

路径 1：B 点，R_1，A 点（零电位点）

$$V_B=-R_1I=-5\times3=-15(\text{V})$$

路径 2：B 点，E_1，R_3，R_2，A 点（零电位点）

$$\begin{aligned}V_B&=-E_1+R_3I+R_2I\\&=-33+2\times3+4\times3=-15(\text{V})\end{aligned}$$

C 点的电位：

路径 1：C 点，E_1，R_1，A 点（零电位点）

$$V_C=E_1-R_1I=33-5\times3=18(\text{V})$$

路径 2：C 点，R_3，R_2，A 点（零电位点）

$$V_C=R_3I+R_2I=2\times3+4\times3=18(\text{V})$$

任务 3　电路中含有理想电源的分析

任务导入：电源是一种将其他形式的能量转换成电能的装置。任何一个实际电路在工作时都必须有提供能量的电源，电源的种类繁多，如干电池、蓄电池、光电池、交直流发电机、电子线路中的信号源等。理想电压源和理想电流源是在一定条件下由实际电源抽象出来的理想电路元件模型。

1．多个理想电压源的串联

如图 3-12（a）所示为多个电压源的串联，可以用一个电压源来等效替代，如图 3-12（b）所示，这个等效电压源的电压为多个电压源的电压值的代数和，即

$$u_s = u_{s1} + u_{s2} + \cdots + u_{sn} = \sum_{k=1}^{n} u_{sk} \tag{3-11}$$

代数和是指如果 u_{sk} 的参考方向与图 3-12（b）中 u_s 的参考方向一致，则式中 u_{sk} 的前面取“+”号，反之则取“-”号。

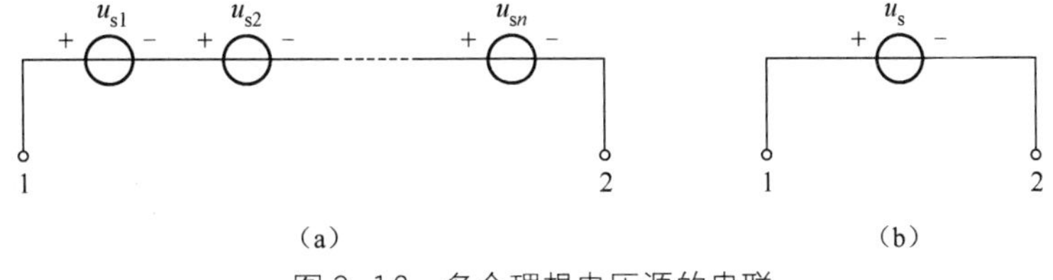

图 3-12　多个理想电压源的串联

2．多个理想电流源的并联

如图 3-13（a）所示为多个电流源的并联，可以用一个电流源来等效替代，如图 3-13（b）所示，这个等效电流源的电流为多个电流源的电流值的代数和，即

$$i_s = i_{s1} + i_{s2} + \cdots + i_{sn} = \sum_{k=1}^{n} i_{sk} \tag{3-12}$$

代数和是指如果 i_{sk} 的参考方向与图 3-13（b）中 i_s 的参考方向一致，则式中 i_{sk} 的前面取“+”号，反之则取“-”号。

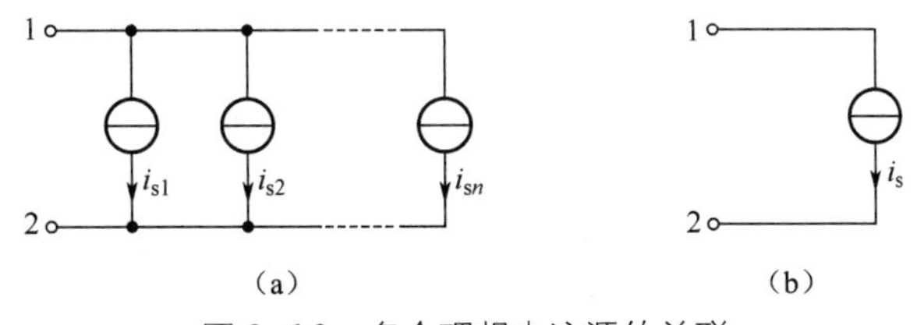

图 3-13　多个理想电流源的并联

微课

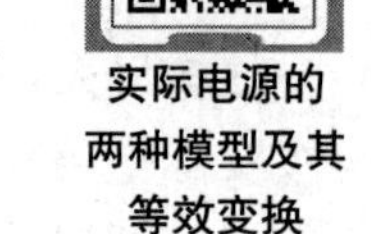

实际电源的两种模型及其等效变换

3. 实际电压源和实际电流源及其等效变换

实际电压源可以用理想电压源与电阻的串联来表示，实际电流源可以用理想电流源和电阻的并联来表示，如图 3-14 所示。在电路分析中，这两种模型是可以相互转换的，经过等效变换可以大大简化电路的分析和计算。

图 3-14（a）中电压源的特性方程为

$$U_{ab} = U_S - IR_0 \tag{3-13}$$

将等式两边同时除以 R_0，化简并整理得

$$I = \frac{U_S}{R_0} - \frac{U_{ab}}{R_0} \tag{3-14}$$

图 3-14（b）中电流源的特性方程为

$$I = I_S - \frac{U_{ab}}{r} \tag{3-15}$$

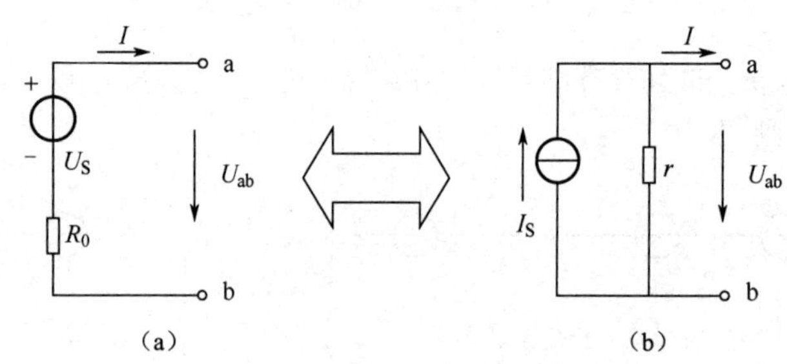

图 3-14　电压源与电流源的等效变换

比较式（3-14）和式（3-15），令

$$I_S = \frac{U_S}{R_0},\quad r = R_0 \tag{3-16}$$

在满足上述条件的情况下，两种模型可以相互转换，即当它们外接任何相同的电路时，端子上的电压和电流都分别相等。

在进行电源的等效变换时，应注意以下几点。

（1）电压源和电流源的等效变换是对外电路等效，是指对外电路的端电压和输出电流等效，对电源内部并不等效。

（2）等效变换时，外电路的电压和电流的大小和方向都不变。因此，电流源的电流流出端应与电压源的正极端相一致。

（3）理想电压源和理想电流源之间没有等效的条件，不能进行等效变换。因为理想电压源的内阻为零，而理想电流源的内阻为∞。理想电压源的端电压是恒定的，输出电流随外电路的变化而变化；理想电流源的输出电流是恒定的，而端电压随外电路的变化而变化。

（4）等效变换时，不一定仅限于电源的内阻。只要是与电压源串联的电阻或与电流源两端并联的电阻，则两者均可进行等效变换。

（5）等效变换时，与理想电压源并联的理想电流源（或其他电路元件）对外电路不起作用；与理想电流源串联的理想电压源（或其他电路元件）对外电路也不起作用。

【例 3-4】 如图 3-15 所示电路，$U_{S1} = 36\text{V}$，$U_{S2} = 18\text{V}$，$R_1 = R_2 = 2\text{k}\Omega$，$R_3 = 8\text{k}\Omega$。试用电压源与电流源等效变换的方法，计算图 3-15（a）电路中电阻 R_3 上的电流 I_3。

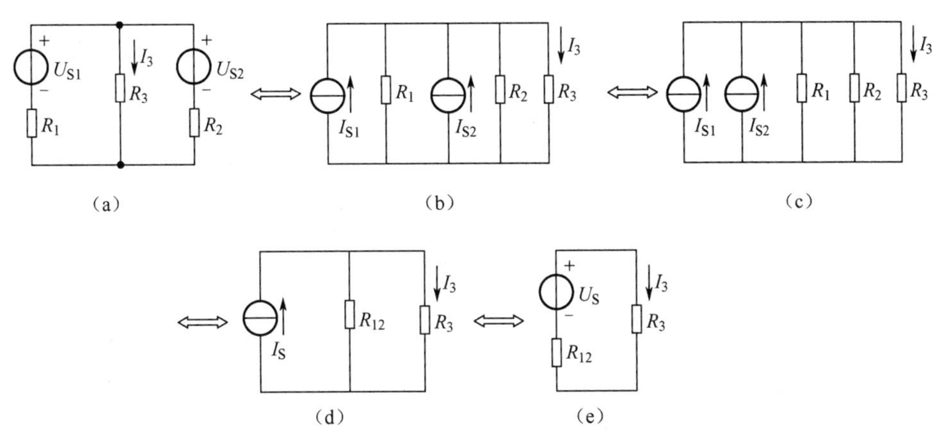

图 3-15 例 3-5 电路的等效变换

解：标注电流 I_3 的参考方向，如图 3-15（a）所示。用电压源与电流源等效变换的方法把 U_{S1} 与 R_1 串联的模型看成一个电压源，U_{S2} 与 R_2 串联的模型看成另一个电压源，把 R_3 看成负载，将图 3-15 所示电路逐步化简，变换过程如图 3-15（a）～（e）所示。

在图 3-15（c）中，有

$$I_{S1}=\frac{U_{S1}}{R_1}=\frac{36}{2000}=18\,(\text{mA})$$

$$I_{S2}=\frac{U_{S2}}{R_2}=\frac{18}{2000}=9\,(\text{mA})$$

在图 3-15（d）中，有

$$I_S=I_{S1}+I_{S2}=18+9=27\,(\text{mA})$$

$$R_{12}=\frac{R_1R_2}{R_1+R_2}=\frac{R_1}{2}=1\,(\text{k}\Omega)$$

在图 3-15（e）中，有

$$U_S=I_SR_{12}=27\times10^{-3}\times1\times10^{3}=27\,(\text{V})$$

$$I_3=\frac{U_S}{R_{12}+R_3}=\frac{27}{(1+8)\times10^{3}}=3\,(\text{mA})$$

任务 4 电路的分析方法及其应用

演示文稿

电路的分析方法及其应用

任务导入：如图 3-16 所示，电路的结构比较复杂，支路较多，在用基尔霍夫定律求解时，变量较多，对这类电路是否有更好的分析方法呢？

1. 支路电流法

微课

支路电流法

支路电流法是以支路电流为变量，直接应用基尔霍夫定律（KCL 和 KVL）列写方程，然后联立方程求解的方法，它是电路分析最基本的方法。如图 3-17 所示电路，共有 3 条支路、2 个节点、2 个网孔，应用支路电流法分析的一般步骤如下。

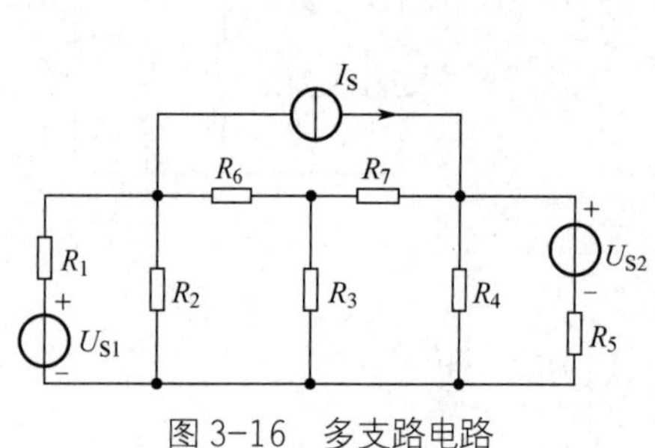

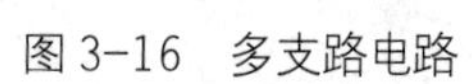
图 3-16　多支路电路

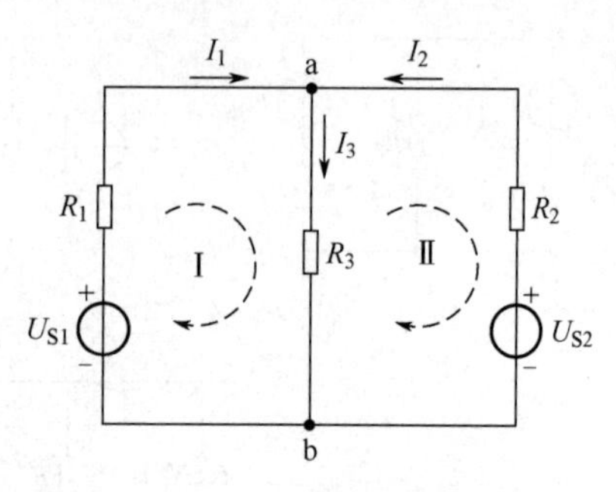

图 3-17　支路电流法

（1）确定各条支路电流的参考方向，并在图中标出。

（2）根据 KCL 列节点电流方程，n 个节点的电路可列出 $n-1$ 个独立方程。在图 3-17 中，有 2 个节点 a 和 b。

对节点 a：$$I_1 + I_2 - I_3 = 0 \tag{3-17}$$

对节点 b：$$-I_1 - I_2 + I_3 = 0 \tag{3-18}$$

式（3-18）不是独立方程，它是式（3-17）的同解方程。因此，2 个节点只能列出 1 个独立的节点电流方程。

（3）根据 KVL 列回路电压方程。为了保证所列方程为独立方程，每次选取回路时最少应包含一条前面未曾用过的新支路，最好选用网孔作回路。如果电路有 m 个网孔，则可列出 m 个独立的回路电压方程。在图 3-17 中有 2 个网孔，标出网孔的绕行方向。

对网孔Ⅰ：$$R_1I_1 + R_3I_3 - U_{S1} = 0 \tag{3-19}$$

对网孔Ⅱ：$$-R_3I_3 - R_2I_2 + U_{S2} = 0 \tag{3-20}$$

应用 KCL 和 KVL 共可列出 $(n-1)+m=b$ 个独立方程，b 正好为支路数。

（4）联立求解方程式，即可求出各支路的电流。联立求解方程（3-17）、（3-19）和（3-20）即可求出图 3-17 中各支路的电流 I_1、I_2 和 I_3。

【例 3-5】 试用支路电流法求图 3-18 中的电流 I_1 和 I_2。

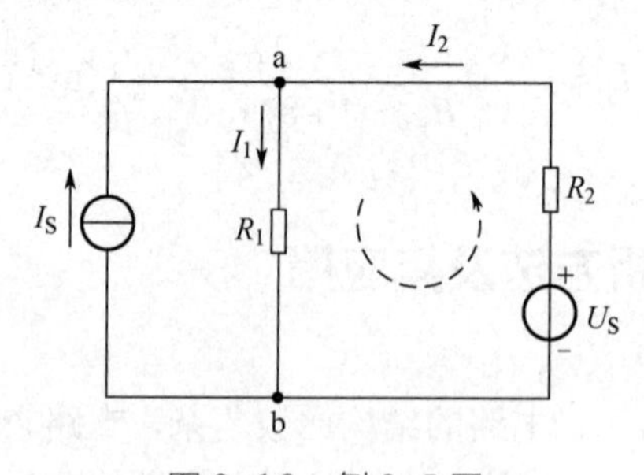

图 3-18　例 3-5 图

解：图 3-18 中共有 3 条支路，已知其中一条支路的电流为 I_S，求另外两条支路的电流 I_1 和 I_2，故只需列出两个独立方程。

（1）I_1 和 I_2 的正方向和所选回路的绕行方向如图 3-18 所示。

（2）对于节点 a 根据 KCL 可得

$$I_1 - I_2 = I_S$$

（3）对于右侧网孔根据 KVL 可得

$$R_1I_1 + R_2I_2 = U_S$$

（4）联立上述两个方程求解得

$$I_1 = \frac{U_S + R_2I_S}{R_1 + R_2}；\quad I_2 = \frac{U_S - R_1I_S}{R_1 + R_2}$$

2．网孔电流法

网孔电流法简称网孔法。它是系统地分析线性电路的方法之一。该方法根据 KVL 以网孔电流为变量，列出各网孔回路的电压方程，并联立求解出网孔电流，再进一步求解出各支路的电流。

1）网孔电流及其与支路电流的关系

电路中实际存在的电流是支路电流，网孔电流是为了简化电路分析而假设的中间变量，最终所求解的变量是支路电流等实际存在的物理量。

假设在每一个网孔回路中流动着的独立电流称为网孔电流，如图 3-19 中的 I_a、I_b，其箭头所指的方向为网孔电流的参考方向。各支路电流是由网孔电流组成的，即某一条支路的电流等于通过该支路的各网孔电流的代数和，当网孔电流的参考方向与支路电流的参考方向相同时，网孔电流为正，否则为负，如 $I_1 = I_a$，$I_2 = I_b$，$I_3 = I_a - I_b$。

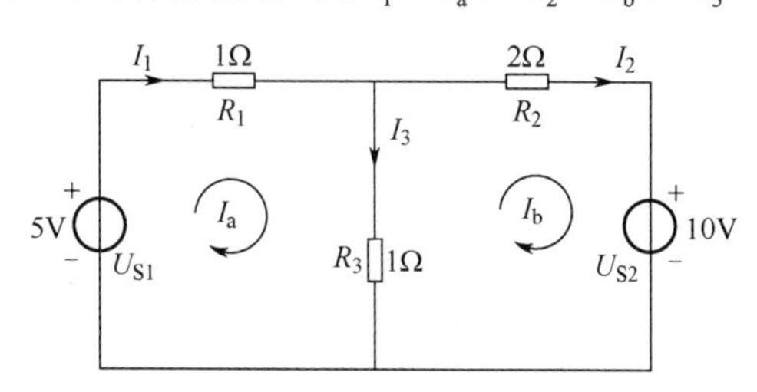

图 3-19　网孔电流法

2）网孔电流方程

网孔电流方程实质上是以网孔电流为变量的 KVL 方程，下面推导网孔电流方程的一般形式。假设各网孔电流的参考方向均为顺时针方向，网孔回路的绕行方向与之相同，根据 KVL 可列出如下方程

$$\begin{cases} I_1R_1 + I_3R_3 - U_{S1} = 0 \\ I_2R_2 - I_3R_3 + U_{S2} = 0 \end{cases}$$

将上述方程中的支路电流用网孔电流代替，则方程变为

$$\begin{cases} I_aR_1 + (I_a - I_b)R_3 - U_{S1} = 0 \\ I_bR_2 - (I_a - I_b)R_3 + U_{S2} = 0 \end{cases}$$

整理后为

$$\begin{cases} I_a(R_1 + R_3) - I_bR_3 = U_{S1} \\ I_b(R_2 + R_3) - I_aR_3 = -U_{S2} \end{cases}$$

写成一般式为

$$\begin{cases} I_a R_{aa} + I_b R_{ab} = U_{Sa} & \text{网孔a电流方程} \\ I_b R_{bb} + I_a R_{ba} = U_{Sb} & \text{网孔b电流方程} \end{cases} \tag{3-21}$$

式（3-21）即为网孔电流法的一般规律方程，其中，$R_{aa} = R_1 + R_3$，为组成网孔 a 的各支路的所有电阻之和，称为网孔 a 的自电阻；同理，$R_{bb} = R_2 + R_3$，为网孔 b 的自电阻。$R_{ab} = R_{ba} = -R_3$，为相邻 a、b 两网孔公共支路的电阻之和，称为 a、b 两网孔的互电阻，其符号为负（注意，互电阻的符号为负的条件是：电路中所有网孔电流的参考方向一致，否则不一定为负）。U_{Sa}、U_{Sb} 分别为 a、b 两网孔中所含电压源的电位升的代数和。当电压源 U_S 的方向与本网孔电流的参考方向一致时，为正，否则为负。

【例 3-6】 用网孔电流法求图 3-20 所示电路中各支路的电流。

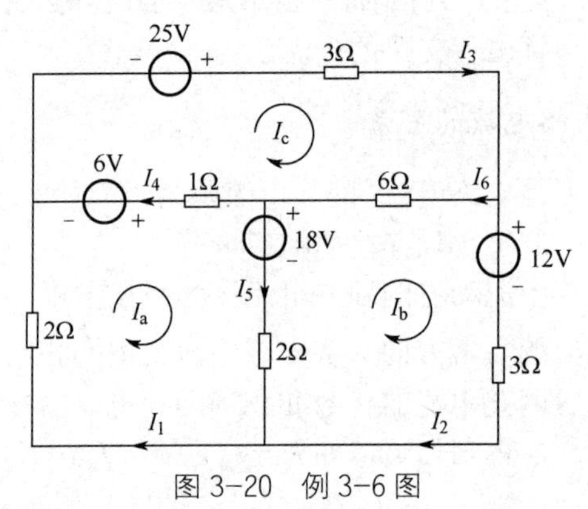

图 3-20　例 3-6 图

解： 假设各支路电流和网孔电流的参考方向如图 3-20 所示。

根据网孔电流方程的一般式可得

网孔 a：　　$I_a(2+1+2) - I_b \times 2 - I_c \times 1 = 6 - 18$

网孔 b：　　$-I_a \times 2 + I_b(2+6+3) - I_c \times 6 = 18 - 12$

网孔 c：　　$-I_a \times 1 - I_b \times 6 + I_c(1+3+6) = 25 - 6$

联立上述方程求解得

$$I_a = -1(\text{A})\text{；}\ I_b = 2(\text{A})\text{；}\ I_c = 3(\text{A})$$

则各支路电流分别为

$$I_1 = I_a = -1(\text{A})\text{；}\ I_2 = I_b = 2(\text{A})\text{；}\ I_3 = I_c = 3(\text{A})$$

$$I_4 = I_c - I_a = 4(\text{A})\text{；}\ I_5 = I_a - I_b = -3(\text{A})\text{；}\ I_6 = I_c - I_b = 1(\text{A})$$

【例 3-7】 求图 3-21 所示电路中的各支路电流。

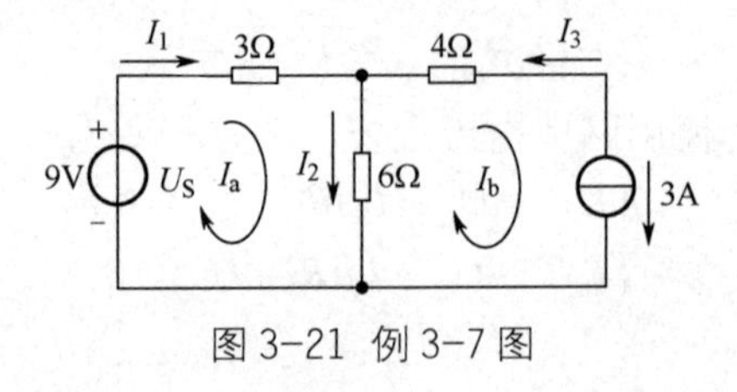

图 3-21　例 3-7 图

解： 设网孔电流的参考方向均为顺时针方向，各支路电流分别为 I_1、I_2、I_3，参考方向如图 3-21 所示，则网孔电流方程为

$$\begin{cases} I_a(3+6)-6I_b=9 \\ I_b=3 \end{cases}$$

解得

$$I_a=3(\text{A})$$

则

$$\begin{cases} I_1=I_a=3(\text{A}) \\ I_2=I_a-I_b=0(\text{A}) \\ I_3=-I_b=-3(\text{A}) \end{cases}$$

从本例可以看出，当网孔回路中含有电流源时，该网孔的网孔电流即为已知量，而不需要再列该网孔的 KVL 方程，即电阻与电流源串联时可忽略不计，从而简化了电路的计算。

3. 节点电压法

以电路中的 $(n-1)$ 个节点电压为未知量，按 KCL 列 $(n-1)$ 个节点电压方程，联立求解后再求出各支路电流或电压的方法称为节点电压法。此方法广泛用于电路的计算机辅助分析和电力系统的计算。

1）节点电压

在具有 n 个节点的电路中，任选其中一个节点作为参考点，其余 $(n-1)$ 个节点相对于参考点的电压称为该节点的节点电压，一个节点的节点电压就是这个节点的电位，所以节点电压也叫节点电位。例如，在图 3-22 所示的电路中，共有 4 个节点，选节点 0 作为参考点，用接地符号表示，其余三个节点的电压分别为 u_{10}、u_{20} 和 u_{30}。而各节点的电压就等于各节点的电位，即 $u_{10}=V_1$，$u_{20}=V_2$，$u_{30}=V_3$。这些节点的电压不能构成一个闭合路径，因此不能组成 KVL 方程，也就不受 KVL 约束，是一组独立的电压变量。任一支路电压是其两端节点电位之差或节点电压之差，由此可求得全部支路电压。

在图 3-22 所示的电路中，各支路的电压可表示为

$$\begin{aligned} u_1 &= u_{10} = V_1 \\ u_2 &= u_{20} = V_2 \\ u_3 &= u_{30} = V_3 \\ u_4 &= u_{10} - u_{30} = V_1 - V_3 \\ u_5 &= u_{10} - u_{20} = V_1 - V_2 \\ u_6 &= u_{20} - u_{30} = V_2 - V_3 \end{aligned}$$

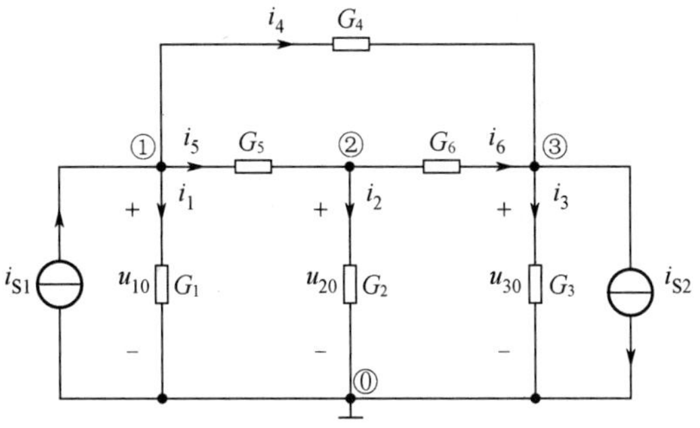

图 3-22　节点电压法举例

2）节点电压方程

下面以图 3-22 所示电路为例说明如何建立节点方程。对电路中的三个独立节点列出 KCL 方程：

$$\left.\begin{aligned} i_1 + i_4 + i_5 &= i_{S1} \\ i_2 - i_5 + i_6 &= 0 \\ i_3 - i_4 - i_6 &= -i_{S2} \end{aligned}\right\} \tag{3-22}$$

这是一组线性无关的方程。接下来列出用节点电压表示的电阻 VCR 方程：

$$\left.\begin{aligned} i_1 &= G_1 u_{10} \\ i_2 &= G_2 u_{20} \\ i_3 &= G_3 u_{30} \\ i_4 &= G_4 (u_{10} - u_{30}) \\ i_5 &= G_5 (u_{10} - u_{20}) \\ i_6 &= G_6 (u_{20} - u_{30}) \end{aligned}\right\} \tag{3-23}$$

将式（3-23）代入式（3-22）中，经过整理后得到

$$\left.\begin{aligned} (G_1 + G_4 + G_5)u_{10} - G_5 u_{20} - G_4 u_{30} &= i_{S1} \\ -G_5 u_{10} + (G_2 + G_5 + G_6)u_{20} - G_6 u_{30} &= 0 \\ -G_4 u_{10} - G_6 u_{20} + (G_3 + G_4 + G_6)u_{30} &= -i_{S2} \end{aligned}\right\} \tag{3-24}$$

这就是图 3-22 所示电路的节点电压方程，写成一般形式为

$$\left.\begin{aligned} G_{11}u_{10} + G_{12}u_{20} + G_{13}u_{30} &= i_{S11} \\ G_{21}u_{10} + G_{22}u_{20} + G_{23}u_{30} &= i_{S22} \\ G_{31}u_{10} + G_{32}u_{20} + G_{33}u_{30} &= i_{S33} \end{aligned}\right\} \tag{3-25}$$

其中，G_{11}、G_{22}、G_{33} 称为节点自电导，它们分别是各节点全部电导的总和。此例中 $G_{11}= G_1+G_4+G_5$，$G_{22}=G_2+G_5+G_6$，$G_{33}=G_3+G_4+G_6$。$G_{ij}\,(i\neq j)$称为节点 i 和 j 的互电导，是节点 i 和 j 间电导总和的负值，此例中 $G_{12}=G_{21}=-G_5$，$G_{13}=G_{31}=-G_4$，$G_{23}=G_{32}=-G_6$。i_{S11}、i_{S22}、i_{S33} 是流入该节点全部电流源电流的代数和，此例中 $i_{S11}=i_{S1}$，$i_{S22}=0$，$i_{S33}=-i_{S2}$。

由此可见，由独立电流源和线性电阻构成的电路其节点方程的系数很有规律，可以用观察电路图的方法直接写出节点电压方程。

由独立电流源和线性电阻构成的具有 n 个节点的电路，其节点电压方程的一般形式为

$$\left.\begin{aligned} &G_{11}u_{10} + G_{12}u_{20} + \cdots + G_{1(n-1)}u_{(n-1)0} = i_{S11} \\ &G_{21}u_{10} + G_{22}u_{20} + \cdots + G_{2(n-1)}u_{(n-1)0} = i_{S22} \\ &\cdots\cdots\cdots\cdots\cdots\cdots\cdots\cdots\cdots\cdots \\ &G_{(n-1)1}u_{10} + G_{(n-1)2}u_{20} + \cdots + G_{(n-1)(n-1)}u_{(n-1)0} = i_{S(n-1)(n-1)} \end{aligned}\right\} \tag{3-26}$$

3）节点电压法的应用

应用节点电压法求解电路的一般步骤如下。

（1）指定电路中任一节点为参考节点，用接地符号表示；标出各独立节点的编号。设各独立节点的节点电压为未知量，其参考极性均规定独立节点为“+”，参考节点为“-”。

（2）用观察法列出$(n-1)$个节点电压方程。

（3）解节点电压方程组，求出各节点电压。

（4）选定支路电流和支路电压的参考方向，计算各支路电压和支路电流。

（5）根据题目要求，计算功率和其他物理量等。

【例 3-8】 用节点电压法求图 3-23 所示电路中各电阻的支路电流。

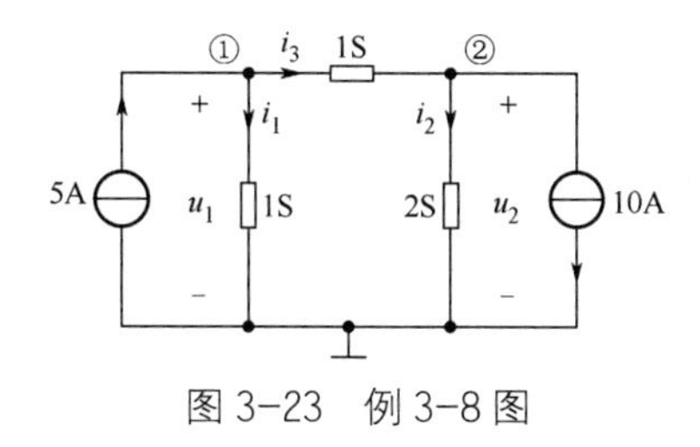

图 3-23　例 3-8 图

解：用接地符号标出参考节点，标出两个节点电压 u_1 和 u_2 的参考方向，如图 3-23 所示。用观察法列出节点电压方程：

$$(1+1)u_1-1\times u_2=5$$

$$-1\times u_1+(1+2)u_2=-10$$

整理得

$$2u_1-u_2=5$$

$$-u_1+3u_2=-10$$

解得各节点电压为

$$u_1=1(\text{V})$$

$$u_2=-3(\text{V})$$

选定各电阻支路电流的参考方向如图 3-23 所示，可求得

$$i_1=1\times u_1=1\times 1=1(\text{A})$$

$$i_2=2\times u_2=2\times(-3)=-6(\text{A})$$

$$i_3=1\times(u_1-u_2)=1\times[1-(-3)]=4(\text{A})$$

【例 3-9】 用节点电压法求图 3-24（a）所示电路的节点电压 u 和支路电流 i_1、i_2。

解：先将电压源与电阻串联等效变换为电流源与电阻并联，如图 3-24（b）所示。对节点电压 u 来说，图 3-24（b）与图 3-24（a）等效，只需列出一个节点方程。

$$(1+1+1/2)u=5+10/2$$

解得

$$u=\frac{10}{2.5}=4(\text{V})$$

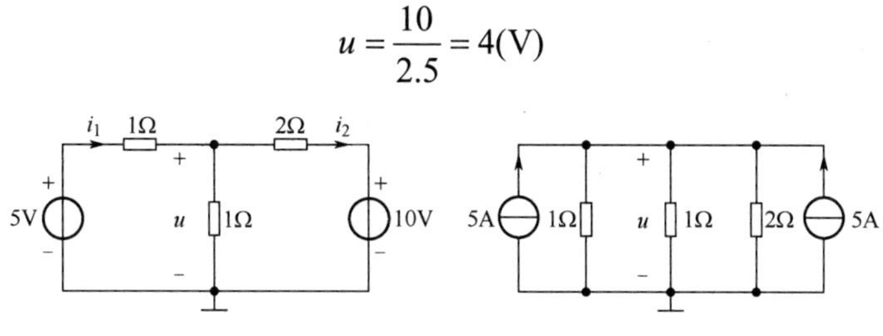

（a）　　　　（b）

图 3-24　例 3-9 图

按照图 3-24（a）所示电路可求得电流 i_1 和 i_2：

$$i_1 = \frac{5-4}{1} = 1(\text{A})$$

$$i_2 = \frac{4-10}{2} = -3(\text{A})$$

由此例可推广到一般情况，只有两个节点的电路，节点间的电压

$$U = \frac{\Sigma(GU_\text{S})}{\Sigma G} \tag{3-27}$$

上述结论称为弥尔曼定理。在式（3-27）中，$\Sigma(GU_\text{S})$ 为各支路电流源电流的代数和，电流源电流的参考方向与节点电压的参考方向相反（或电压源的参考方向与节点电压的参考方向相同）时取正号，反之取负号；ΣG 为各支路电导之和。

【例 3-10】 用节点电压法求图 3-25 所示电路的节点电压。

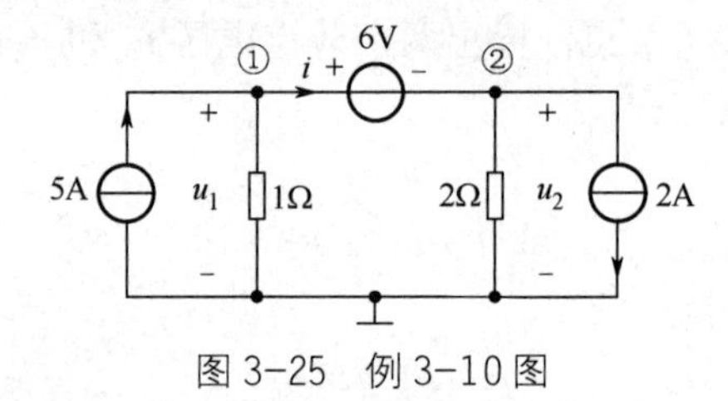

图 3-25　例 3-10 图

解：选定 6V 电压源电流 i 的参考方向，列出两个节点方程：

$$1\times u_1=5-i$$

$$(1/2)\times u_2=-2+i$$

补充方程　　$u_1-u_2=6$

解得　　$u_1=4(\text{V})$；$u_2=-2(\text{V})$；$i=1(\text{A})$

这种增加电压源电流变量建立的一组电路方程，称为改进的节点方程（modified node equation），它扩大了节点方程适用的范围，为很多电路分析的计算机程序所采用。

任务 5　电路分析中的常用定理及应用

演示文稿

电路分析中的常用定理及应用

任务导入：如图 3-26 所示，电路的结构比较复杂，支路较多，而所求的变量又较少，只需求流过 R_4 的电流。对于这类电路，是否有更好的分析方法呢？本任务将对这一类电路进行讨论。

动画

水路的叠加

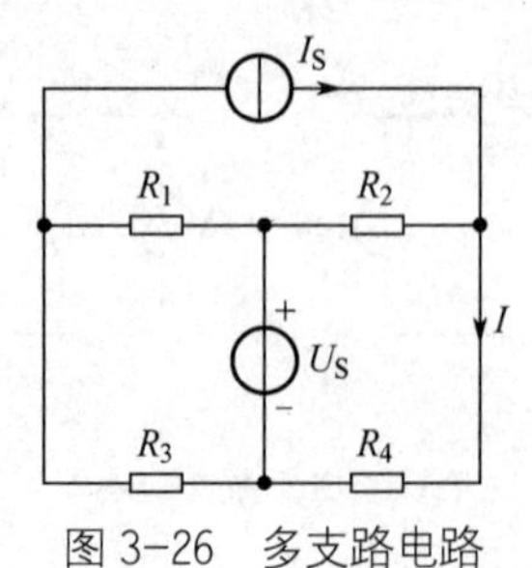

图 3-26　多支路电路

1. 叠加定理

动画

电路的叠加

电路元件有线性和非线性之分，线性元件的参数是常数，与所施加的电压和通过的电流无关。线性元件组成的电路称为线性电路。叠加定理是反映线性电路基本性质的一条重要定理。下面以图 3-27 所示电路为例介绍叠加定理。

图 3-27（a）是有两个独立电源共同作用的线性电路，设图中各元件的参数均为已知，应用前面介绍的任何一种方法都能求出电路的电压 U，即

$$U = \frac{R_2 U_S - R_1 R_2 I_S}{R_1 + R_2}$$

微课

叠加定理

图 3-27（b）是电压源 U_S 单独作用下的情况。此时电流源不作用，用开路代替，电路的电压 U' 为

$$U' = \frac{R_2 U_S}{R_1 + R_2}$$

图 3-27（c）是电流源 I_S 单独作用下的情况。此时电压源不作用，用短路代替，电路的电压 U'' 为

$$U'' = -\frac{R_1 R_2 I_S}{R_1 + R_2}$$

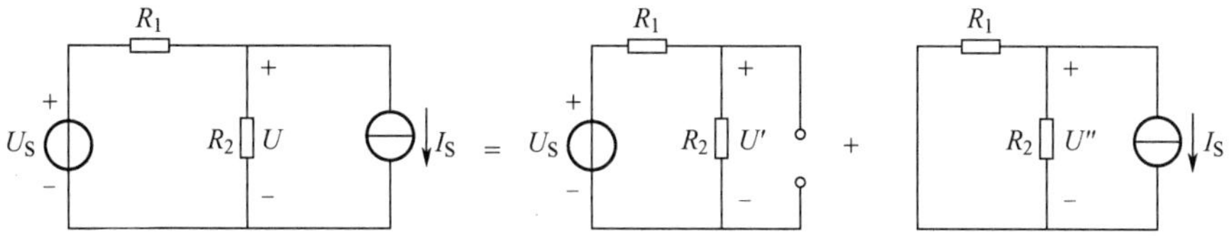

（a）　　（b）　　（c）

图 3-27　叠加定理举例

求所有独立源单独作用下的电压的代数和，得

$$U' + U'' = \frac{R_2 U_S}{R_1 + R_2} - \frac{R_1 R_2 I_S}{R_1 + R_2} = \frac{R_2 U_S - R_1 R_2 I_S}{R_1 + R_2}$$

即 $U' + U'' = U$ 。

上述结论具有普遍性，即任意线性电路都具有该性质，这就是线性电路的叠加性。该性质可用叠加定理表述，即在线性电路中，任一电流（或电压）都是电路中各个独立电源单独作用时在该处产生的电流（或电压）的叠加（代数和）。

另外，利用叠加定理可以得出一个非常有用的推论，即在线性电路中，所有激励（独立源）都增大（或减小）同样的倍数，则电路中响应（电压或电流）也增大（或减小）同样的倍数。当激励只有一个时，响应与激励成正比。这个推论称为齐性定理，它对分析梯形网络十分有效。

使用叠加定理时需注意以下几点。

（1）叠加定理适用于线性电路，不适用于非线性电路。

（2）使用叠加定理时，不作用的电压源置零，在电压源处用短路代替；不作用的电流源置零，在电流源处用开路代替。电路的结构保持不变，所有电阻都不予变动，包括

实际电源的内阻。

（3）叠加时要注意电压和电流的参考方向。以原电路中电压和电流的参考方向为准，各电源单独作用产生的分电压和分电流的参考方向与其相同时取正号，反之取负号。

（4）原电路的功率不等于各分电路计算所得的功率的叠加，这是因为功率是电压和电流的乘积。

（5）应用叠加定理时可把电源分组求解，即每个分电路中的电源个数可以多于一个。

【例 3-11】在图 3-28（a）所示电路中，已知 U_S=8V、I_S=2A、R_1=1Ω、R_2=0.2Ω，试用叠加定理求 U 和 I。

解：先求 U_S 单独作用下的响应，将电流源代之以开路，电路如图 3-28（b）所示，则

$$U' = \frac{R_2}{R_1 + R_2} U_S = \frac{0.2}{1 + 0.2} \times 8 = \frac{4}{3}\text{ (V)}$$

$$I' = \frac{U'}{R_2} = \frac{4}{3} \times \frac{1}{0.2} = \frac{4}{0.6}\text{ (A)}$$

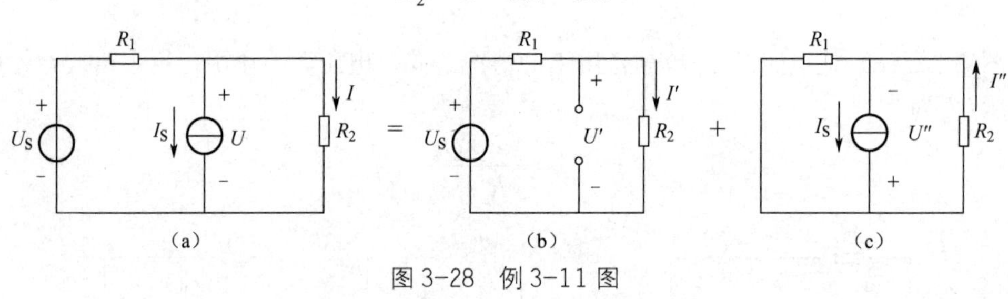

图 3-28　例 3-11 图

再求 I_S 单独作用下的响应，将电压源代之以短路，电路如图 3-28（c）所示，则

$$U'' = \frac{R_1 R_2}{R_1 + R_2} I_S = \frac{1 \times 0.2}{1 + 0.2} \times 2 = \frac{1}{3}\text{ (V)}$$

$$I'' = \frac{U''}{R_2} = \frac{1}{3} \times \frac{1}{0.2} = \frac{1}{0.6}\text{ (A)}$$

叠加得

$$U = U' - U'' = \frac{4}{3} - \frac{1}{3} = 1\text{(V)}$$

$$I = I' - I'' = \frac{4}{0.6} - \frac{1}{0.6} = 5\text{(A)}$$

2．戴维南定理

对电路进行分析、计算时，有时只需要计算某一特定支路的电流，而不需要把所有支路的电流都计算出来，这时可以用戴维南定理。戴维南定理又称有源二端网络定理。如果二端网络中含有电源则称为有源二端网络，如果不含有电源则称为无源二端网络。

戴维南定理的内容是：任何一个含独立源的线性二端网络，对其外电路而言，可以用一个电压源和电阻的串联组合来等效替换。此电压源的电压等于外电路断开时端口处的开路电压 U_{oc}，而电阻等于二端网络内全部独立源置零后的端口等效电阻 R_o。如图 3-29（a）所示为任一有源线性二端网络，可用如图 3-29（b）所示的电路等效替换。

下面通过几个例子说明戴维南等效电路的求法和应用戴维南定理分析电路的方法。

【例 3-12】 如图 3-30（a）所示电路，求此二端网络的戴维南等效电路。

解： 根据戴维南定理，求二端网络的戴维南等效电路一般可分三个步骤：

（1）求开路电压 U_{oc}，如图 3-30（b）所示。

$$U_{oc} = 2\times1+4=6(\text{V})$$

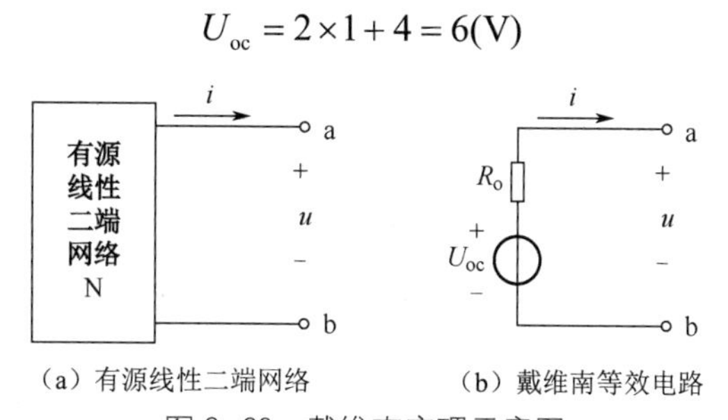

（a）有源线性二端网络　　（b）戴维南等效电路

图 3-29　戴维南定理示意图

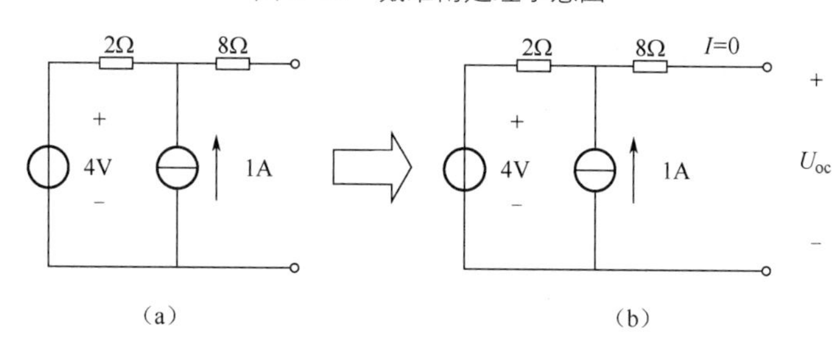

（a）　　（b）

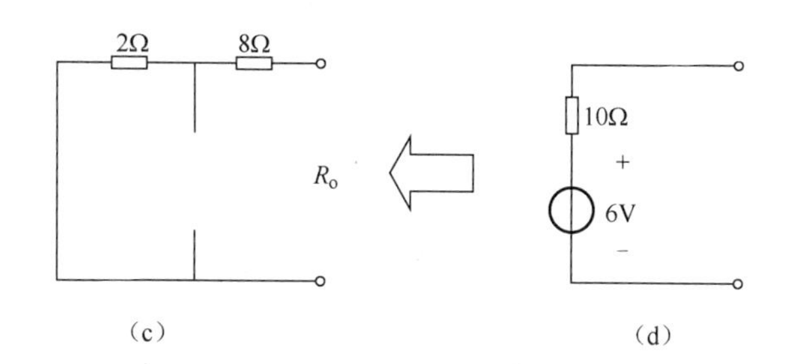

（c）　　（d）

图 3-30　例 3-12 图

（2）求等效电阻 R_o。根据戴维南定理，求 R_o 时先将电路中的独立源置零，即电压源用短路线代替，电流源用开路代替，如图 3-30（c）所示，得到

$$R_o = 2+8=10(\Omega)$$

（3）构成戴维南等效电路，如图 3-30（d）所示。

从上例可以看出，应用戴维南定理的关键是求出有源线性二端网络戴维南等效电路的参数 U_{oc} 和 R_o。

开路电压 U_{oc} 的计算方法视电路的形式而定。前面介绍的串、并联等效，分压分流关系，支路法，网孔法，节点法，叠加定理等方法均可使用。需要注意的是，戴维南等效电路中电压源的极性必须与开路电压保持一致。

等效电阻 R_o 的计算方法通常包括以下三种。

（1）若网络内只有独立源（不含受控源），令所有独立源为零（电压源短路，电流源开路），用电阻串、并联和Y－Δ等效变换的方法求等效电阻R_o。

（2）令网络中所有独立源为零（受控源同电阻一样保留），在二端网络端口处施加一电压U，计算端口上的电流I，则

$$R_o = U/I$$

（3）分别求出有源二端网络的开路电压U_{oc}和短路电流I_{sc}（网络内所有独立源和受控源均保留不变），可得

$$R_o = U_{oc}/I_{sc}$$

对含有受控源的二端网络，求R_o时用上述后两种方法。

3．最大功率传输定理

在电路中，负载用于将电能转化为其他形式的能量。在电源给定的情况下，由于负载不同，电源传输给负载的能量也不同。在实际工作中，某些负载希望能从供电电源处获得最大功率，如电子和通信电路中的扬声器和耳机等，那么，在什么条件下负载才能从给定电源中获得最大功率呢？

从电路分析的角度考虑，这类问题属于有源线性二端网络N向无源二端网络传输功率的问题，如图3-31（a）所示。根据戴维南定理，上述问题可简化为图3-31（b）所示的等效电路。其中，U_{oc}为有源线性二端网络N的开路电压，R_o为有源线性二端网络的等效电阻，R_L为负载电阻。对于给定的有源线性二端网络，U_{oc}和R_o都是常数，而负载电阻R_L则可调节。

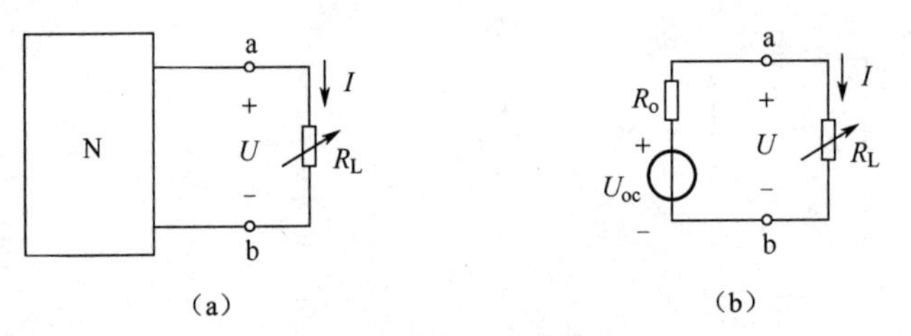

图3-31 最大功率传输定理

根据功率计算公式，电源传输给负载R_L的功率为

$$P_L = I^2 R_L = \frac{U_{oc}^2}{(R_o + R_L)^2} \times R_L$$

由数学分析可知，要使P_L为最大，应使$\frac{dP_L}{dR_L} = 0$，解之得$R_L = R_o$。

由此可知，负载由给定电源（U_{oc}和R_o给定）获得最大功率的条件是负载电阻等于电源电阻，这就是最大功率传输定理。当$R_L = R_o$时，称为最大功率匹配，此时负载获得的功率为

$$P_{Lmax} = \frac{U_{oc}^2}{4R_o}$$

规定负载功率与网络的$U_{oc}I$的比值为网络的效率，用η表示，则

$$\eta = \frac{P}{U_{oc}I} = \frac{I^2 R_L}{(R_o + R_L)I \times I} = \frac{R_L}{R_o + R_L}$$

由上式可知，当 $R_L = R_o$ 时，即网络输出最大功率时的效率只为 50%，当负载电阻 $R_L >> R_o$ 时效率才比较高。在电力网络中，要求传输的功率大，效率高，否则能量损耗太大，所以一般不工作在匹配状态下。而在电信网络中，由于输送的功率很小，无须考虑效率问题，所以常设法达到匹配状态，使负载获得最大功率。

【例 3-13】 如图 3-32（a）所示电路，R_L 可调，求 R_L 为何值时，它吸收的功率最大？并计算出最大功率。

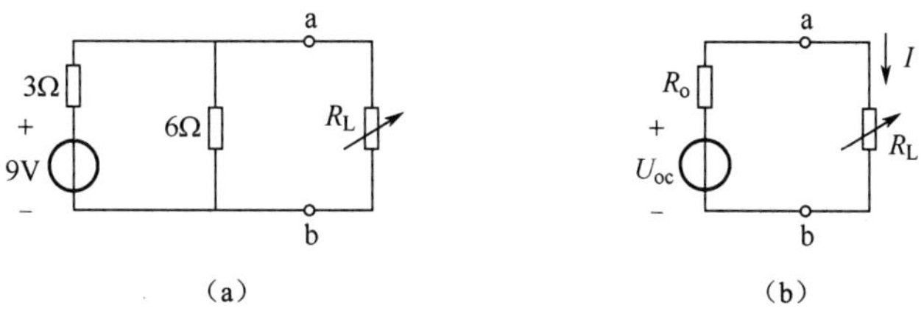

图 3-32　例 3-13 图

解： 先将负载电阻 R_L 支路断开，求出有源二端网络的戴维南等效电路；然后根据最大功率传输定理，当 $R_L = R_o$ 时，负载获得最大功率。

（1）求开路电压 U_{oc}。断开负载电阻 R_L 后，6Ω 电阻两端的电压等于开路电压 U_{oc}，根据分压公式得

$$U_{oc} = \frac{6}{3+6} \times 9 = 6(\text{V})$$

（2）求等效电阻 R_o。将 9V 的电压源用短路代替后可得

$$R_o = \frac{3 \times 6}{3+6} = 2(\Omega)$$

故可根据 U_{oc} 和 R_o 画出等效电路，如图 3-32（b）所示。

（3）求最大功率。根据功率匹配条件，当 $R_L = R_o = 2\Omega$ 时，负载获得最大功率，最大功率为

$$P_{\text{Lmax}} = \frac{U_{oc}^2}{4R_o} = \frac{6^2}{4 \times 2} = 4.5(\text{W})$$

项目 2　指针式万用表的设计

一、设计目的

✧　能正确安装简易万用表电路；
✧　能对简易万用表电路中的故障现象进行分析、判断并加以解决；
✧　能设计和制作简易万用表电路，并能通过调试达到预期目标。

二、设备选型

符　号	名　称	规格型号	数　量
	数字万用表	自备	1（台）
DG04	直流稳压电源	0～30V 可调	1（台）
R_1	电阻器	0.47Ω±1%	1（个）
R_2	电阻器	5Ω±1%	1（个）
R_3	电阻器	50.5Ω±1%	1（个）
R_4	电阻器	555Ω±1%	1（个）
R_5	电阻器	15kΩ±1%	1（个）
R_6	电阻器	30kΩ±1%	1（个）
R_7	电阻器	150kΩ±1%	1（个）
R_8	电阻器	800kΩ±1%	1（个）
R_9	电阻器	84kΩ±1%	1（个）
R_{10}	电阻器	360kΩ±1%	1（个）
R_{11}	电阻器	1.8MΩ±1%	1（个）
R_{12}	电阻器	2.25MΩ±1%	1（个）
R_{13}	电阻器	4.5MΩ±1%	1（个）
R_{14}	电阻器	17.3kΩ±1%	1（个）
R_{15}	电阻器	55.4kΩ±1%	1（个）
R_{16}	电阻器	1.78kΩ±1%	1（个）
R_{17}	电阻器	165Ω±1%	1（个）
R_{18}	电阻器	15.3Ω±1%	1（个）
R_{19}	电阻器	6.5Ω±1%	1（个）
R_{20}	电阻器	180Ω±1%	1（个）
R_{21}	电阻器	20kΩ±1%	1（个）
R_{22}	电阻器	2.69kΩ±1%	1（个）
R_{23}	电阻器	141kΩ±1%	1（个）
R_{24}	电阻器	46kΩ±1%	1（个）
R_{25}	电阻器	32kΩ±1%	1（个）
R_{26}	电阻器	6.75MΩ±1%	1（个）
R_{27}	电阻器	6.75MΩ±1%	1（个）
R_{28}	分流器	4.15kΩ±1%	1（个）
R_{29}	电阻器	0.05Ω±1%	1（个）
WH_1	电阻器	10kΩ	1（个）
WH_2	电阻器	500～1000Ω	1（个）
VD_1～VD_6	二极管		6（个）

微课

色环电阻的识别

动画

接在电路中电阻的校核

微课

色环电阻的识别与检测

动画

二极管的单向导电性

微课

二极管的识别与检测

演示视频

二极管的检测

动画

稳压二极管的稳压值

续表

符　号	名　称	规格型号	数　量
C_1	电容	10μF	1（个）
C_2	电容	0.01μF	1（个）
其他配件	保险丝	0.5A	2（个）
其他配件	电池连接线		4（根）
其他配件	短接线		1（个）
其他配件	电路板		1（块）
标准件类	面板+表头+挡位开关旋钮+电刷旋钮+挡位牌+标志+弹簧+钢珠	46.2μA	1（套）
塑料件类	后盖		1（个）
塑料件类	电位器旋钮		1（个）
塑料件类	晶体管插座		1（个）
其他配件	螺钉	M3×12	2（个）
其他配件	电池夹	1.5V+，1.5V-	2（只）
其他配件	电池夹	9V	2（只）
其他配件	V 形电刷		1（个）
其他配件	晶体管插片		6（片）
其他配件	输入插管		4（只）
其他配件	表棒		1（副）

三、设计思路

MF47 型万用表的电路图如图 3-33 所示。万用表的基本原理是利用一只灵敏的磁电式直流电流表（微安表）做表头，当微小电流通过表头时，就会有电流指示。但表头不能通过大电流，必须在表头上并联和串联一些电阻进行分流或降压，从而测出电路中的电流、电压和电阻。MF47 型万用表的基本组成包括表头电路、直流电流测量电路、直流电压测量电路、交流电压测量电路和直流电阻测量电路等部分。

（1）表头电路如图 3-34 所示。MF47 型万用表的表头是一个微安级的直流电流表，当有电流流过表头时，表针会受到磁场力的作用而偏转，根据磁场力大小的不同，表针偏转的幅度也不同。流过表头的电流越大，产生的磁场力就越强，弹簧游丝带动表针偏转的幅度也就越大；流过表头的电流越小，产生的磁场力就越弱，弹簧游丝带动表针偏转的幅度也就越小，基于此可以测量出被测信号的大小。

表头的灵敏度是指指针满偏时流过的直流电流值，此值越小，表头的灵敏度越高。MF47 型万用表的灵敏度为 $I_g = 46.2\mu A$，内阻 $R_g = 2.5k\Omega$，所以其满偏时的压降为 $U_g = R_g I_g = 2.5\times10^3 \times 46.2\times10^{-6} = 0.1155$（V），$C_1$ 是滤波电容，VD_3 和 VD_4 是双向钳位保护二极管，其作用是使表头电压钳制在 0.7V 以内。

（2）直流电流测量电路如图 3-35 所示。直流电流挡实际上是一个具有多量程的直流电流表，在实际应用中，利用并联电阻的分流作用可以扩大电流表的量程。由表头和分流电阻器 R_1～R_4 并联构成了不同挡位的直流电流测量电路，经转换开关切换接入不同的分流电阻，以实现不同量程电流的测量。分流电阻器的阻值越大，量程就越小，反之量程就越大。

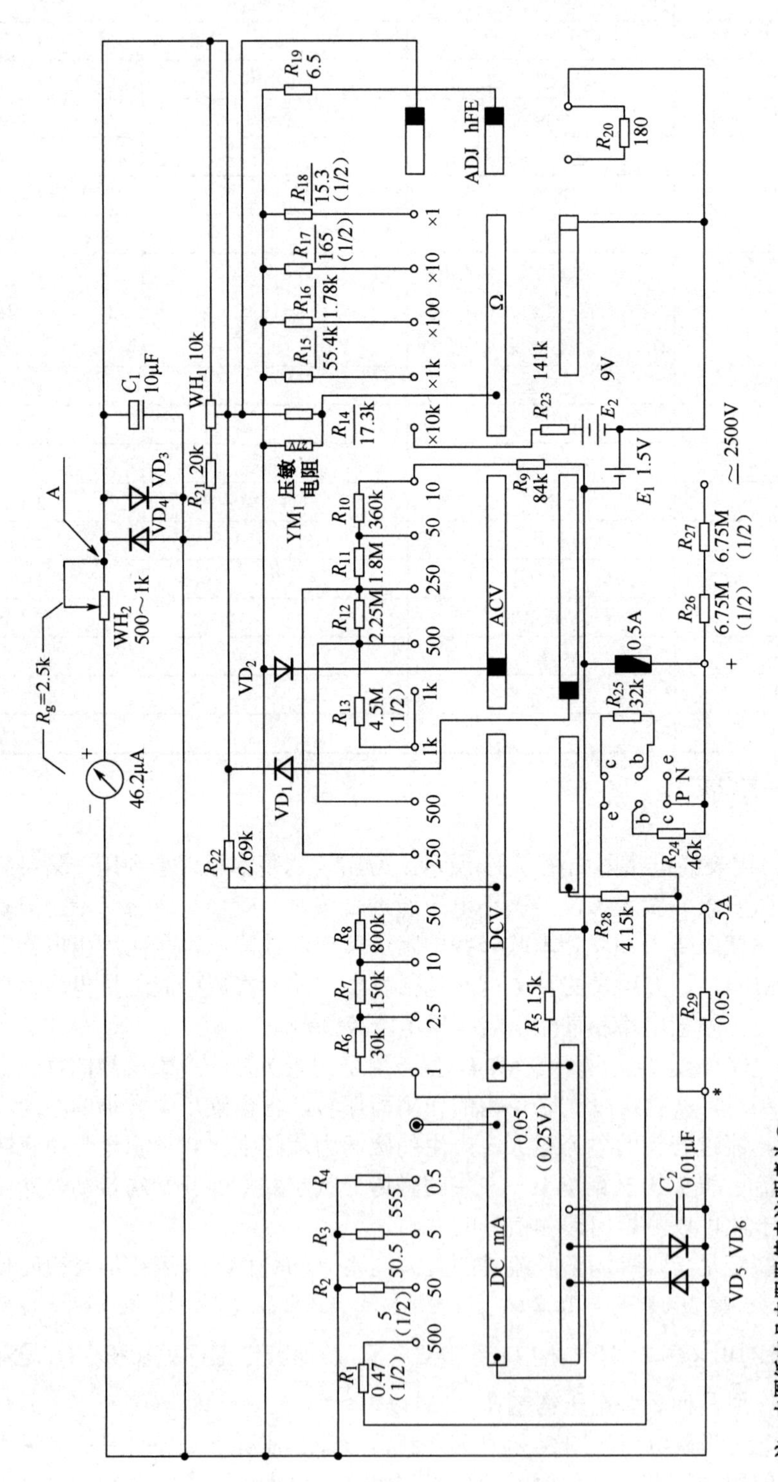

注：本图纸中凡电阻阻值未注明者为Ω。

图 3-33　MF47 型万用表电路图

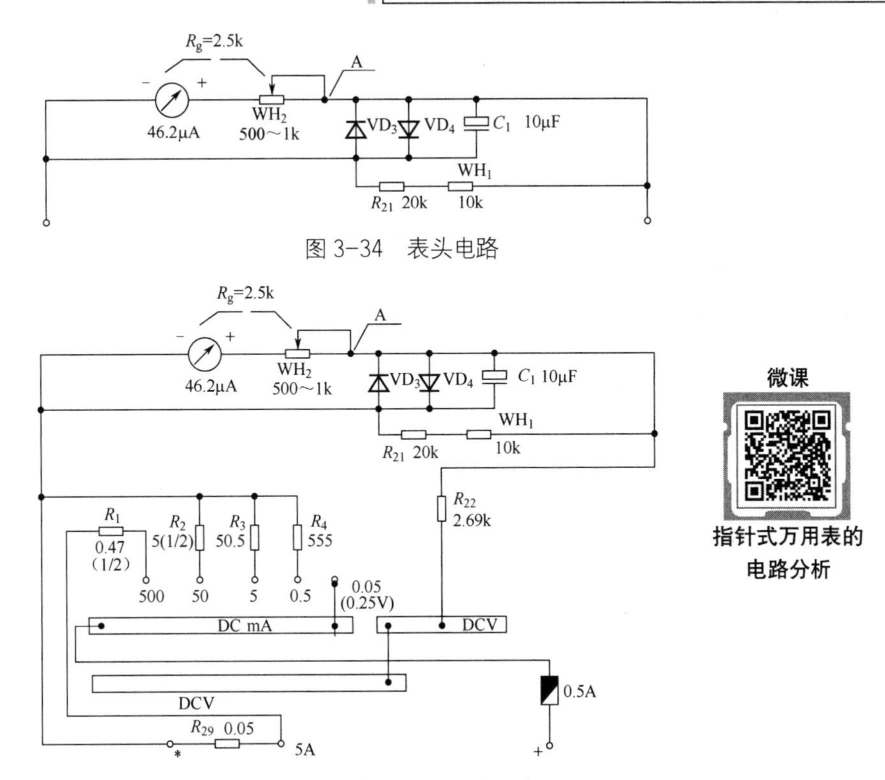

图 3-34 表头电路

图 3-35 直流电流测量电路

（3）直流电压测量电路如图 3-36 所示。直流电压挡实际上是一个具有多量程的直流电压表，利用串联电阻的分压原理，通过在表头支路中串入阻值较大的电阻器来扩大量程。由表头和分压电阻器 R_6～R_{13} 串联构成不同挡位的直流电压测量电路。串联电阻器的阻值越大，则量程越大，反之量程越小。

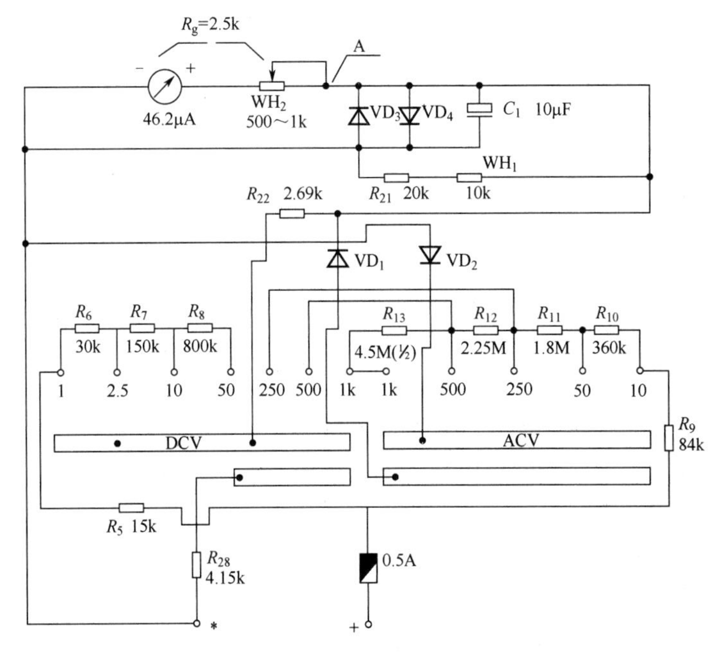

图 3-36 直流电压测量电路

（4）直流电阻测量电路如图 3-37 所示。直流电阻测量电路分为 5 挡，在这 5 挡中，$R\times1$、$R\times10$、$R\times100$、$R\times1\text{k}$ 这 4 个挡用的电源是 E_1=1.5V，分别是 R_{15}～R_{18} 与 $R'=(W_2+R_{21})//(W_1+R_g)$ 并联，并联后的等效电阻与被测电阻串联，根据欧姆定律，在电压一定的情况下，并联的电阻越大，分流就越小；而 $R\times10\text{k}$ 挡用的电源是 E_2=9V，电阻 R_{14} 与 $R'=(W_2+R_{21})//(W_1+R_g)$ 串联。WH_1 是欧姆表的调零电位器，当电池变化时，调节 WH_1 可以使电流表满度偏转，使产生的误差在容许的范围之内。在每次测量直流电阻之前，都应短接两只表笔，调节 WH_1 使电流表满度偏转，即使欧姆表调整到零位。

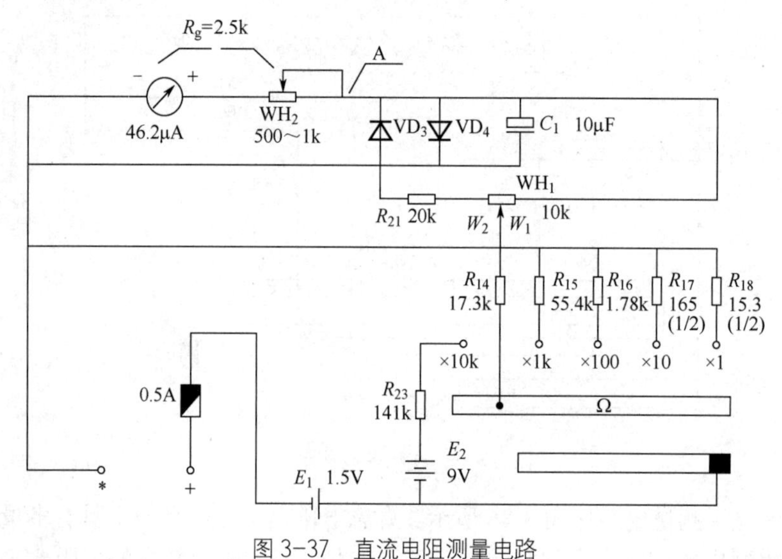

图 3-37　直流电阻测量电路

四、电路的安装

（1）检测电路的元器件质量。

（2）安装电路。装配电路板应遵循“先低后高，先内后外”的原则。将电路中的所有元件正确地装入印制电路板的相应位置上，采用单面焊接的方法，无错焊、漏焊和虚焊。元件面上相同元器件的高度应一致。

五、整机调试

（1）将装配完成的万用表仔细检查一遍，确认无误后，将万用表旋至最小电流挡 0.05μA 处，用数字万用表测量其“+”“-”两插座之间的电阻值，应为 5kΩ±1%，如不符合要求，调整电位器的电阻值直至达到要求为止。

（2）将万用表从电流挡开始逐挡检测其满度值。检测时，从最小挡开始，首先检测直流电流挡，然后是直流电压挡、交流电压挡、直流电阻挡。各挡检测符合要求后，即可正常使用。

（3）误差及灵敏度。国家标准规定的仪表的准确度分 7 个等级：0.1、0.2、0.5、1.0、1.5、2.5、5.0。该等级表明，仪表的误差数值越小，准确度越高。万用表的量程不同其误差也不同，对电压挡、电流挡而言，量程越大，误差越小；对欧姆挡而言，指针在刻度尺的中间位置时误差较小。灵敏度包括表头灵敏度和电压灵敏度。表头灵敏度是指万用表所用直流表头的满量程值 I_g，I_g 的值越小，其灵敏度越高。电压灵敏度是指万用表电压挡内阻与满量程值的比值（单位是 Ω/V 或 kΩ/V），比值越大，灵敏度越高，测量误差就越小。

六、项目考核

能力目标	专业技能目标要求	评分标准	配分	得分	备注
硬件安装与接线	1．能够正确地按照系统设计要求进行器件的选择、布局和接线 2．接线牢固，不松动 3．布线合理、美观	1．接线松动、露铜芯过长、布线不美观，每处扣 0.5 分 2．接线错误，每处扣 1 分 3．漏选一个元件，或元件容量选择不匹配，每次扣 0.5 分 4．元件质量检测、线路通电前检测，每错 1 处扣 0.5 分 5. 元件布置不整齐、不匀称、不合理，每处扣 0.5 分 6．损坏元件，每个扣 1 分	5		扣完为止
元件质量检测	能够根据元件工作原理，正确选用仪表进行质量检测，得到质检结果	在元件质量检测过程中，每错检、缺检、漏检一次，酌情扣 0.5～3 分	5		扣完为止
排除故障	1．排除故障条理清楚，能正确分析出故障原因 2．能正确排除系统硬件接线错误 3．能正确排除器件损件故障现象 4．通过对系统进行综合调试，能够正确排除系统故障	1．未能排除故障点，每个故障点扣 1 分 2．不会利用电工工具、仪表排除故障，酌情扣分	5		扣完为止

七、项目报告

指针式万用表的设计报告

项目名称	
设计目的	
所需器材	
操作步骤	
故障分析	
心得体会	
教师评语	

技能实训1　叠加定理的验证

一、实训目的

验证线性电路叠加定理的正确性，加深对线性电路叠加性和齐次性的认识和理解。

二、原理说明

叠加定理指出：在有多个独立源共同作用的线性电路中，通过每一个元件的电流或其两端的电压可以看成是由每一个独立源单独作用时在该元件上所产生的电流或电压的代数和。

线性电路的齐次性是指当激励信号（某独立源的值）增加或减小 k 倍时，电路的响应（在电路中各电阻元件上所建立的电流和电压的值）也将增加或减小 k 倍。

三、实训设备

序　号	名　称	型号与规格	数　量	备　注
1	直流可调稳压电源	0～30V	1	DG04
2	万用表	FW-47 或其他	1	自备
3	直流数字电压表	0～200V	1	D31
4	直流数字毫安表	0～200mV	1	D31
5	叠加定理实验电路板		1	DG05

四、实训内容

实验电路如图 3-38 所示，用 DG05 挂箱的“基尔霍夫定律/叠加定理”线路。

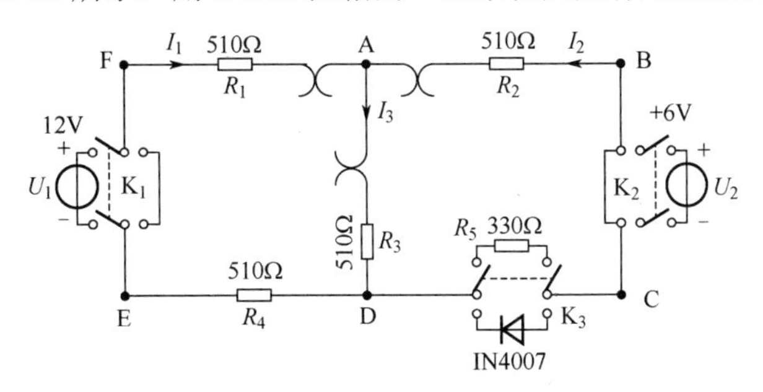

图 3-38　实训电路图

（1）将两路稳压源的输出分别调节为 12V 和 6V，接入 U_1 和 U_2 处。

（2）令 U_1 电源单独作用（将开关 K_1 投向 U_1 侧，开关 K_2 投向短路侧）。用直流数字电压表和毫安表（接电流插头）测量各支路电流及各电阻元件两端的电压，将测得的数据记入表 3-1 中。

表 3-1　实训记录

测量项目 实验内容	U_1 (V)	U_2 (V)	I_1 (mA)	I_2 (mA)	I_3 (mA)	U_{AB} (V)	U_{CD} (V)	U_{AD} (V)	U_{DE} (V)	U_{FA} (V)
U_1 单独作用										
U_2 单独作用										
U_1、U_2 共同作用										
$2U_2$ 单独作用										

（3）令 U_2 电源单独作用（将开关 K_1 投向短路侧，开关 K_2 投向 U_2 侧），重复第（2）项的测量步骤，将数据记入表 3-1 中。

（4）令 U_1 和 U_2 共同作用（将开关 K_1 和 K_2 分别投向 U_1 和 U_2 侧），重复上述测量步骤，将数据记入表 3-1 中。

（5）将 U_2 的数值调至+12V，重复上述第（3）项的测量步骤，将数据记入表 3-1 中。

（6）将 R_5（330Ω）换成二极管 IN4007（将开关 K_3 投向二极管 IN4007 侧），重复第（1）～（5）项的测量步骤，将数据记入表 3-2 中。

表 3-2　实训记录

测量项目 实验内容	U_1 (V)	U_2 (V)	I_1 (mA)	I_2 (mA)	I_3 (mA)	U_{AB} (V)	U_{CD} (V)	U_{AD} (V)	U_{DE} (V)	U_{FA} (V)
U_1 单独作用										
U_2 单独作用										
U_1、U_2 共同作用										
$2U_2$ 单独作用										

五、思考题

在叠加定理实训中，要令 U_1、U_2 分别单独作用，应如何操作？可否直接将不作用的电源（U_1 或 U_2）短接置零呢？

技能实训 2　戴维南定理的验证

一、实训目的

（1）验证戴维南定理的正确性，加深对该定理的理解。

（2）掌握测量有源二端网络等效参数的一般方法。

二、原理说明

（1）任何一个线性含源网络，如果仅研究其中一条支路的电压和电流，则可将电路的其余部分看作是一个有源二端网络。

戴维南定理指出：任何一个线性有源网络，总可以用一个电压源与一个电阻的串联来等效代替，此电压源的电动势 U_s 等于这个有源二端网络的开路电压 U_{oc}，其等效内阻 R_o 等于该网络中所有独立源均置零（理想电压源视为短路，理想电流源视为开路）时的等效电阻。

（2）有源二端网络等效参数的测量方法。

开路电压、短路电流法测 R_o：在有源二端网络输出端开路时，用电压表直接测其输出端的开路电压 U_{oc}，然后再将其输出端短路，用电流表测其短路电流 I_{sc}，则等效内阻为

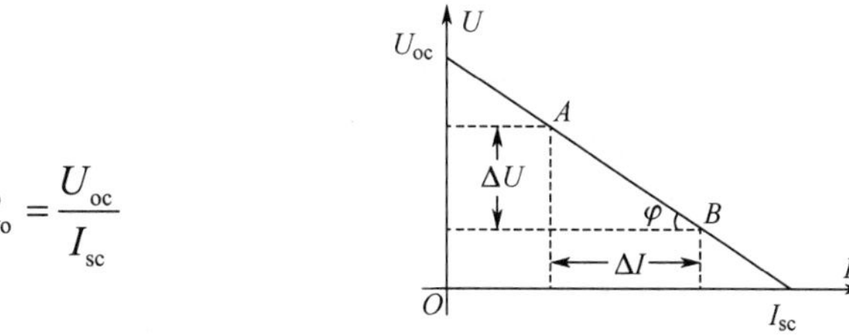

三、实训设备

序　　号	名　　称	型号与规格	数　　量	备　　注
1	可调直流稳压电源	0～30V	1	DG04
2	可调直流恒流源	0～500mA	1	DG04
3	直流数字电压表	0～200V	1	D31
4	直流数字毫安表	0～200mA	1	D31
5	万用表		1	自备
6	可调电阻箱	0～99999.9Ω	1	DG09
7	电位器	1kΩ/2W	1	DG09
8	戴维南定理实验电路板		1	DG05

四、实训内容

被测有源二端网络如图 3-39（a）所示。

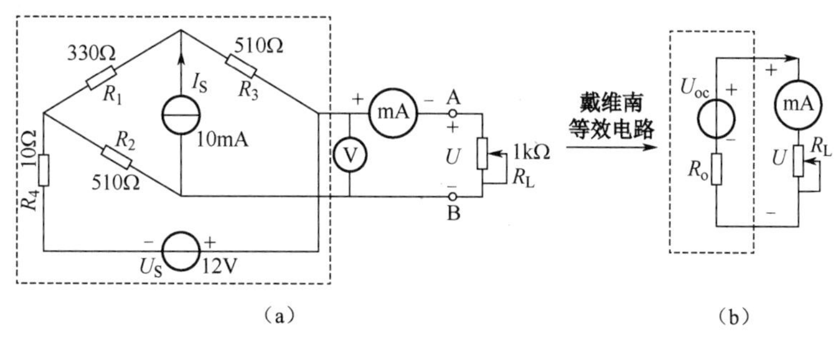

图 3-39　有源二端网络测量电路

（1）用开路电压、短路电流法测戴维南等效电路的 U_{oc}、R_o。按图 3-39（a）所示接入稳压电源 U_S=12V 和恒流源 I_S=10mA，不接入 R_L，测出 U_{oc} 和 I_{sc}，并计算出 R_o。（测 U_{oc} 时，不接入毫安表）

将测量的数据填入表 3-3 中。

表 3-3　实训记录

U_{OC}(V)	I_{SC}(mA)	$R_0=U_{OC}/I_{SC}(\Omega)$

（2）负载实验。按图 3-39（a）所示接入 R_L。改变 R_L 的阻值，测量有源二端网络的外特性曲线，将结果填入表 3-4 中。

表 3-4 实训记录

U（V）			
I（mA）			

（3）验证戴维南定理。从电阻箱中取出按步骤（1）所得的等效电阻 R_o，然后令其与直流稳压电源（调到步骤（1）所测得的开路电压 U_{oc}之值）相串联，如图 3-39（b）所示，仿照步骤（2）测量其外特性，对戴维南定理进行验证，将结果填入表 3-5 中。

表 3-5 实训记录

U（V）			
I（mA）			

五、思考题

在求戴维南等效电路时，作短路实验测 I_{sc} 的条件是什么？在本实训中可否直接作负载短路实验？请在实训前对如图 3-39（a）所示的电路预先做好计算，以便调整电路及测量时可以准确地选取电表的量程。

技能实训 3 最大功率验证

一、实训目的

（1）掌握负载获得最大传输功率的条件。
（2）了解电源输出功率与效率的关系。

二、原理说明

（1）电源与负载功率的关系。

如图 3-40 所示可视为由一个电源向负载输送电能的模型，R_0 可视为电源内阻和传输线路电阻的总和，R_L 为可变负载电阻。

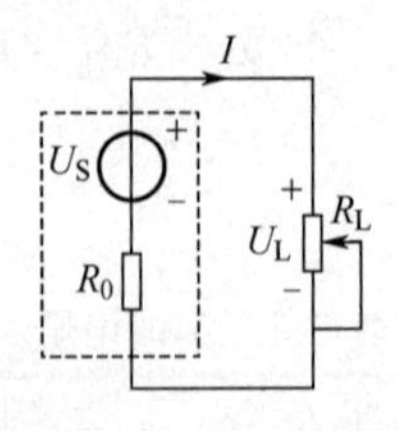

图 3-40 实训电路图

负载 R_L 上消耗的功率 P 可由下式表示：

$$P = I^2 R_L = (\frac{U_S}{R_0 + R_L})^2 R_L$$

当 R_L=0 或 R_L=∞时，电源输送给负载的功率均为零。以不同的 R_L 值代入上式可求得不同的 P 值，其中必有一个 R_L 值使负载能从电源处获得最大的功率。

（2）负载获得最大功率的条件。

根据数学中求最大值的方法，令负载功率表达式中的 R_L 为自变量，P 为应变量，并使 $dP/dR_L=0$，即可求得最大功率传输的条件：

$$\frac{dP}{dR_L}=0\text{，即}\frac{dP}{dR_L}=\frac{\left[(R_0+R_L)^2-2R_L(R_L+R_0)\right]U_S^2}{(R_0+R_L)^4}$$

令 $(R_0+R_L)^2-2R_L(R_L+R_0)=0$，解得 $R_L=R_0$。

当满足 $R_L=R_0$ 时，负载从电源获得的最大功率为

$$P_{MAX}=(\frac{U_S}{R_0+R_L})^2R_L=(\frac{U_S}{2R_L})^2R_L=\frac{U_S^2}{4R_L}$$

这时，称此电路处于“匹配”工作状态。

（3）匹配电路的特点及应用。

当电路处于“匹配”状态时，电源本身要消耗一半的功率，此时电源的效率只有 50%。显然，这对电力系统的能量传输是不利的。发电机的内阻很小，电路传输的最主要指标是要高效率地送电，最好是 100%地传送给负载，因此，负载电阻应远大于电源的内阻，即不允许运行在匹配状态。而在电子技术领域里却完全不同。一般的信号源本身功率较小，且都有较大的内阻，而负载电阻（如扬声器等）往往是较小的定值，且希望能从电源处获得最大的功率输出，而电源的效率往往不予考虑。通常设法改变负载电阻，或者在信号源与负载之间加阻抗变换器（如音频功放的输出级与扬声器之间的输出变压器），使电路处于匹配工作状态，以使负载能获得最大的输出功率。

三、实训设备

序　号	名　称	型号规格	数　量	备　注
1	直流电流表	0～200mA	1	D31
2	直流电压表	0～200V	1	D31
3	直流稳压电源	0～30V	1	DG04
4	实验电路板		1	DG05
5	元件箱		1	DG09

四、实训内容与步骤

（1）按图 3-40 所示接线，负载 R_L 取自元件箱 DG09 的电阻箱。

（2）按表 3-6 所列内容，令 R_L 在 0～1kΩ 范围内变化，分别测出 U_O、U_L 及 I 的值，表中 U_O 和 P_O 分别为稳压电源的输出电压和功率，U_L 和 P_L 分别为 R_L 两端的电压和功率，I 为电路的电流。在 P_L 最大值附近应多测几点。

表 3-6　实训记录

（单位：R—Ω，U—V，I—mA，P—W）

U_S=10V R_0=100Ω	R_L		1k	∞
	U_O			
	U_L			
	I			
	P_O			
	P_L			
U_S=15V R_0=300Ω	R_L		1k	∞
	U_O			
	U_L			
	I			
	P_O			
	P_L			

五、思考题

（1）电力系统进行电能传输时为什么不能工作在匹配状态？

（2）在实际应用中，电源的内阻是否随负载而变化？

（3）电源电压的变化对最大功率传输的条件有无影响？

本情境小结

理想电压源和理想电流源都是实际电源的理想模型，忽略了它们的内阻损耗。实际电源的内阻有时是不能忽略的，所以实际电压源等效成电压源和电阻（内阻）的串联，而实际电流源等效成电流源和电阻（内阻）的并联。

支路电流法是计算复杂电路的一种最基本的方法。它通过应用基尔霍夫电流定律和电压定律分别对节点和回路列出所需要的方程组，然后解出各未知支路的电流，再进一步对电路中的其他物理量进行分析。对于电阻电路的分析，运用基尔霍夫定律和欧姆定律即可满足要求。

网孔电流法是以网孔电流作为电路的独立变量来分析电路的方法，适用于网孔数少、支路较多的电路。

节点电压法以节点电压为求解变量分析电路，其实质是对独立节点用 KCL 列出用节点电压表示的有关支路的电流方程。节点电压法适用于支路较多、节点较少的电路。

叠加定理的内容是：在线性电路中，当多个激励共同作用时，在任意支路中产生的电压或电流等于各独立电源单独作用时在该支路所产生的电压或电流的代数和。叠加定理的应用较普遍，如在模拟信号放大电路的分析中就使用了叠加定理。

戴维南定理的内容是：任何一个有源二端网络总可以用一个电压源 U_{oc} 和一个电阻 R_o 串联组成的实际电压源来代替。其中，电压源 U_{oc} 等于这个有源二端网络的开路电压，内阻

R_o 等于该网络中所以独立电源均置零（电压源短路，电流源开路）后的等效电阻。对于非常复杂的电路，当只要求分析电路中某一支路的工作情况时，戴维南定理尤其有用。戴维南定理的最大优点是戴维南等效电路可以用实验的方法得到。

最大功率传输定理；要使负载获得最大功率，必须满足 $R_L = R_o$ 的条件，此时，$P_L = P_{Lmax}$。在实际工程中，常要考虑三个方面的问题：最大功率传输条件、电压调整率和传输效率。对于电子设备，若电阻不匹配则会导致设备烧毁的严重后果。

练习与提高

1．电路如图 3-41 所示，将量程为 10V、内阻为 5kΩ 的电压表改装成 5V、25V、100V 量程的电压表，求所需要串联的电阻的阻值。

2．电路如图 3-42 所示，若将内阻为 2000Ω、满偏电流为 50μA 的表头改装成量程为 1mA 的直流电流表，应并联多大的分流电阻？

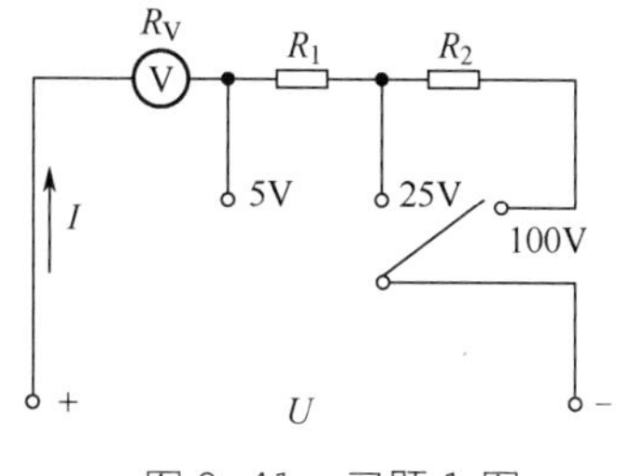

图 3-41　习题 1 图

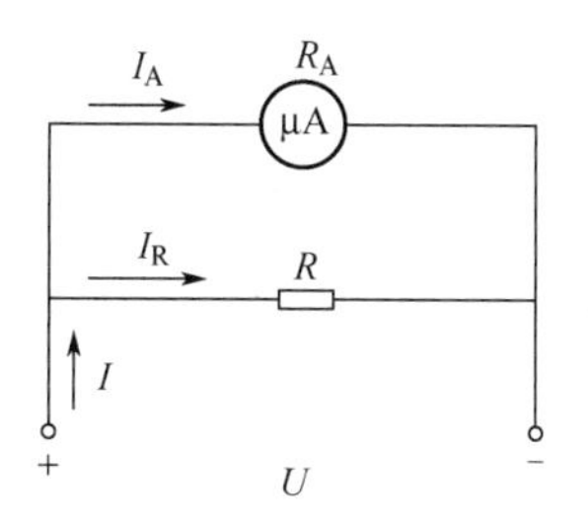

图 3-42　习题 2 图

3．在如图 3-43 所示的电路中，$R_1 = 10\text{k}\Omega$，$R_2 = 20\text{k}\Omega$，$R_3 = 30\text{k}\Omega$，$U = 6\text{V}$，求：（1）总电阻 R；（2）各并联支路电流 I_1、I_2、I_3。

4．在如图 3-44 所示的电路中，已知 R_1=3Ω，R_2=6Ω，R_3=2Ω，R_4=R_5=4Ω，求 a、b 间的等效电阻 R_{ab}。

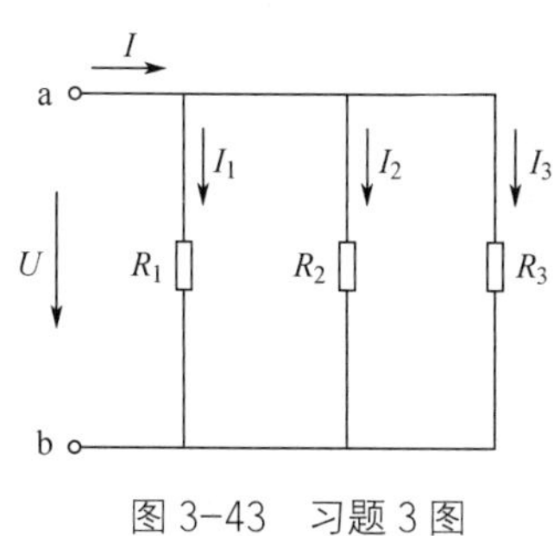

图 3-43　习题 3 图

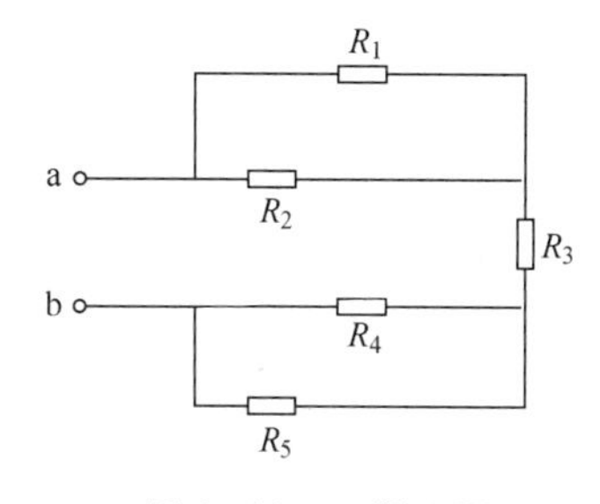

图 3-44　习题 4 图

5．如图 3-45 所示为常用的电阻器分压电路。分压器 a、b 两端接电源，固定端 b 和滑动端 c 接负载。滑动分压器上的滑动端 c 可向负载输出 0～U_S 的电压。现已知 U_S=12V，负载电阻 R_3=200Ω，滑动端 c 位于分压器的中间，分压器两端电阻 R_1=R_2=600Ω。试求开关 S 在断开和闭合两种情况下的电压 U_2、负载电压 U_3 以及分压器两端电阻中的电流 I_1 和 I_2。

6．求图 3-46 所示电路中的电流 I。

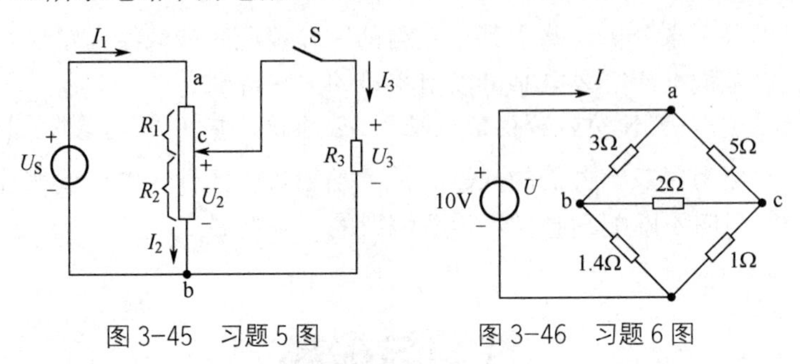

图 3-45　习题 5 图　　　图 3-46　习题 6 图

7．将图 3-47 所示各电路由 Y 形连接变换为△形连接或由△形连接变换为 Y 形连接。

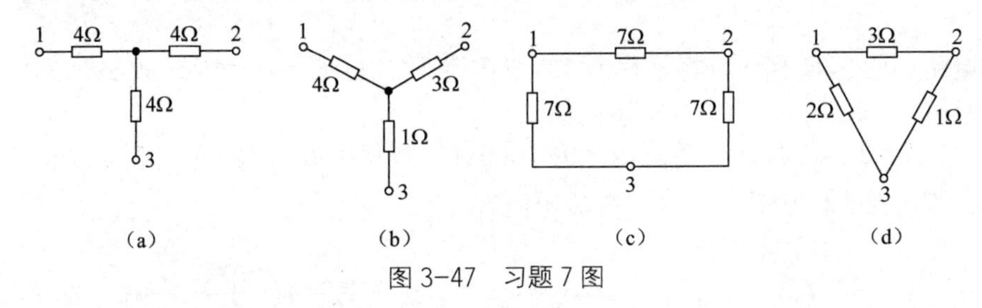

图 3-47　习题 7 图

8．试用电压源模型与电流源模型等效变换的方法，计算图 3-48 所示电路中 1Ω 电阻上的电流 I。

9．求图 3-49 所示电路中的电流 i。

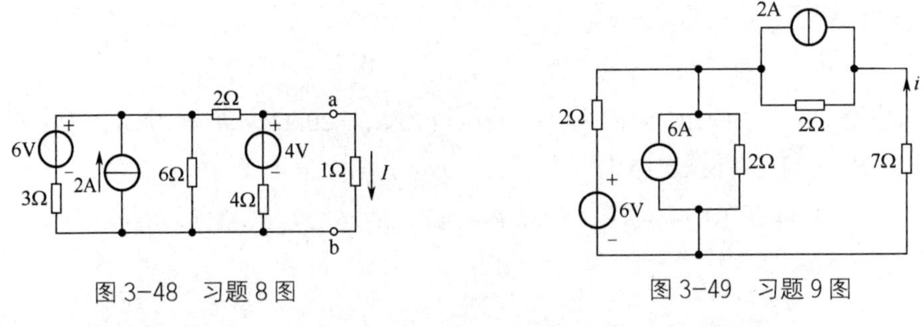

图 3-48　习题 8 图　　　图 3-49　习题 9 图

10．电路如图 3-50 所示，利用叠加定理来求解 U_{ab} 及支路电流 I。

11．利用叠加定理计算如图 3-51 所示电路中 3Ω 电阻支路的电流 I 及 U，并计算该电阻吸收的功率 P，验证叠加定理是否适用于功率的计算。

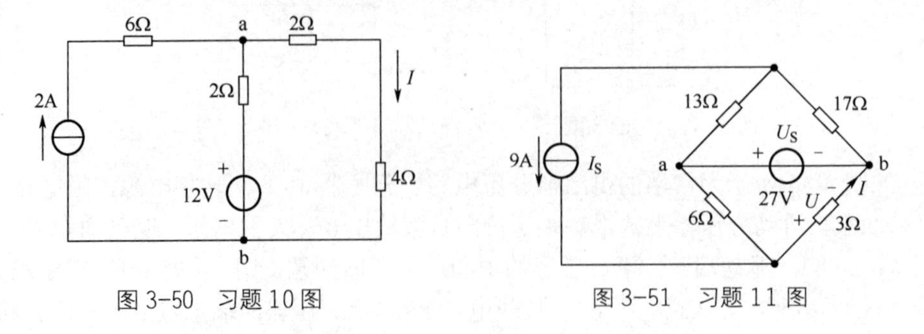

图 3-50　习题 10 图　　　图 3-51　习题 11 图

12．电路如图 3-52 所示，求各支路电流 I_1、I_2 和 I_3。

13．电路如图 3-53 所示，求各支路电流 I_1、I_2 和 I_3。

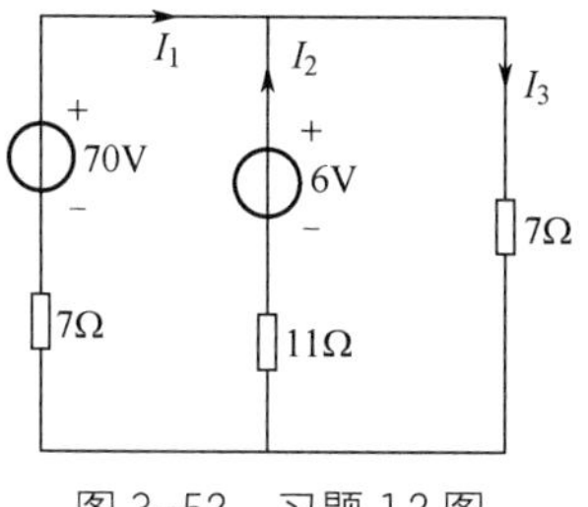

图 3-52　习题 12 图

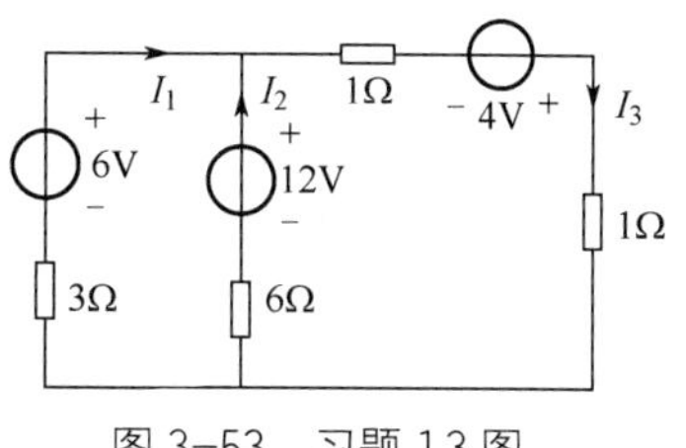

图 3-53　习题 13 图

14．用网孔电流法求图 3-54 所示电路中各支路的电流。

15．用网孔电流法求图 3-55 所示电路中流过 30Ω 电阻的电流 I。

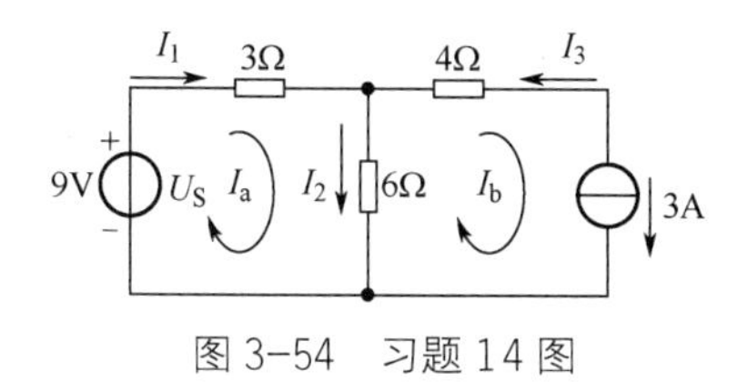

图 3-54　习题 14 图

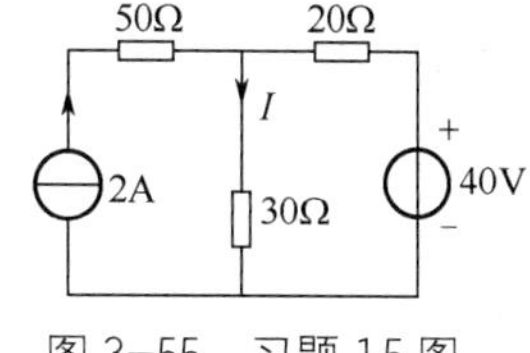

图 3-55　习题 15 图

16．用网孔电流法求图 3-56 所示电路中各支路的电流并计算两电源的功率，判断它们是否输出功率。

17．用节点电压法求图 3-57 所示电路中各节点的电压及电流 i。

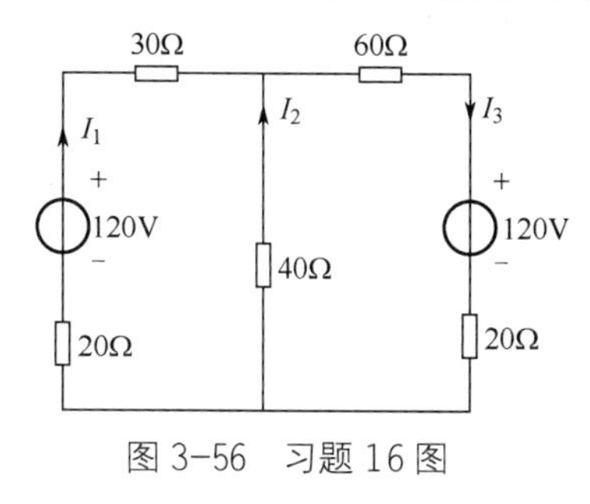

图 3-56　习题 16 图

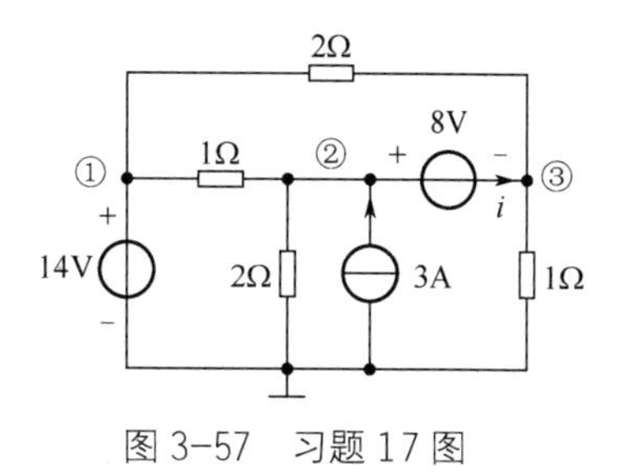

图 3-57　习题 17 图

18．电路如图 3-58 所示，已知电路中各电导均为1s，$I_{S2}=5A$，$U_{S4}=10V$，求 V_a、V_b 及各支路电流。

19．电路如图 3-59 所示，试用弥尔曼定理求各支路电流。

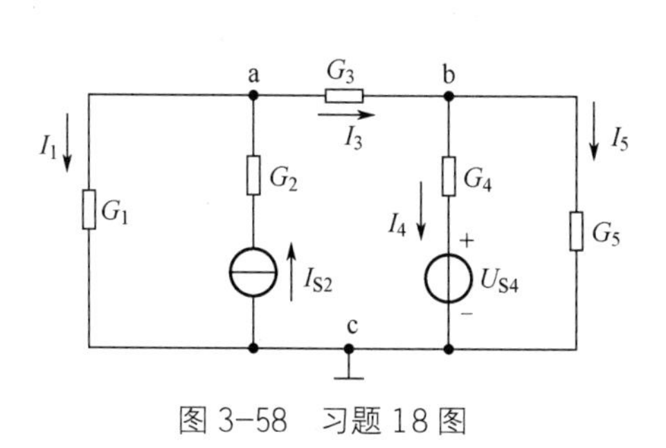

图 3-58　习题 18 图

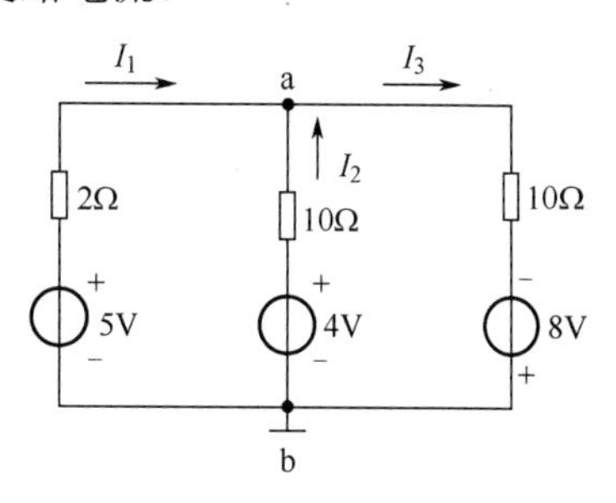

图 3-59　习题 19 图

20．用叠加定理求图 3-60 所示电路中的 I、U。

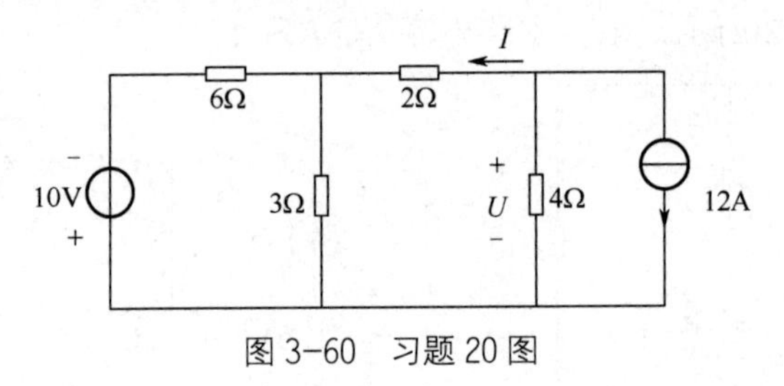

图 3-60　习题 20 图

21．试用戴维南定理求图 3-61 所示电路中的电流 I 及电压 U_{ab}。

22．在如图 3-62 所示的电桥电路中，当 R=8 Ω 时，试用戴维南定理求通过电阻 R 的电流 I。

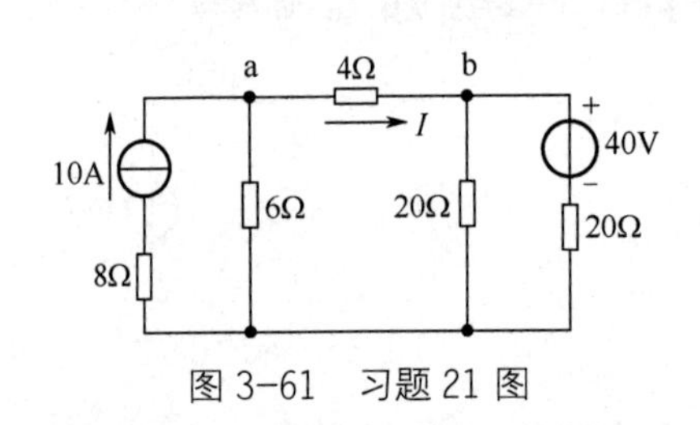

图 3-61　习题 21 图

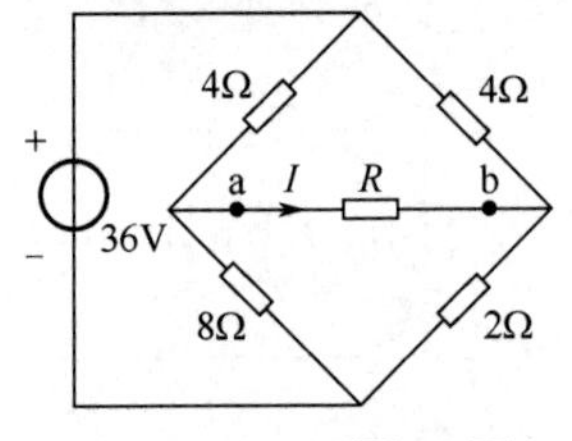

图 3-62　习题 22 图

23．电路如图 3-63 所示，试用戴维南定理求 I 。

24．用叠加定理求图 3-64 所示电路中的 I、U。

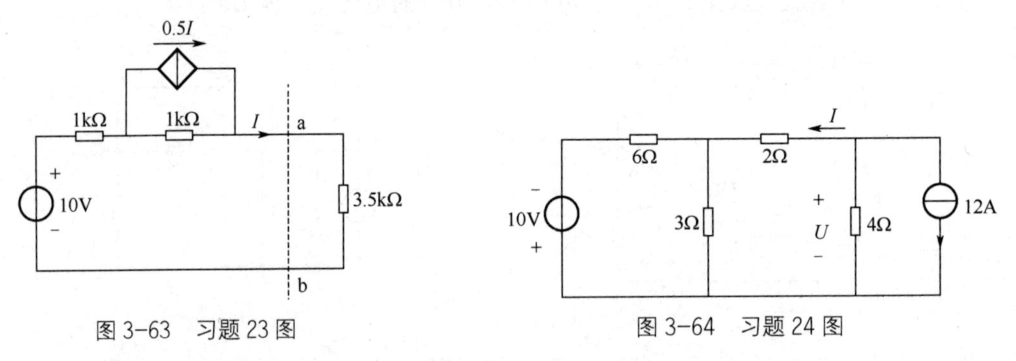

图 3-63　习题 23 图　　图 3-64　习题 24 图

25．用戴维南定理求图 3-65 所示电路中的电压 U。

26．用戴维南定理求图 3-66 所示电路中的电流 I。

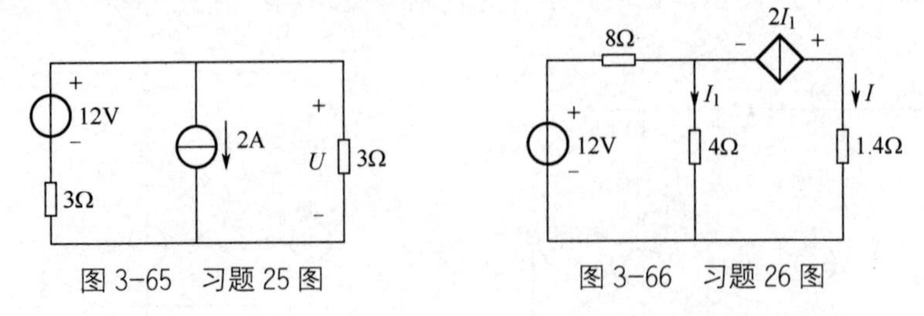

图 3-65　习题 25 图　　图 3-66　习题 26 图

27．如图 3-67 所示，一含源二端网络端口 1、2 外接可调电阻 R，当 R 等于多少时，可以从电路中获得最大功率？并求此最大功率。

28．电路如图 3-68 所示，求 R_L 分别等于 1Ω、2Ω、4Ω 时负载获得的功率及电源输出功率的效率。

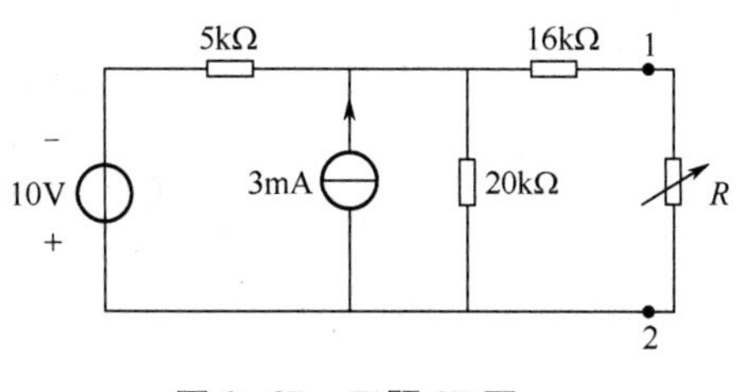

图 3-67 习题 27 图

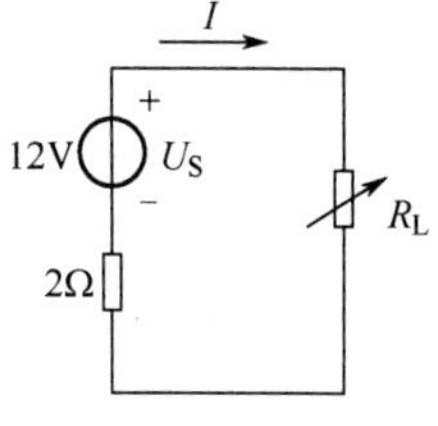

图 3-68 习题 28 图

学习情境 4

简单低通滤波电路的设计

动态电路具有许多特殊的规律和特征，本学习情境主要介绍动态电路的过渡过程、换路定律、初始值、稳态值、时间常数等概念；讨论一阶电路的零输入响应、零状态响应和全响应；重点讲述如何用三要素法求解一阶电路；最后，完成简单低通滤波电路的设计。

知识目标

1. 掌握电路的过渡过程及换路的概念
2. 掌握换路定律及初始值的计算方法
3. 理解零输入响应、零状态响应、全响应及其分解
4. 掌握一阶电路暂态分析的三要素法
5. 了解 RC 电路的应用

技能目标

1. 熟悉一阶线性电路的暂态过程
2. 能进行一阶电路的搭建与测量
3. 能用万用表测量一阶电路的参数
4. 能用示波器观测一阶电路的输入、输出波形
5. 能完成简单低通滤波电路的设计

项目 1　直流激励下的一阶动态电路分析

任务 1　换路定律与初始值的计算

演示文稿

换路定律与初始值的计算

任务导入：在前面的学习中，无论是直流电路还是正弦交流电路，都是对电路的稳定状态进行分析。所谓稳定状态是指各处的响应恒定不变，或者随时间按周期规律变化，简称稳态。当电路中含有储能元件（如电容、电感）且电路的结构或元件参数发生改变时，电路的工作状态将由原来的稳态转变到另一个稳态，这种转变一般来说不是即时完成的，需要经历一个过程，这个过程被称作过渡过程或动态过程。电路过渡过程所经历的时间往往较为短暂，所以过渡过程又被称为暂态过程，简称暂态。

过渡过程随处可见，如在自然界中，火车启动时速度的变化，又如在工程实际中，常利用暂态过程来产生某些特定的波形。然而，暂态过程也有其有害的一面，如某些电路在接通或断开时会产生过电压或过电流现象，从而使电气设备遭到损坏。因此，分析并研究电路的暂态过程十分重要。

为了更好地理解过渡过程，下面做这样一个实验。

1. 过渡过程

微课

电路的过渡过程

电路如图 4-1 所示，将元件 R、L、C 分别串联一个同样规格的灯泡后，并联接在一直流电压源上。当开关 S 闭合后，观察灯泡的发光情况，可以看到三种现象。

（1）R 支路上的灯泡在开关闭合的瞬间立即变亮，而且亮度稳定不变。

（2）L 支路上的灯泡在开关闭合后由暗逐渐变亮，最后亮度达到稳定。

（3）C 支路上的灯泡在开关闭合的瞬间突然变亮，然后逐渐变暗最后熄灭。

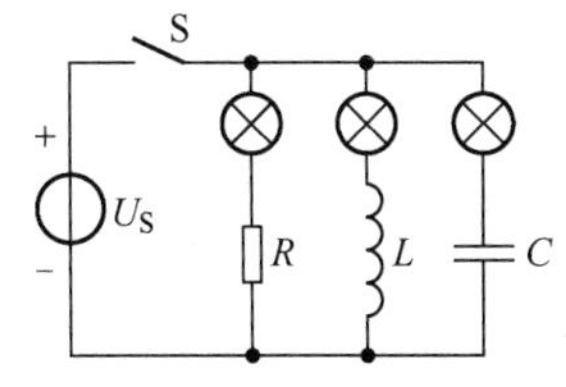

图 4-1　RLC 实验电路

同样的灯泡之所以在三条支路上的发光效果不同，是因为 R、L、C 三个元件上电流与电压变化时遵循的规律不同。

（1）R 支路上的电流 i_R 在开关闭合的瞬间立即增大到稳定值。

（2）L 支路上的电流 i_L 在开关闭合后逐渐增大，最后达到稳定值。

（3）C 支路上的电流 i_C 在开关闭合后瞬间增大，然后逐渐减小至零。

上述分析表明，凡是含有储能元件的电路在涉及与电场能量和磁场能量有关的电量（如电感元件上的电流 i_L 和电容元件上的电压 u_C）发生变化时都只能逐渐改变而不能跃变。

由此可见，产生过渡过程有内外两种原因。

（1）内因。电路中含有储能元件电感 L 或电容 C，纯电阻电路不存在过渡过程。

（2）外因。电路的结构或参数发生改变，如开关的打开或闭合、元件的接通与断开等。

2．换路定律

微课

电路的换路定律

在电路理论中，把引起过渡过程的电路变化称为换路，并认为换路是即时完成的，如电路的接通和断开、电源或电路元件的参数改变及电路连接方式的改变等。在换路的瞬间，如果流过电容元件的电流为有限值，则其电压 u_C 不能跃变；如果加在电感元件两端的电压为有限值，则其电流 i_L 不能跃变，这一结论称为换路定律。

由于研究的是换路之后电路的动态过程，故常将换路的瞬间作为计时起点，记为 $t=0$；将换路前的最后瞬间记为 $t=0_-$，而将换路后的最初瞬间记为 $t=0_+$；$t=0_-$ 至 $t=0$ 之间及 $t=0$ 至 $t=0_+$ 之间的时间间隔均趋近于零。于是换路定律可以表示为

（1）从 $t=0_-$ 到 $t=0_+$ 换路瞬间，电路中的电容电压一般不能跃变，它满足

$$u_C(0_+)=u_C(0_-) \tag{4-1}$$

（2）从 $t=0_-$ 到 $t=0_+$ 换路瞬间，电路中的电感电流一般不能跃变，它满足

$$i_L(0_+)=i_L(0_-) \tag{4-2}$$

需要强调的是，在应用换路定律时，除电容电压及其电荷量、电感电流及其磁链以外，其余的变量如电容电流、电感电压、电阻的电压和电流、电压源的电流、电流源的电压在换路瞬间是否跃变，不受换路定律的约束。

微课

换路后的电容与电感

3．初始值的计算

电路在换路后的最初瞬间，即 $t=0_+$ 时刻，各部分电流、电压的数值 $i(0_+)$ 和 $u(0_+)$ 统称为“初始值”。电容电压的初始值 $u_C(0_+)$ 和电感电流的初始值 $i_L(0_+)$ 可按换路定律来确定，称为“独立初始值”。其他可以跃变的量的初始值可根据独立初始值和应用 KCL、KVL 及欧姆定律来确定，称为“非独立初始值”或“相关初始值”。初始值的计算方法如下所述。

微课

初始值的计算

（1）确定换路前电路中的电容电压 $u_C(0_-)$ 或电感电流 $i_L(0_-)$。

（2）由换路定律求出电容电压的初始值 $u_C(0_+)$ 或电感电流的初始值 $i_L(0_+)$。

（3）画出电路在 $t=0_+$ 时的等效电路。

（4）根据 $u_C(0_+)$ 和 $i_L(0_+)$ 结合欧姆定律和 KCL、KVL 求出其他相关初始值。

特别指出，电路在 $t=0_+$ 时的等效电路遵循以下规律：如果换路前电容无储能，即 $u_C(0_-)=0$，则在 $t=0_+$ 时刻将电容 C 视为短路；若电容已储能，即 $u_C(0_-)=U_0$，则在 $t=0_+$ 时刻以电压值等于 U_0 的理想电压源替代原电路的电容元件；如果换路前电感元件无储能，

即 $i_L(0_-)=0$，则在 $t=0_+$ 时刻将电感 L 视为开路；若电感已储能，即 $i_L(0_-)=I_0$，则在 $t=0_+$ 时刻以电流值等于 I_0 的理想电流源替代原电路的电感元件；电路中的独立电源取其在 $t=0_+$ 时刻的值，这样替代后的电路称为 $t=0_+$ 时刻的等效电路。

需要注意的是：此电路与原动态电路只在 $t=0_+$ 时刻等效且该等效电路是一个电阻性电路，可按电阻性电路进行初始值计算。

【例 4-1】在如图 4-2 所示的电路中，$U_S=10V$，$R_1=4k\Omega$，$R_2=8k\Omega$，$C=1\mu F$。求开关 S 闭合后瞬间电容两端电压及各支路电流的初始值。

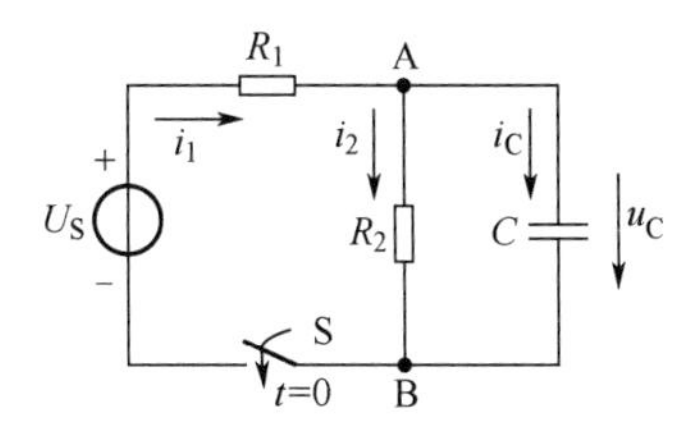

图 4-2　例 4-1 图

解：选定所求电压、电流的参考方向如图 4-2 所示，并设 $t=0$ 时开关 S 闭合。根据题意，开关 S 闭合前 $u_C(0_-)=0$，所以由换路定律可知

$$u_C(0_+)=u_C(0_-)=0 \text{（此时 C 可视为短路）}$$

又因 R_2 与 C 并联，故有

$$u_{R2}(0_+)=u_C(0_+)=0$$

所以
$$i_2(0_+)=\frac{u_C(0_+)}{R_2}=0$$

由 KVL 可得
$$U_S=i_1(0_+)R_1+i_2(0_+)R_2=i_1(0_+)R_1+0=i_1(0_+)R_1$$

$$i_1(0_+)=\frac{U_S}{R_1}=\frac{10}{4\times10^3}=2.5\times10^{-3}=2.5(\text{mA})$$

根据 KCL 有
$$i_C(0_+)=i_1(0_+)-i_2(0_+)=2.5-0=2.5(\text{mA})$$

由本例可知，在换路的瞬间，电容两端的电压 u_C 不能跃变，但通过它的电流 i_C 却可以从 0 跃变至 2.5mA，不受换路定律的约束。

【例 4-2】在如图 4-3 所示的电路中，$U_S=12V$，$R_1=6\Omega$，$R_2=4\Omega$，$L=2mH$。开关 S 闭合前电路处于稳态。求开关 S 闭合后瞬间电感两端电压及各支路电流的初始值。

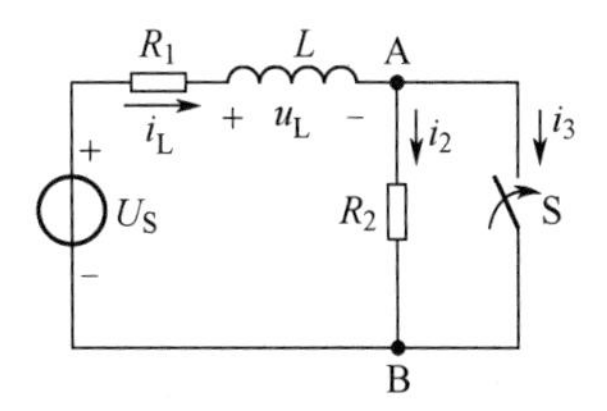

图 4-3　例 4-2 图

解：选定所求电压、电流的参考方向如图 4-3 所示，并设 $t=0$ 时开关 S 闭合。

根据题意，换路前电路处于稳定状态，则有

$$i_L(0_-)=\frac{U_S}{R_1+R_2}=\frac{12}{6+4}=1.2(\text{A})$$

由换路定律可知 $i_L(0_+) = i_L(0_-) = 1.2(\text{A})$

开关 S 闭合后 R_2 被短路，即 $i_2(0_+) = 0$

由 KCL 得 $i_3(0_+) = i_L(0_+) - i_2(0_+) = 1.2 - 0 = 1.2(\text{A})$

由 KVL 得 $u_L(0_+) = U_S - i_L(0_+)R_1 = 12 - 1.2 \times 6 = 4.8(\text{V})$

由本例可知，在换路的瞬间，通过电感的电流 i_L 不能跃变，但它两端的电压 u_L 却可以从 0 跃变至 4.8V，不受换路定律的约束。

【例 4-3】 如图 4-4 所示电路，直流电压源的电压 $U_S = 50\text{V}$，$R_1 = R_2 = 5\Omega$，$R_3 = 20\Omega$，电路原先已达到稳态，在 $t = 0$ 时刻断开开关 S。试求 $t = 0_+$ 时电路中的 $i_L(0_+)$、$u_C(0_+)$、$u_{R2}(0_+)$、$u_{R3}(0_+)$、$i_C(0_+)$ 和 $u_L(0_+)$。

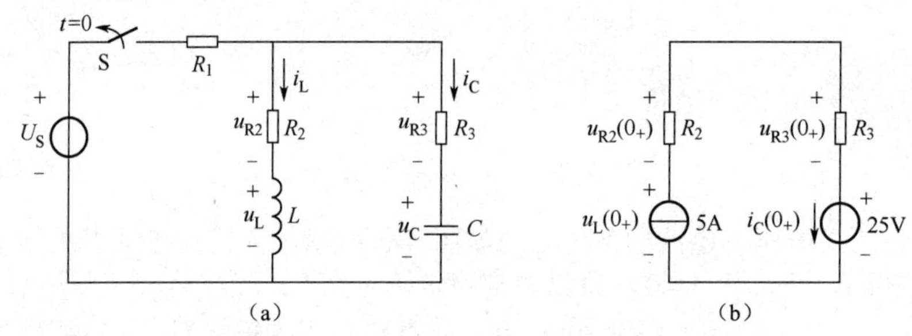

图 4-4 例 4-3 图

解：（1）先确定初始值 $i_L(0_+)$ 和 $u_C(0_+)$。因为电路换路前已达到稳态，所以电感元件相当于短路，电容元件相当于开路，$i_C(0_-) = 0$，故有

$$i_L(0_-) = \frac{U_S}{R_1 + R_2} = \frac{50}{5+5} = 5(\text{A}),\quad u_C(0_-) = R_2 i_L(0_-) = 5 \times 5 = 25(\text{V})$$

根据换路定律可知

$$i_L(0_+) = i_L(0_-) = 5(\text{A}),\quad u_C(0_+) = u_C(0_-) = 25(\text{V})$$

（2）计算相关初始值。将图 4-4（a）中的电容 C 及电感 L 分别用等效电压源 $u_C(0_+) = 25\text{V}$ 及等效电流源 $i_L(0_+) = 5\text{A}$ 代替，则得到 $t = 0_+$ 时的等效电路如图 4-4（b）所示，从而可算出相关初始值，即

$$u_{R2}(0_+) = R_2 i_L(0_+) = 5 \times 5 = 25(\text{V})$$
$$i_C(0_+) = -i_L(0_+) = -5(\text{A})$$
$$u_{R3}(0_+) = R_3 i_C(0_+) = 20 \times (-5) = -100(\text{V})$$
$$u_L(0_+) = i_C(0_+)(R_2 + R_3) + u_C(0_+) = -5 \times (5 + 20) + 25 = -100(\text{V})$$

从计算结果可以看出：相关初始值可能跃变，也可能不跃变。

任务 2　一阶 RC 电路的零状态与零输入响应

演示文稿

一阶 RC 电路的零状态与零输入响应

任务导入：一阶电路是指由 R、C 或者 R、L 组成的仅含有一种储能元件的电路，在前面的学习中，我们接触过戴维南定理和诺顿定理，任何一个复杂的一阶电路总可以用戴维南定理或诺顿定理将其等效为一个 RC 电路或者 RL 电路。下面我们将对一阶 RC 电路的零状态与零输入响应进行分析和说明。

1. 一阶 RC 电路的零状态响应

若在换路前电容和电感没有储能，则在换路后的瞬间，电容两端的电压为零，电感中的电流为零，此时电路处于零初始状态。一个零初始状态的电路在换路后受到（直流）激励作用而产生的电流和电压称为电路的零状态响应。

如图 4-5 所示是一个简单的 RC 串联电路，电容端电压为零，即原先不带电，在 $t=0$ 时刻开关 S 闭合。下面分析自换路后瞬间起至电路进入新的稳定状态这段时间内电容、电阻两端电压 u_C 和 u_R 及电路中电流 i 的变化规律。

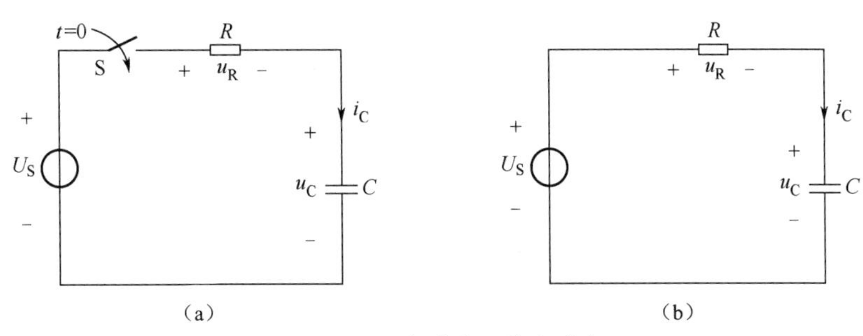

图 4-5 RC 电路的零状态响应

1）定性分析

在换路的瞬间，由于 $u_C(0_+)=0$，电容相当于短路，因此 U_S 全部加在电阻 R 上，故 u_R 立即由换路前的 0 突变至 U_S，电路中的电流 i 也相应地由换路前的 0 突变至 $\frac{U_S}{R}$。换路后，电容开始充电，随着时间的增长，极板上积聚的电荷越来越多，电容两端的电压 u_C 也不断增大，与此同时，电阻两端的电压 u_R 则逐渐减小（因为 $u_C+u_R=U_S$），电流 i 也随之减小，直到充电完毕，电容两端的电压 u_C 等于 U_S，电阻两端的电压 u_R 及电流 i 减小至零，过渡过程结束（电容充电结束），电路进入一个新的稳定状态。

2）定量分析

换路后根据图 4-5（b）所示设定各变量的参考方向，列出电路的 KVL 方程：

$$u_C+u_R=U_S$$

由欧姆定律 $u_R=Ri_R$ 和电容上的电压电流关系 $i_C=C\frac{du_C}{dt}$ 及 $i_C=i_R$ 得

$$RC\frac{du_C}{dt}+u_C=U_S$$

利用分离变量法求得电容上的零状态响应电压为

$$u_C=U_S(1-e^{-\frac{t}{RC}})=U_S-U_Se^{-\frac{t}{RC}} \tag{4-3}$$

电容上的零状态响应电流为

$$i_C=C\frac{du_C}{dt}=\frac{U_S}{R}e^{-\frac{t}{RC}} \tag{4-4}$$

式（4-3）右边第一项 U_S 是电容充电完毕以后的电压值，是电容电压的稳态值，称其为“稳态分量”；第二项 $-U_{\mathrm{S}}\mathrm{e}^{-\frac{t}{RC}}$ 将随时间按指数规律衰减，最后为零，称其为“暂态分量”。因此，在整个过渡过程中，u_{C} 可以认为是由稳态分量和暂态分量叠加而成的。

下面分析电阻的电压 u_{R} 和电路的电流 i 的情况。

$$u_{\mathrm{R}}=U_{\mathrm{S}}-u_{\mathrm{C}}=U_{\mathrm{S}}\mathrm{e}^{-\frac{t}{RC}} \tag{4-5}$$

$$i=\frac{u_{\mathrm{R}}}{R}=\frac{U_{\mathrm{S}}}{R}\mathrm{e}^{-\frac{t}{RC}} \tag{4-6}$$

可见，换路后 u_{R} 和 i 分别从 U_{S} 和 $\frac{U_{\mathrm{S}}}{R}$ 随时间 t 按指数规律衰减，由于在稳定状态下，电容相当于开路，电路的电流 i 和电阻的电压 u_{R} 最终的稳态值均为零，所以在式（4-5）和式（4-6）中只有它们随时间衰减的暂态分量，而无稳态分量。

图 4-6 给出了换路后 u_{R}、i 和 u_{C} 随时间变化的曲线。

微课

一阶 RC 电路的时间常数

由式（4-3）～式（4-6）可知，各电路变量的暂态分量衰减的快慢取决于 R 和 C 的乘积。令 $\tau=RC$，当 R 的单位为欧姆（Ω）、C 的单位为法拉（F）时，τ 的单位为秒，可见 τ 具有时间量纲，故称它为 RC 电路的时间常数。τ 越大，各变量的暂态分量衰减得越慢，电路进入新的稳态所需的时间越长，即过渡过程越长。当 $t=\tau$ 时，有

$$u_{\mathrm{C}}=U_{\mathrm{S}}(1-\mathrm{e}^{-1})=U_{\mathrm{S}}(1-0.368)=63.2\%U_{\mathrm{S}}$$

$$i=\frac{U_{\mathrm{S}}}{R}\mathrm{e}^{-1}=\frac{U_{\mathrm{S}}}{R}\times 0.368=36.8\%\frac{U_{\mathrm{S}}}{R}$$

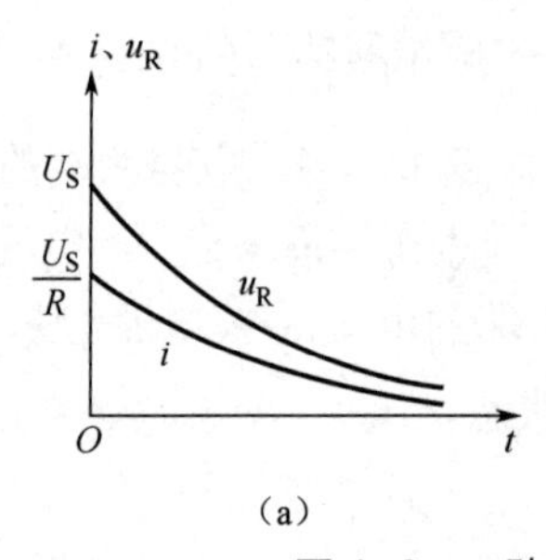

（a）

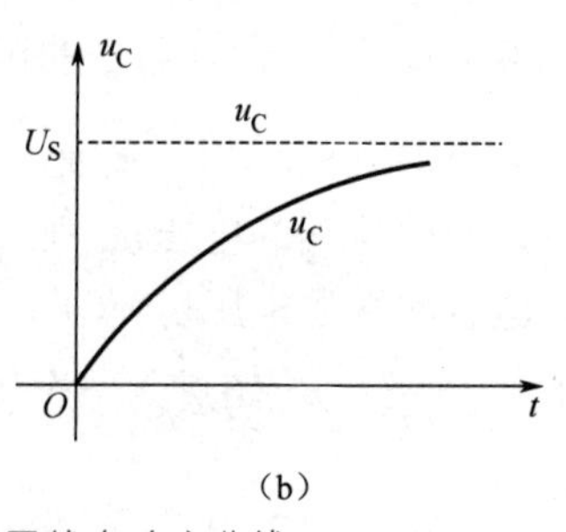

（b）

图 4-6 一阶 RC 电路的零状态响应曲线

由以上分析计算可知，经过 1τ 的时间，电容的电压达到其稳态值的 63.2%，而电路的电流也已衰减到其初始值的 36.8%。理论上需要经历无限长的时间 u_{C} 才能衰减到零，但在实际工程中，一般当电压 u_{C} 或电流 i 衰减到其初始值的 0.7%以下时，即经历 5τ 的时间以后就可以认为过渡过程基本结束，电路进入新的稳定状态。

实际上，电容的充电过程就是在电容中建立电场（从而储存电场能量）的过程，在这个过程中电容元件从电源吸取的电能为

$$W_{\mathrm{C}}=\int_0^{\infty}u_{\mathrm{C}}i\mathrm{d}t=\int_0^{Q}u_{\mathrm{C}}\mathrm{d}q=\int_0^{U_{\mathrm{S}}}Cu_{\mathrm{C}}\mathrm{d}u_{C}=\frac{1}{2}CU_{\mathrm{S}}^2$$

而电阻消耗的能量为

$$W_{\mathrm{R}}=\int_0^{\infty}i^2R\mathrm{d}t=\int_0^{\infty}\frac{U_{\mathrm{S}}^2}{R}\mathrm{e}^{-\frac{2}{RC}t}\mathrm{d}t=\frac{1}{2}CU_{\mathrm{S}}^2$$

由此可见，在充电过程中电源所提供的能量，一半储存在电容的电场中，另一半消耗

在电阻上，且电阻上消耗的能量与 R 无关，充电效率总是 50%。

【例 4-4】 电路如图 4-7 所示，已知 $U_S = 220V$，$R = 200\Omega$，$C = 1\mu F$，开关 S 闭合前电容未储能，在 $t = 0$ 时开关 S 闭合。求：（1）时间常数 τ；（2）最大充电电流 I_0；（3）开关 S 闭合后 1ms 时的 i_C 和 u_C。

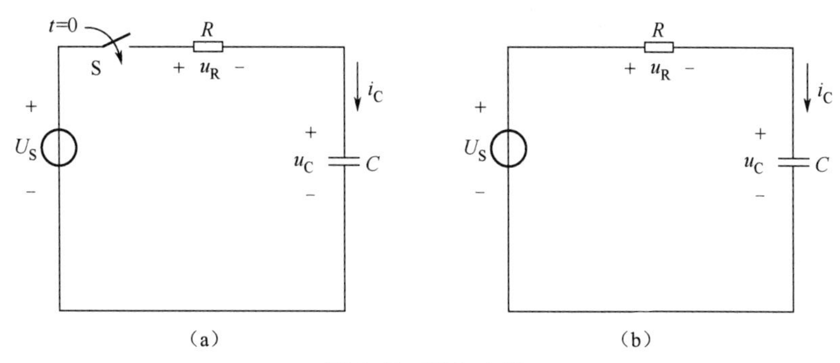

图 4-7　例 4-4 图

解：（1）时间常数

$$\tau = RC = 200 \times 1 \times 10^{-6} = 200(\mu s)$$

（2）$t \geqslant 0$ 时，开关闭合，电源开始向电容器充电，应用式（4-3）和式（4-4）得

$$i_C = \frac{U_S}{R} e^{-\frac{t}{RC}} = 1.1e^{-5000t}(A)$$

$$u_C = U_S(1 - e^{-\frac{t}{RC}}) = 220(1 - e^{-5000t})(V)$$

即有

$$I_0 = i_C(0_+) = 1.1(A)$$

（3）开关合上 1ms 时

$$i_C = 1.1e^{-5000t} = 1.1e^{-5} = 1.1 \times 0.007 = 7.7(mA)$$

$$u_C = 220(1 - e^{-5000t}) = 220(1 - e^{-5}) = 218.5(V)$$

2．一阶 RC 电路的零输入响应

微课

一阶 RC 电路的零输入响应

在一阶动态电路中，如果储能元件在换路前已储能，那么即使在换路后电路中没有激励（电源）存在，仍然会有电流、电压。我们把这种没有独立电源作用（外加激励为零），仅由储能元件初始储能所激发的响应（电流、电压）称为电路的零输入响应。

动画

一阶 RC 电路的零输入响应

RC 电路的零输入响应是指已经充过电的电容通过电阻放电的物理过程。如图 4-8 所示是一个最简单的 RC 放电电路。开关 S 原先置于位置 1，电路处于稳态，即电容 C 两端具有与电压源相同的电压 U_0。在 $t = 0$ 时将 S 置于位置 2，电容开始放电。下面分析自换路后瞬间起至电路进入新的稳定状态这段时间内电容、电阻两端的电压 u_C 和 u_R 及电路电流 i 的变化规律。由于 S 置于 2 以后电路并不与电源相接，外加激励为零，所以这是一个求解零输入响应的问题。

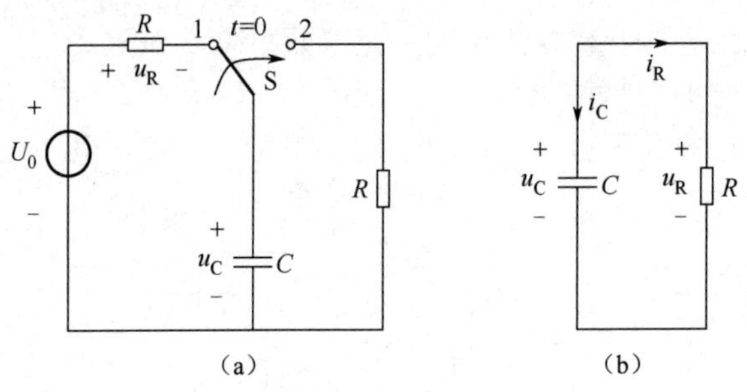

图 4-8　一阶 RC 电路的零输入响应

1）定性分析

在换路的瞬间，由于电容的电压u_C不能突变，仍然是U_0。根据 KVL，电阻端电压将从0突变至U_0，相应地，电路中的电流i也由0跃变至$\frac{U_0}{R}$。换路后，电容通过R释放电荷，电容端的电压u_C逐渐降低，同时电阻端的电压u_R与电流i也随之减小，直至最后电容元件两极板上的电荷释放完毕，u_C、u_R、i均减至零，放电过程结束，电路进入一个新的稳定状态。

2）定量分析

根据图 4-8（b）所示设定各变量的参考方向，换路后电路的 KVL 方程为

$$-u_C + u_R = 0$$

由欧姆定律$u_R = Ri_R$和电容上的电压电流关系$i_C = C\frac{du_C}{dt}$及$i_C = -i_R$得

$$RC\frac{du_C}{dt} + u_C = 0$$

利用分离变量法求得当电路的初始值$u_C(0_+) = U_0$时，电容上的零输入响应电压为

$$u_C = U_0 e^{-\frac{t}{RC}} \tag{4-7}$$

电容上的零输入响应电流为

$$i_C = C\frac{du_C}{dt} = C\frac{d(U_0 e^{-\frac{t}{RC}})}{dt} = -\frac{U_0}{R}e^{-\frac{t}{RC}} \tag{4-8}$$

$$i_R = -i_C = \frac{U_0}{R}e^{-\frac{t}{RC}} \tag{4-9}$$

电容上的零输入响应曲线如图 4-9 所示。电压、电流均遵循相同的指数规律变化，变化的快慢取决于R和C的乘积，和电路的零状态响应一样，把$\tau = RC$称为电路的时间常数，把$\tau = RC$代入以后，u_C、i_C、i_R的表达式变为

$$u_C = U_0 e^{-\frac{t}{\tau}} \tag{4-10}$$

$$i_C = C\frac{du_C}{dt} = C\frac{d(U_0 e^{-\frac{t}{\tau}})}{dt} = -\frac{U_0}{R}e^{-\frac{t}{\tau}} \tag{4-11}$$

$$i_R = -i_C = \frac{U_0}{R}e^{-\frac{t}{\tau}} \tag{4-12}$$

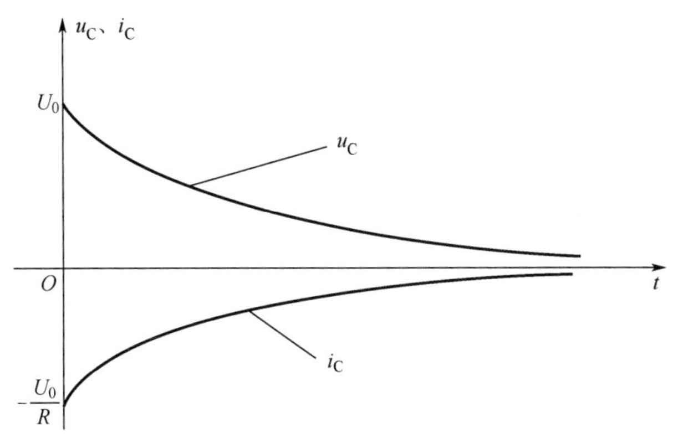

图 4-9　一阶 RC 电路的零输入响应曲线

由式（4-10）～式（4-12）可见，RC 电路的零输入响应同 RC 电路的零状态响应一样，理论上需要经历无限长的时间 u_C 才能衰减到零，但在实际工程中，一般认为在经过了 5τ 的时间以后，各电路变量的暂态分量衰减到初始值的 0.7%以下时，过渡过程视为结束，电路进入新的稳定状态。

【例 4-5】电路如图 4-10 所示，$t=0$ 时开关 S 由位置 1 拨向位置 2，求 $t>0$ 时的电容电压 $u_C(t)$ 和电流 $i_C(t)$。

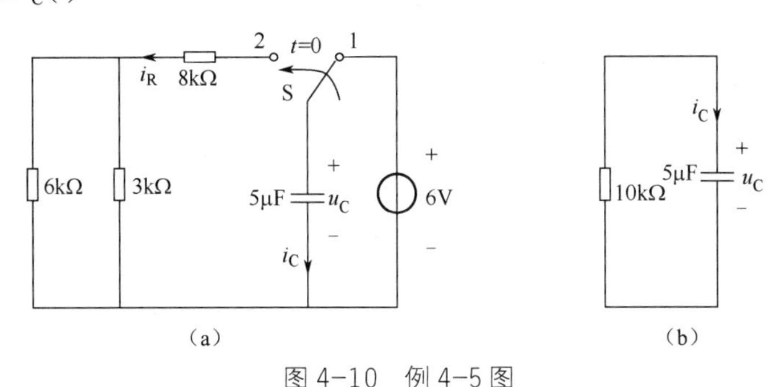

图 4-10　例 4-5 图

解：在开关 S 由位置 1 拨向位置 2 的瞬间，电容的电压不能跃变，因此可得

$$u_C(0_+)=u_C(0_-)=6(\text{V})$$

将连接于电容两端的电阻等效为一个电阻，其阻值为

$$R=8+\frac{6\times3}{6+3}=10(\text{k}\Omega)$$

得到如图 4-10（b）所示的电路，其时间常数为

$$\tau=RC=10\times10^3\times5\times10^{-6}=5\times10^{-2}=0.05(\text{s})$$

根据式（4-10）得　$u_C=U_0\text{e}^{-\frac{t}{\tau}}=6\text{e}^{-20t}(\text{V})$

根据式（4-11）得 $i_C=-\frac{U_0}{R}\text{e}^{-\frac{t}{\tau}}=-\frac{6}{10\times10^3}\text{e}^{-20t}=-0.6\text{e}^{-20t}(\text{mA})$

任务3 一阶RL电路的零状态与零输入响应

一阶RL电路的零状态与零输入响应

任务导入：在上一任务中主要讨论了RC串联电路的过渡过程，分析了电容电压零输入响应与零状态响应的变化规律及物理过程。本任务将讨论含有电感元件的一阶RL电路的过渡过程，分析方法与一阶 RC电路类似。

1．一阶RL电路的零状态响应

一阶RL电路的零状态响应

如图4-11（a）所示为一阶RL串联电路，换路前，电感电流为零，电感未储能。在$t=0$时，开关S闭合。下面分析自开关S闭合时起至电路进入新的稳定状态这段时间内电感中的电流i_L和电压u_L、u_R的变化规律。

1）定性分析

在开关S闭合的瞬间，由于电感电流不能突变，所以电路中的电流仍然为零，电阻上没有电压，这时电源电压全部加在电感两端，即u_L立即从换路前的0突变到U_S，随着时间的增加，电路中的电流逐渐增加，u_R也随之逐渐增大，与此同时，u_L逐渐减小，直至最后电路稳定时$u_L=0$，电感相当于短路，过渡过程结束，电路进入一个新的稳定状态。

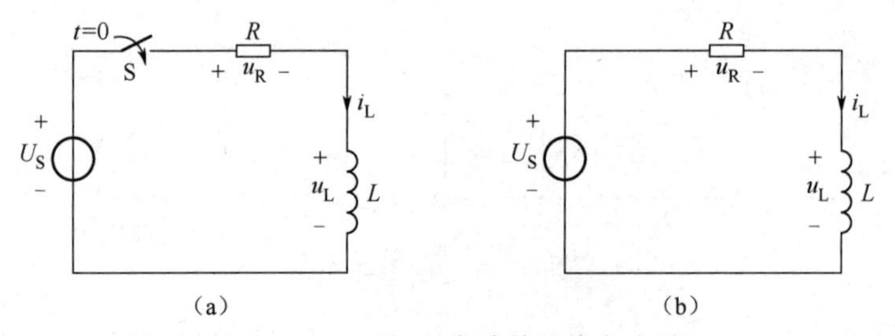

图4-11　一阶RL电路的零状态响应

2）定量分析

电路中各电压、电流的参考方向如图4-11（b）所示，电路的KVL方程为

$$u_L+u_R=U_S$$

由欧姆定律$u_R=Ri_L$和电感上的伏安特性$u_L=L\dfrac{di_L}{dt}$得

$$\frac{L}{R}\frac{di_L}{dt}+i_L=\frac{U_S}{R}$$

利用分离变量法求得

$$i_L=\frac{U_S}{R}(1-e^{-\frac{R}{L}t})=\frac{U_S}{R}-\frac{U_S}{R}e^{-t/\frac{L}{R}}=\frac{U_S}{R}-\frac{U_S}{R}e^{-t/\tau} \tag{4-13}$$

电感上的零状态响应电压为

$$u_L=L\frac{di_L}{dt}=U_Se^{-\frac{t}{\tau}} \tag{4-14}$$

电感上的零状态响应曲线如图 4-12 所示。

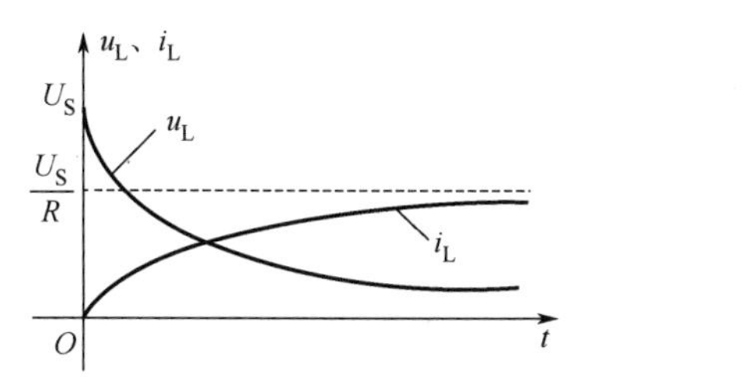

图 4-12　一阶 RL 电路的零状态响应曲线

在式(4-13)中，$\frac{U_S}{R}$是电路进入新的稳定状态时的电流值，称其为“稳态分量”；$\frac{U_S}{R}e^{-t/\frac{L}{R}}$将随时间按指数规律衰减，最后为零，称其为“暂态分量”。暂态分量衰减的快慢取决于因子L/R，令$\tau = L/R$，称为RL电路的时间常数，单位仍然是秒。τ越大，暂态分量衰减得越慢，过渡过程就越长。与一阶 RC 电路一样，一般认为在经过5τ的时间以后，过渡过程即视为结束。

【例 4-6】 电路如图 4-11 所示，已知$U_S = 40V$，$R = 20\Omega$，$L = 5H$，开关 S 闭合前电感未储能，在$t = 0$时开关 S 闭合。求：t分别等于 0、τ、∞时电路的电流$i(t)$及电感元件上的电压$u_L(t)$。

解：根据已知条件可知

$$\tau = \frac{L}{R} = \frac{5}{20} = 0.25(s)$$

（1）$t = 0$时，$i(0) = i(0_+) = i(0_-) = 0$

根据式（4-14）得　$$u_L = U_S e^{-\frac{t}{\tau}} = 40e^{-\frac{0}{0.25}} = 40(V)$$

因为电感原先未储能，所以$t = 0$时电感相当于开路。

（2）$t = \tau$时，$i(\tau) = \frac{U_S}{R}(1 - e^{-t/\tau}) = \frac{40}{20}(1 - e^{-1}) = 1.264(A)$

$$u_L(\tau) = U_S e^{-\frac{t}{\tau}} = 40e^{-1} = 40 \times 0.368 = 14.72(V)$$

（3）$t = \infty$时，$i(\infty) = \frac{U_S}{R}(1 - e^{-t/\tau}) = \frac{40}{20}(1 - e^{-\infty}) = \frac{40}{20} \times 1 = 2(A)$

$$u_L(\infty) = U_S e^{-\frac{t}{\tau}} = 40e^{-\infty} = 40 \times 0 = 0(V)$$

2. 一阶 RL 电路的零输入响应

如图 4-13（a）所示的一阶 RL 电路，换路前，电感中的电流为$I_0 = \frac{U_S}{R_1}$，电感中储存一定的能量。在$t = 0$时，开关 S 由位置 1 拨向位置 2 处，下面分析自开关闭合后至电路进入新的稳定状态这段时间内电感中的电流i_L和电压u_L的变化规律。

1）定性分析

换路后的电路如图 4-13（b）所示，在开关转换瞬间，由于电感电流不能突变，即

$i_L(0_+) = i_L(0_-) = I_0$，此时电阻端的电压 $u_R(0_+) = I_0R$。根据 KVL 可知，电感上的电压立即从换路前的零值突变为 I_0R。换路后，随着电阻不断地消耗能量，电流 i_L 将不断地减小，u_R 与 u_L 也将不断地减小，直至为零，过渡过程结束，电路进入一个新的稳定状态。

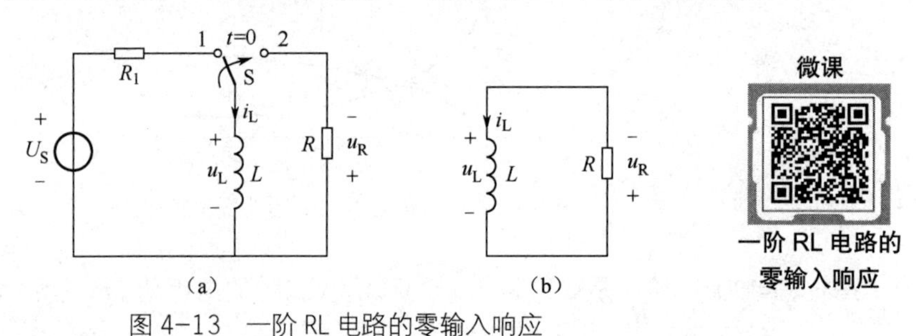

图 4-13　一阶 RL 电路的零输入响应

2）定量分析

电路中各电压、电流的参考方向如图 4-13（b）所示，电路的 KVL 方程为

$$u_L + u_R = 0$$

由欧姆定律 $u_R = Ri_L$ 和电感上的伏安特性 $u_L = L\dfrac{di_L}{dt}$ 得

$$\frac{L}{R}\frac{di_L}{dt} + i_L = 0$$

利用分离变量法求得

$$i_L = I_0 e^{-t/\frac{L}{R}} = \frac{U_S}{R_1} e^{-t/\frac{L}{R}} \tag{4-15}$$

电感上的零输入响应电压为

$$u_L = L\frac{di_L}{dt} = -I_0 R e^{-t/\frac{L}{R}} = -\frac{U_S}{R_1} R e^{-t/\frac{L}{R}} \tag{4-16}$$

电感上的零输入响应曲线如图 4-14 所示。电压、电流均以相同的指数规律变化，变化的快慢取决于 L/R。和电感的零状态响应一样，把 $\tau = L/R$ 称为电路的时间常数。τ 越大，各电路变量衰减得越慢，过渡过程越长。

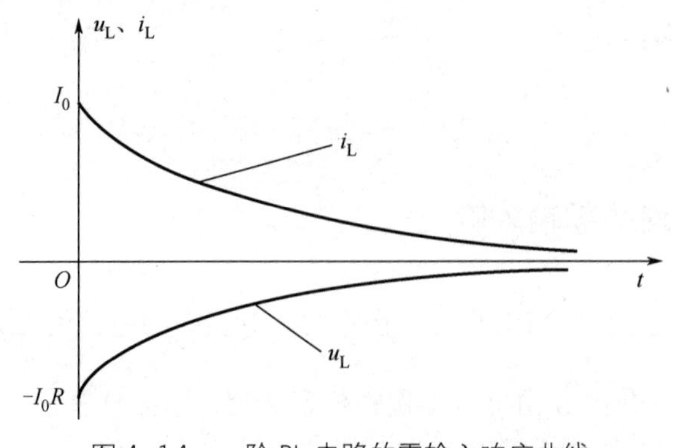

图 4-14　一阶 RL 电路的零输入响应曲线

【例 4-7】 电路如图 4-15 所示，电路原先处于稳定状态，$t = 0$ 时，断开开关 S。求：电感电流 $i_L(t)$ 和电感电压 $u_L(t)$。

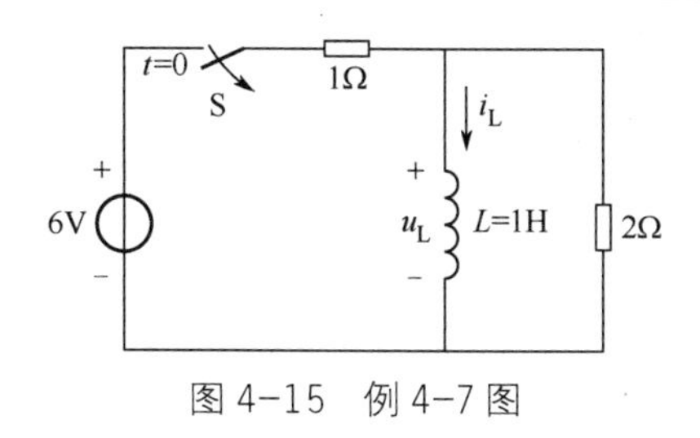

图 4-15　例 4-7 图

解：设所求变量的参考方向如图 4-15 所示，换路前，电路已达到稳定状态，电感对直流信号相当于短路，即

$$i_L(0_-)=\frac{6}{1}=6(\mathrm{A})$$

根据换路定律，有

$$i_L(0_+)=i_L(0_-)=6(\mathrm{A})$$

电路的时间常数

$$\tau=\frac{L}{R}=\frac{1}{2}=0.5(\mathrm{s})$$

换路后，电路属于零输入响应电路，则

$$i_L(t)=I_0\mathrm{e}^{-\frac{t}{\tau}}=6\mathrm{e}^{-\frac{t}{0.5}}=6\mathrm{e}^{-2t}(\mathrm{A})$$

根据欧姆定律可知

$$u_L(t)=2i_L(t)=12\mathrm{e}^{-2t}(\mathrm{V})$$

演示文稿

一阶电路的全响应

任务 4　一阶电路的全响应

任务导入：由储能元件的初始储能和独立电源共同引起的响应称为全响应。对于线性电路，其全响应可以应用叠加定理，把它看成零输入响应和零状态响应的叠加。本任务以 RC 串联电路为例，介绍一阶电路全响应的分析方法。

微课

一阶电路的全响应

在如图 4-16 所示电路中，开关 S 闭合前电容已被充电，即 $u_C(0_+)=u_C(0_-)=U_o$。t=0 时开关闭合，电路与直流电源接通。电路的响应由外施激励 U_S 和初始电压 U_o 共同作用产生，电路属于全响应。

因为电路的激励有两种，一种是外施激励，另一种是储能元件（电容或电感）的初始储能，根据线性电路的叠加性，即全响应 = 零输入响应 + 零状态响应，因此，图 4-16 电路中的全响应可分解为如图 4-16（a）所示的零输入响应和图 4-16（b）所示的零状态响应。

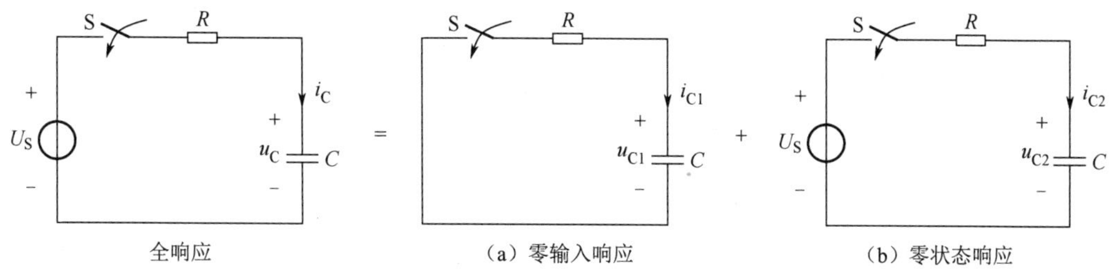

图 4-16　RC 串联电路全响应

电容两端的电压$u_C(t)$的全响应可表示为

$$u_C(t)=u_{C1}(t)+u_{C2}(t)=U_o e^{-t/\tau}+U_S(1-e^{-t/\tau}) \tag{4-17}$$

可见，求解全响应，即求解电路的零输入响应和零状态响应之和。

将式（4-17）改写成另一种形式为

$$u_C(t)=U_S+(U_o-U_S)e^{-t/\tau} \tag{4-18}$$

上式中第一项是随时间的增长而稳定存在的分量，称为稳态响应；第二项是随时间的增长最终衰减为零的分量，称为暂态响应。则

全响应 = 稳态响应（强制分量）+ 暂态响应（自由分量）

于是，全响应又可分为稳态响应和暂态响应。全响应无论怎样分解，都是为了分析方便而人为做出的分解，电路的实质是，换路前的电路处于一种能量状态，换路后的电路处于另一种能量状态，过渡过程就是电路从一种能量状态向另一种能量状态的转换过程。

【例 4-8】 如图 4-17 所示电路，已知$U_S=10\text{V}$，$R=10\text{k}\Omega$，$C=0.1\mu\text{F}$，$u_C(0_-)=-4\text{V}$，$t=0$时开关 S 闭合，求$t\geqslant 0$时的电容电压u_C。

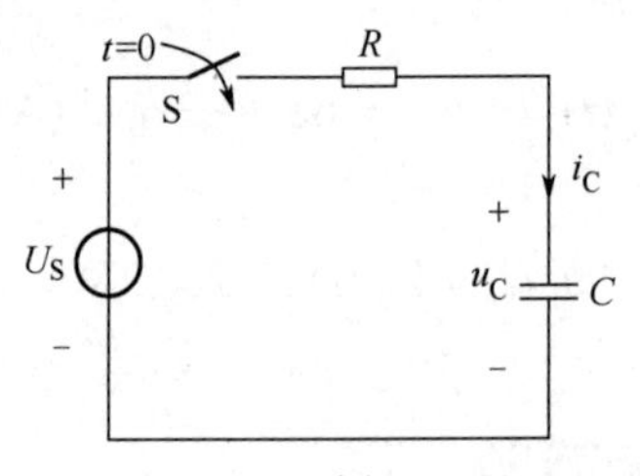

图 4-17 例 4-8 图

解：（1）$U_S=0\text{V}$时，$U_o=u_C(0_+)=u_C(0_-)=-4(\text{V})$，电路为零输入响应电路。

电路的时间常数为

$$\tau=RC=10\times10^3\times0.1\times10^{-6}=10^{-3}(\text{s})$$

根据式（4-17）可得

$$u_{C1}=U_o e^{-\frac{t}{\tau}}=-4e^{-1000t}(\text{V})$$

（2）在$u_C(0_+)=u_C(0_-)=0\text{V}$时，外加激励$U_S=10\text{V}$，电路为零状态响应。根据式（4-17）可得

$$u_{C2}=U_S(1-e^{-\frac{t}{\tau}})=10(1-e^{-1000t})(\text{V})$$

因此

$$u_C=U_o e^{-\frac{t}{\tau}}+U_S(1-e^{-\frac{t}{\tau}})=-4e^{-1000t}+10(1-e^{-1000t})=(10-14e^{-1000t})(\text{V})$$

上面介绍了 RC 串联电路全响应的分析方法，对于 RL 串联电路，其分析方法与之完全相同，在此不再重复。总之，如果电路中仅有一个储能元件（L 或 C），电路的其他部分由电阻和独立电源连接而成，则这种电路仍然是一阶电路，在求解这类电路时可以将储能元件以外的部分应用戴维南定理进行等效化简，从而使整个电路仍然变成 RC 或 RL 串联电路的形式，然后便可利用上述方法求得储能元件的电流和电压。在此基础上，结合欧姆定律和 KCL、KVL 还可以进一步求出原电路中其他部分的电流和电压。

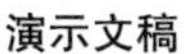

一阶电路的三要素分析法

微课

一阶电路的三要素分析法

任务 5　一阶电路的三要素分析法

任务导入：通过一阶 RC 及 RL 电路过渡过程的分析，我们发现，一阶电路的动态过程通常是：电路变量由初始值向新的稳态值过渡，并且按照指数规律逐渐趋向新的稳态值，而过渡的快慢取决于时间常数 τ。因此，我们把初始值、稳态值、时间常数 τ 称为一阶动态电路的三要素。下面介绍一种求解一阶电路暂态过程的简便方法——三要素法。

由式（4-18）可知一阶电路的全响应应为

$$u_C(t)=U_S+(U_o-U_S)e^{-t/\tau}$$

其一般形式为

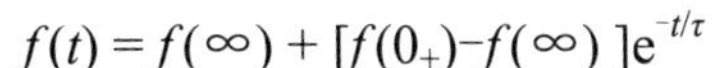

$$f(t)=f(\infty)+[f(0_+)-f(\infty)]e^{-t/\tau} \quad (4\text{-}19)$$

一阶线性电路的全响应由稳态值 $f(\infty)$、初始值 $f(0_+)$和时间常数 τ 三个特征值组成，这些特征值称为一阶电路的三要素。

1）三要素法公式

对于任何一阶电路中任意处的电压或电流，均可用三要素法进行分析，三要素法的公式为

$$f(t)=f(\infty)+[f(0_+)-f(\infty)]e^{-t/\tau}$$

式中，$f(t)$ ——电路中任意处的电压或电流；

$f(\infty)$ ——电压或电流的稳态值；

$f(0_+)$——换路瞬间电压或电流的初始值；

τ ——电路的时间常数。

微课

稳态值的计算

2）三要素法解题步骤

（1）确定电压或电流初始值 $f(0_+)$。

关键点：利用 L、C 元件的换路定律，画出 t=0_+的等效电路。

（2）求电压或电流的稳态值 $f(\infty)$。

关键点：电路达到稳态时 L 用短路线代替，C 视为开路。

（3）确定时间常数 τ 的值。

关键点：在 RC 电路中，$\tau=RC$；在 RL 电路中，$\tau=L/R$。其中，R 是将电路中所有独立源置零后，从 C 或 L 两端看进去的等效电阻，即戴维南等效电路中的 R_o。

【例 4-9】 在如图 4-18 所示的电路中，$U_S=10\text{V}$，$R_1=2\text{k}\Omega$，$R_2=3\text{k}\Omega$，$L=4\text{mH}$，开关 S 闭合前，电路处于稳态，求 S 闭合后流过电感的电流 i_L。

解：（1）确定初始值。因为开关 S 闭合前电路处于稳态，电感相当于短路，所以有

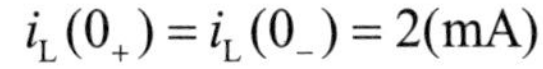

$$i_L(0_-)=\frac{U_S}{R_1+R_2}=\frac{10}{(2+3)\times10^3}=2(\text{mA})$$

根据换路定律，有　$i_L(0_+)=i_L(0_-)=2(\text{mA})$

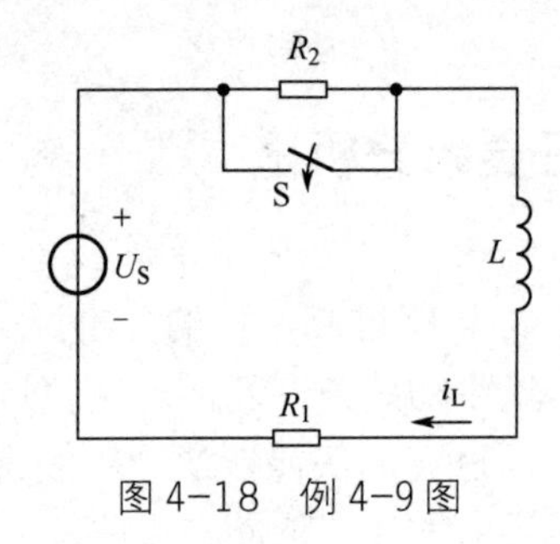

图 4-18　例 4-9 图

（2）确定稳态值。开关 S 闭合后，R_2 被短路。电路处于稳态时，电感相当于短路，所以有

$$i_L(\infty)=\frac{U_S}{R_1}=\frac{10}{2\times10^3}=5(\text{mA})$$

（3）确定时间常数。

$$\tau=\frac{L}{R}=\frac{4\times10^{-3}}{2\times10^3}=2\times10^{-6}(\text{s})$$

（4）根据一阶电路过渡过程的通解可得

$$i_L(t)=i_L(\infty)+\left[i_L(0_+)-i_L(\infty)\right]e^{-\frac{t}{\tau}}=5+(2-5)e^{-\frac{t}{2\times10^{-6}}}=(5-3e^{-5\times10^5 t})(\text{mA})$$

【例 4-10】在如图 4-19 所示电路中，$U_S=90\text{V}$，$R_1=30\Omega$，$R_2=60\Omega$，$C=0.1\text{F}$，电容上原有电压 $U_0=30\text{V}$，$t=0$ 时开关 S 闭合，求 S 闭合后 $u_C(t)$ 和 $i_1(t)$。

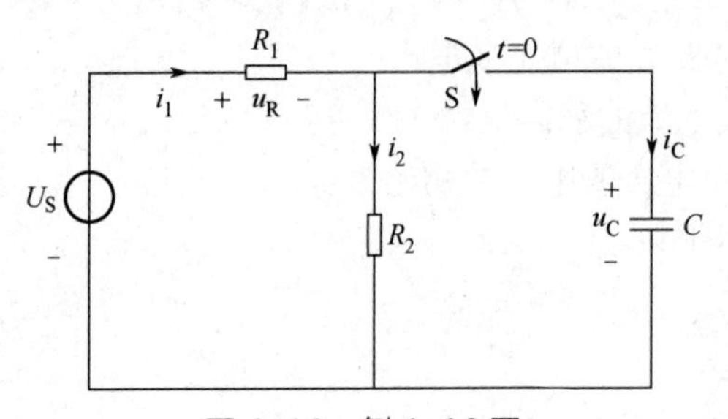

图 4-19　例 4-10 图

解：（1）确定初始值。

$$u_C(0_+)=u_C(0_-)=U_0=30(\text{V})$$

$$i_1(0_+)=\frac{U_S-U_0}{R_1}=\frac{90-30}{30}=2(\text{A})$$

（2）确定稳态值。电路达到稳态后，电容可看作断路，则

$$u_C(\infty)=\frac{U_S}{R_1+R_2}\times R_2=\frac{90}{30+60}\times60=60(\text{V})$$

$$i_1(\infty)=\frac{U_S}{R_1+R_2}=\frac{90}{30+60}=1(\text{A})$$

（3）时间常数。

$$\tau=\frac{R_1\times R_2}{R_1+R_2}\times C=\frac{30\times60}{30+60}\times0.1=2(\text{s})$$

（4）根据三要素法写出表达式。

$$u_C(t)=u_C(\infty)+[u_C(0_+)-u_C(\infty)]e^{-\frac{t}{\tau}}=60+(30-60)e^{-\frac{t}{2}}=(60-30e^{-0.5t})(V)$$

$$i_1(t)=i_1(\infty)+[i_1(0_+)-i_1(\infty)]e^{-\frac{t}{\tau}}=1+(2-1)e^{-\frac{t}{2}}=(1+e^{-0.5t})(A)$$

项目 2　简单低通滤波电路的设计

一、设计目的

- ✧ 能正确设计简单低通滤波电路的模型；
- ✧ 能合理选择器件；
- ✧ 能正确连接电路并检测电路故障。

二、设备选型

符　　号	名　　称	规格型号	数　　量
R	电阻	160Ω	1（个）
C	电容	1.0μF	1（个）
	导线		若干

三、设计思路

滤波器是频率选择电路，只允许输入信号中的某些频率成分通过，而阻止其他频率成分到达输出端。也就是说，在所有的频率成分中，只有某些频率成分可以经过滤波器到达输出端。

低通滤波器只允许输入信号中较低频率的分量通过，而阻止较高频率的分量通过。一阶无源 RC 低通滤波电路如图 4-20 所示，由一个电阻和一个与输出并联的电容 C 组成。当输入是直流时，因此时电容电抗无限大，故输出电压等于输入电压。当输入频率增加时，电容电抗减小，导致与电容并联的输出 V_{out} 也将逐渐减小。

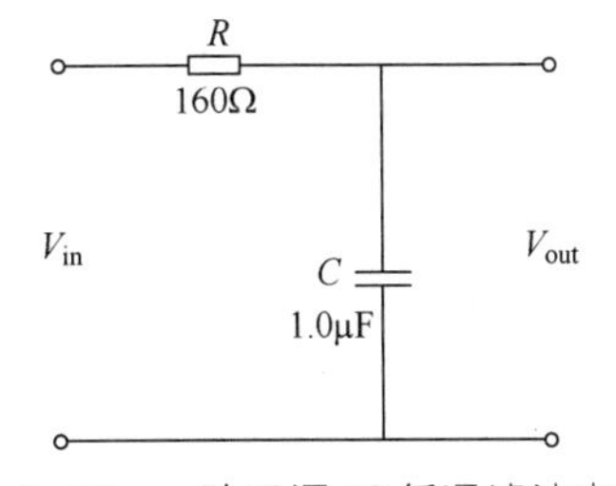

图 4-20　一阶无源 RC 低通滤波电路

四、电路的安装

（1）检测电路中元器件的质量。

（2）安装电路。装配电路板遵循“先低后高，先内后外”的原则。将电路中的所有元器件正确地装入印制电路板的相应位置上，采用单面焊接的方法，无错焊、漏焊和虚焊。元件面上相同元器件的高度应一致。

五、整机调试

（1）输入100Hz正弦频率信号，记录并观察输入信号V_{in}与输出信号V_{out}的幅值。

（2）输入1000Hz正弦频率信号，记录并观察输入信号V_{in}与输出信号V_{out}的幅值。

（3）输入10000Hz正弦频率信号，记录并观察输入信号V_{in}与输出信号V_{out}的幅值。

（4）对比三种不同正弦频率信号作用后的输出结果，得出以下结论：随着输入频率的增加，电容电抗减小，由于电阻不变，而电容电抗减小，根据分压原理，电容两端的电压（输出电压）将随之减小。当输入频率增加到某一值时，电容电抗远小于电阻，输出电压与输入电压相比可忽略不计，这时电路基本上完全阻止了输入信号的输出。

六、项目考核

能力目标	专业技能目标要求	评分标准	配分	得分	备注
硬件安装与接线	1. 能够正确地按照系统设计要求进行元器件的选择、布局和接线 2. 接线牢固，不松动 3. 布线合理、美观	1. 接线松动、露铜芯过长、布线不美观，每处扣0.5分 2. 接线错误，每处扣1分 3. 漏选一个元件，或元件容量选择不匹配，每次扣0.5分 4. 元件质量检测、线路通电前检测，每错1处扣0.5分 5. 元件布置不整齐、不匀称、不合理，每处扣0.5分 6. 损坏元件，每个扣1分	5		扣完为止
元件质量检测	能够根据元件工作原理，正确选用仪表进行元件质量检测，得到质检结果	在元件质量检测过程中，每错检、缺检、漏检一次，酌情扣0.5～3分	5		扣完为止
排除故障	1. 排除故障条理清楚，能正确分析出故障原因 2. 能正确排除系统硬件接线错误 3. 能正确排除器件损件故障现象 4. 通过对系统进行综合调试，能够正确排除系统故障	1. 未能排除故障点，每个故障点扣1分 2. 不会利用电工工具、仪表排除故障，酌情扣分	5		扣完为止

七、项目报告

简单低通滤波电路的设计报告

项目名称	
设计目的	
所需器材	
操作步骤	
故障分析	
心得体会	
教师评语	

技能实训　一阶电路暂态过程的研究

一、实训目的

（1）研究 RC 一阶电路零输入响应、零状态响应的规律和特点。

（2）学习一阶电路时间常数的测量方法，了解电路参数对时间常数的影响。

二、原理说明

（1）一阶 RC 电路的零状态响应。

一阶 RC 电路如图 4-21 所示，当开关 S 在原位置时，电路处于零状态（电容没有充电，没有储存电能），当开关 S 拨向位置 2 时，电源通过电阻 R 向电容 C 充电，$u_C(t)$称为零状态响应。

根据一阶电路暂态过程三要素法的一般形式，已知 $u_C(0_+) = 0$，$u_C(\infty)=U_S$，于是有

$$u_C(t) = U_S - U_S e^{-\frac{t}{\tau}} = U_S(1 - e^{-\frac{t}{\tau}}) \tag{4-20}$$

式中，$\tau=RC$。

由式（4-20）可得图 4-22。图 4-22 为电容器充电时电容电压 u_C 的暂态过程曲线。由图 4-22 可知，时间常数 τ 的物理含义如下。

① 若按初始的斜率上升，其到达稳态值的时间为 τ；

② 若按指数规律上升，经过 τ 时间，它到达稳态值的 63.2%；经过 5τ 时间，它到达稳态值的 99.3%，因此一般可认为过渡过程时间为 5τ。

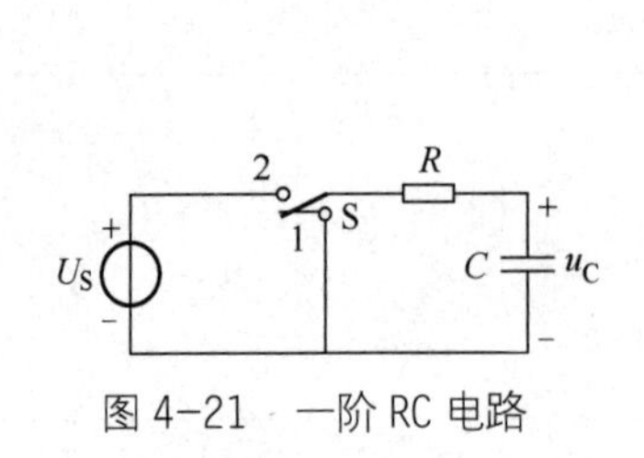

图 4-21　一阶 RC 电路

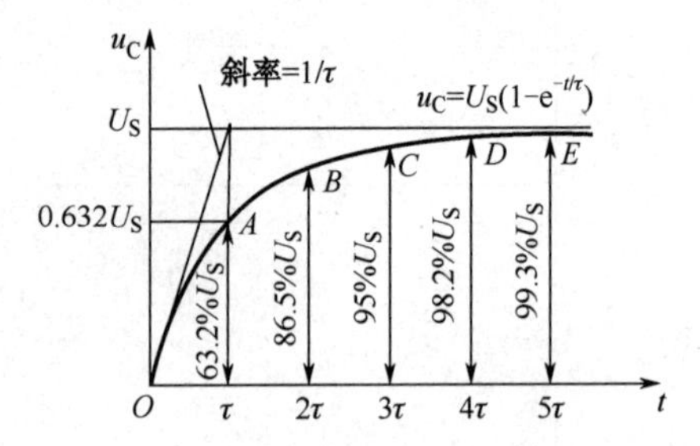

图 4-22　电容器充电时电压 u_C 的暂态过程

（2）一阶 RC 电路的零输入响应。

在图 4-21 中，开关 S 在位置 2 时，待电路稳定后，再合向位置 1 时，电容 C 通过电阻 R 放电，$u_C(t)$称为零输入响应（此时输入的信号电压 U_S=0）。

由物理过程可知，此时 $u_C(0_+)= U_S$，$U_C(\infty)= 0$，代入式（4-19）有

$$u_C(t) = U_S e^{-\frac{t}{\tau}} \tag{4-21}$$

式中，$\tau=RC$。

由式（4-21）可知，它是一条按指数规律衰减的电压曲线，如图 4-23 所示。

由图 4-23 可知，若按初始斜率放电，经过 τ 时间后，电即放完。若按指数规律放电，则经过 5τ 时间后，电压仅为 $0.7\%U_S$，可认为电放完（到达稳态）。

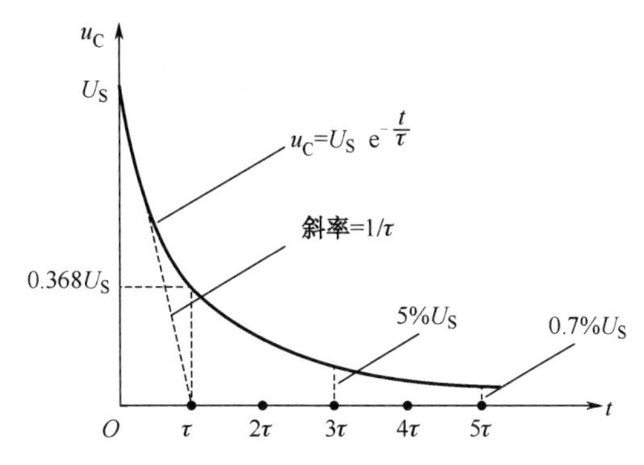

图 4-23　电容器放电时电压 u_c 的暂态过程

（3）测量一阶 RC 电路的时间常数 τ。

为了用普通示波器观察电路的暂态过程，需采用如图 4-24 所示的周期性方波作为电路的激励信号，方波信号的周期为 T，只要满足 $\frac{T}{2} \geqslant 5\tau$，便可在示波器的荧光屏上形成稳定的响应波形。示波器的接线图如图 4-25 所示。

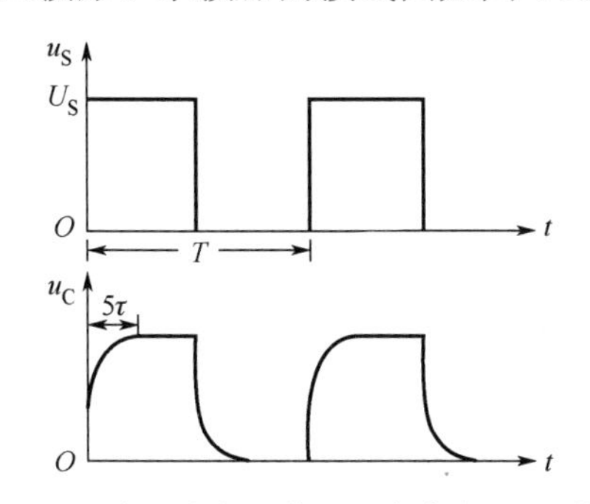

图 4-24　在方波电压作用下电容电压 u_C 的波形图

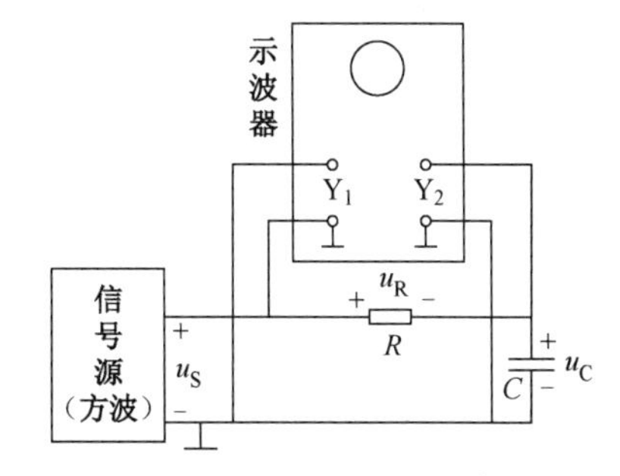

图 4-25　示波器接线图

若设 R=330Ω，C=0.1μF，则 $\tau = RC = 330 \times 0.1 \times 10^{-6} = 3.3 \times 10^{-5}(\text{s})$。

方波的周期可根据 $T/2 \geqslant 5\tau$ 计算，即 $T \geqslant 10\tau$。

$f = \frac{1}{T} \leqslant \frac{1}{10\tau} = \frac{1}{10 \times 3.3 \times 10^{-5}} \approx 3(\text{kHz})$。本实训取 f=1kHz。

如图 4-24 所示为波形图，由双踪示波器的 Y1 探头可得到方波电压波形，由此可读得方波电压的周期 T。由双踪示波器的 Y2 探头可得到电容电压 u_C 的波形，由此可读得暂态（5τ）的时间，并由此可推算出时间常数 τ。

（4）在如图 4-21 所示的电路中，用电感 L（L=15mH）取代电容 C，如图 4-26 所示，由于电感中的电流 i 不能突变，同样由三要素法可得出电路电流的暂态方程。

将 $i(0_+) = 0$，$i(\infty) = \frac{U_S}{R}$ 代入式（4-20）可得

$$i = \frac{U_S}{R} - \frac{U_S}{R}e^{-\frac{t}{\tau}} = \frac{U_S}{R}(1 - e^{-\frac{t}{\tau}}) \tag{4-22}$$

式中，$\tau=\dfrac{L}{R}$。

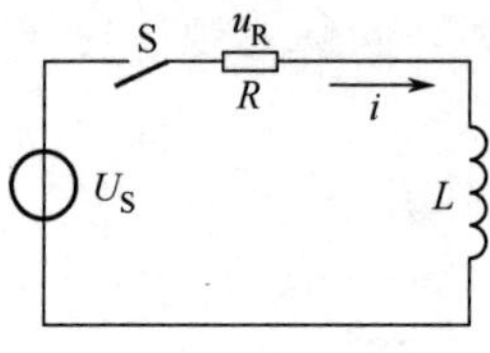

图 4-26　一阶 RL 电路

由式（4-22）可得

$$u_R = iR = U_S(1-e^{-\frac{t}{\tau}}) \tag{4-23}$$

$$u_L = U_S - u_R = U_S e^{-\frac{t}{\tau}} \tag{4-24}$$

若设 $R=330\Omega$，电感 $L=15\text{mH}$，其电阻 $R_L=1.2\Omega$，则

$$\tau=\frac{L}{R+R_L}=\frac{15\times10^{-3}}{330+1.2}\approx4.5\times10^{-5}(\text{s})$$

三、实训设备

（1）YL—GD 装置中的函数信号发生器（方波输出端）（含频率计）。

（2）YL—GD 单元 R2、C4、L1、SB2。

（3）万用表。

四、实训内容

（1）按图 4-21 所示完成接线，其中 R=330Ω（单元 R2），C=0.1μF（单元 C4），双踪示波器 Y_1 和 Y_2 的公共端均接地线端。信号发生器接方波输出口，公共端为接地端。

（2）调节方波发生器的幅值，使 U_S=5.0V，f = 1.0kHz（T = 1.0ms），调节示波器，使波形适中且清晰。

（3）记录下方波与 u_C 的波形，并由此估算出 τ 的值。

（4）将 R 与 C 位置互换（因 Y_1 与 Y_2 必须有公共端），记录 u_R 的波形。

（5）在图 4-25 所示电路中，以电感 L（L=15mH）取代电容 C，保持方波电压不变，重复步骤（3），记录方波与 u_L 的波形，并由此估算出 τ 的值。

（6）将 R 与 L 位置互换，记录 u_R 的波形。

五、实训注意事项

（1）双踪示波器两个探头的公共端必须是同一电位。

（2）电感本身也具有电阻 R_L，计算时间常数 τ 时，应将 R_L 计入。

六、实训报告要求

（1）在一张坐标纸上，以上中下三个图同时对照画出方波电压 U_S、电容电压 u_C 及电

阻电压 u_R 三条波形曲线，分析三者之间的关系，并由图推算出时间常数 τ 的值。

（2）在一张坐标纸上，以上中下三个图同时对照画出方波电压 U_S、电感电压 u_L 及电阻电压 u_R 三条波形曲线，并由图推算出时间常数 τ 的值。

本情境小结

一、电路的过渡过程

1. 过渡过程

电路由一个稳态过渡到另一个稳态需要经历的过程，过渡过程也称为暂态过程。

2. 过渡过程发生必须满足下列三个条件

（1）电路中至少需要有一个动态元件。
（2）电路需要换路。
（3）换路后的瞬间，电容电压、电感电流的值不等于新的稳态值。

3. 换路

换路包括开关的断、合；电路的开路、短路；电路结构突变；元件参数变化；激励源改变等。

4. 研究过渡过程的意义

防止出现过电压、过电流等情况。

5. 研究过渡过程的方法

（1）经典法——解微分方程（时域分析法）。
（2）运算法——拉普拉斯变换（频域分析法）。（本书略）
（3）数值法——求解微分方程组（计算机辅助分析）。（本书略）

二、换路定律

1. 内容

（1）若 i_C 为有限值，则换路前后 u_C 保持不变。
（2）若 u_L 为有限值，则换路前后 i_L 保持不变。

2. 公式

$$u_C(0_+)=u_C(0_-) \qquad i_L(0_+)=i_L(0_-)$$

说明：t=0 是指换路时刻；t=0_-是指换路前最终时刻；t=0_+是指换路后最初时刻。

三、初始值的计算

（1）先求独立初始值$u_C(0_+)$和$i_L(0_+)$（根据换路定律求解）。

（2）画出$t=0_+$时刻的等效电路，其中，电容用电压源$u_C(0_+)$代替，电感用电流源$i_L(0_+)$代替。

（3）在画出的等效电路中求相关初始值。

四、一阶电路的零输入响应

1. RC 电路的零输入响应

$$u_C(t)=u_C(0_+)e^{-\frac{1}{\tau_C}t} \quad (t\geqslant 0)$$

式中，$u_C(0_+)$——电容电压初始值；

$\tau_C=RC$——RC 电路的时间常数。

2. RL 电路的零输入响应

$$i_L(t)=i_L(0_+)e^{-\frac{t}{\tau_L}} \quad (t\geqslant 0)$$

式中，$i_L(0_+)$——电感电流初始值；

$\tau_L=\frac{L}{R}$——RL 电路的时间常数。

五、直流激励下一阶电路的零状态响应

1. RC 电路的零状态响应

$$u_C(t)=u_C(\infty)(1-e^{-\frac{t}{\tau_C}}) \quad (t\geqslant 0)$$

式中，$u_C(\infty)$——电容电压稳态值；

$\tau_C=RC$——RC 电路的时间常数。

2. RL 电路的零状态响应

$$i_L(t)=i_L(\infty)(1-e^{-\frac{t}{\tau_L}}) \quad (t\geqslant 0)$$

式中，$i_L(\infty)$——电感电流稳态值；

$\tau_L=\frac{L}{R}$——RC 电路的时间常数。

六、一阶电路的全响应

1. 全响应可分解为零输入响应与零状态响应之和

全响应可分解为零输入响应与零状态响应之和，因此，可先分别求出零输入响应和零状态响应，再利用叠加定理求得全响应。

（1）RC 电路的全响应：

$$u_C(t)=u_C(0_+)e^{-\frac{t}{\tau_C}}+u_C(\infty)(1-e^{-\frac{t}{\tau_C}})\quad (t\geqslant 0)$$

（2）RL 电路的全响应：

$$i_L(t)=i_L(0_+)e^{-\frac{t}{\tau_L}}+i_L(\infty)(1-e^{-\frac{t}{\tau_L}})\quad (t\geqslant 0)$$

2．全响应 = 稳态响应（强制分量）+ 暂态响应（自由分量）

根据一阶电路响应的三要素法公式：

$$f(t)=f(\infty)+[f(0_+)-f(\infty)]\,e^{-t/\tau}\quad (t\geqslant 0)$$

得

（1）RC 电路的全响应：

$$u_C(t)=\left[u_C(0_+)-u_C(\infty)\right]e^{-\frac{t}{\tau_C}}+u_C(\infty)\quad (t\geqslant 0)$$

（2）RL 电路的全响应：

$$i_L(t)=\left[i_L(0_+)-i_L(\infty)\right]e^{-\frac{t}{\tau_L}}+i_L(\infty)\quad (t\geqslant 0)$$

因此，可先分别求出一阶电路各响应的三要素，再利用三要素法求得全响应。

说明：三要素法公式不仅适用于全响应，也适用于零输入响应和零状态响应，具有普遍适用性。

练习与提高

1．电路如图 4-27 所示，设开关 S 闭合前电路处于稳定状态，t=0 时，开关闭合，试求：电容电压和电容电流的初始值 $u_C(0_+)$ 和 $i_C(0_+)$。

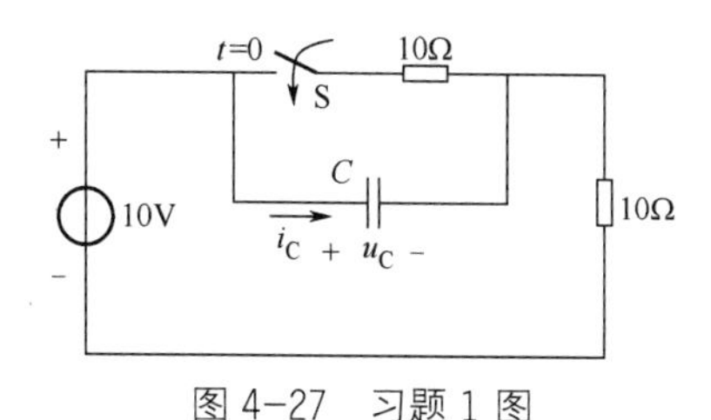

图 4-27　习题 1 图

2．电路如图 4-28 所示，设开关 S 断开前电路处于稳定状态，试求 S 断开时电感电压和电感电流的初始值 $u_L(0_+)$ 和 $i_L(0_+)$。

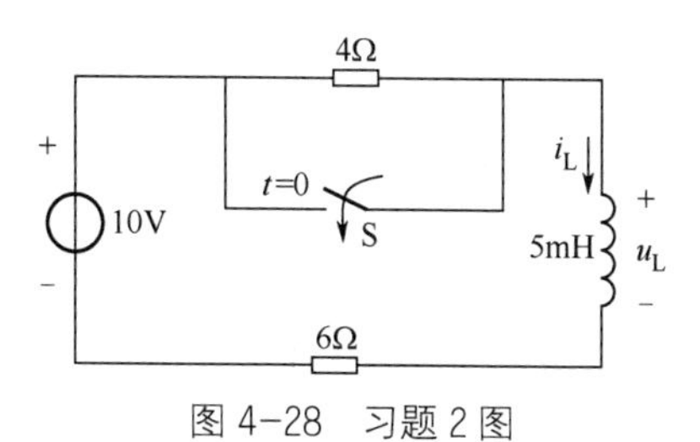

图 4-28　习题 2 图

3．电路如图 4-29 所示，设开关 S 断开前电路处于稳定状态，试求 S 断开时电容电压和电容电流的初始值 $u_C(0_+)$ 和 $i_C(0_+)$。

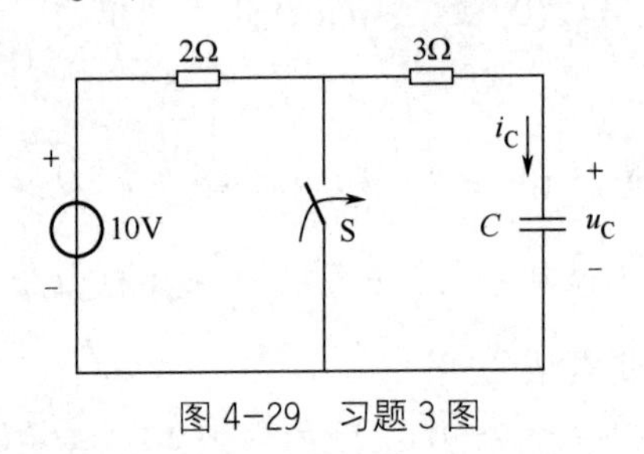

图 4−29　习题 3 图

4．电路如图 4-30 所示，设开关 S 断开前电路处于稳定状态，试求 S 断开时电感电压和电感电流的初始值 $u_L(0_+)$ 和 $i_L(0_+)$。

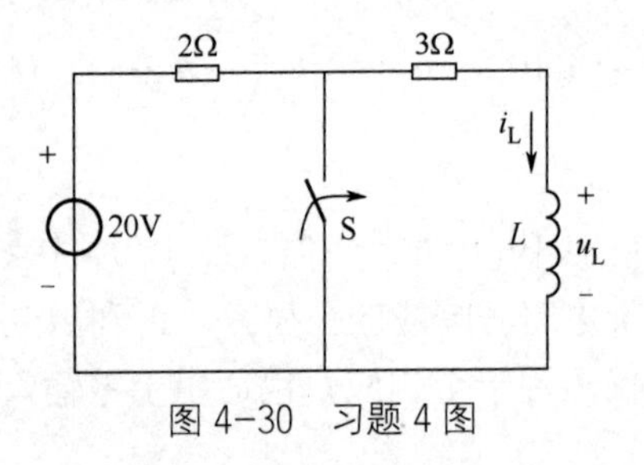

图 4−30　习题 4 图

5．电路如图 4-31 所示，设开关 S 闭合前电路处于稳定状态，t=0 时，合上开关，试求：电感电流 $i_L(t)$ 和电感电压 $u_L(t)$。

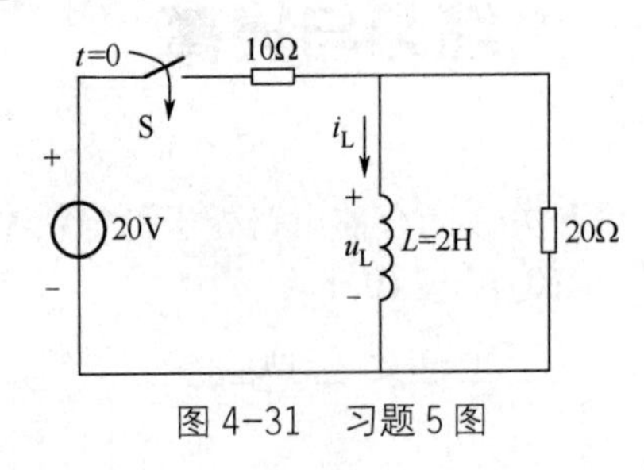

图 4−31　习题 5 图

6．电路如图 4-32 所示，设开关 S 闭合前电路处于稳定状态，t=0 时，开关闭合，试求：电容电压 $u_C(t)$ 和电容电流 $i_C(t)$。

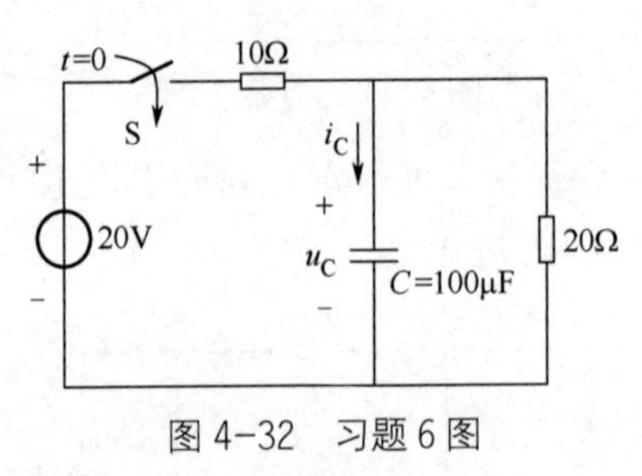

图 4−32　习题 6 图

7．电路如图 4-33 所示，已知 U_S=10V，R_1=R_2=4Ω，R_3=8Ω，L=1H，t<0 时，$i_L(0_-)$=1A，当 t=0 时，开关闭合，当 t≥0 时，求 $i_L(t)$的全响应。

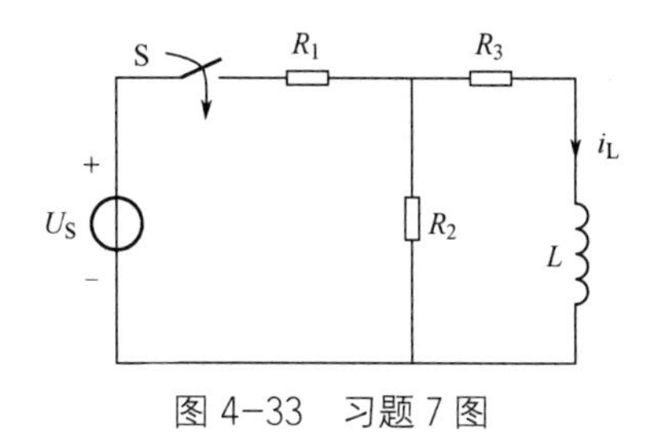

图 4-33　习题 7 图

8．电路如图 4-34 所示，已知 U_S=120V，R_1=250Ω，R_2=500Ω，C=10μF，电路原先处于稳定状态，开关 S 在 t=0 时断开，求 $u_C(t)$及 $i_C(t)$。

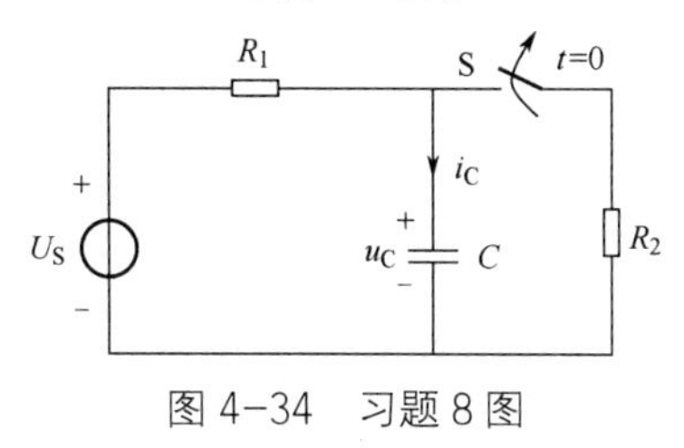

图 4-34　习题 8 图

9．电路如图 4-35 所示，设电路原先处于稳定状态，t=0 时，开关 S 由位置 1 拨向位置 2。试求：当 t>0 时的电容电压 $u_C(t)$ 。

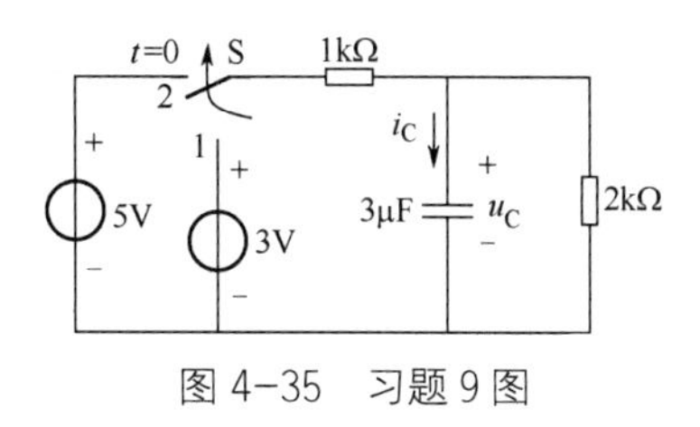

图 4-35　习题 9 图

10．电路如图 4-36 所示，电容初始储能为 100V，t=0 时开关闭合，应用三要素法求开关 S 闭合后的 $u_C(t)$ 和 $i_1(t)$ 。

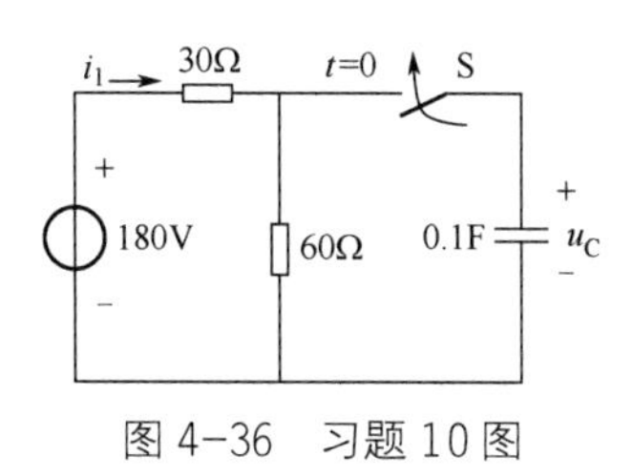

图 4-36　习题 10 图

11．电路如图 4-37 所示，换路前电路处于稳定状态，t=0 时开关 S 闭合，应用三要素法求电感电流 $i_L(t)$ 和电感电压 $u_L(t)$ 。

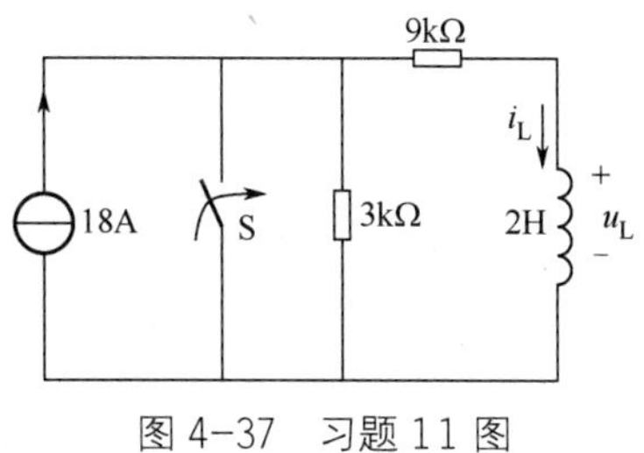

图 4-37　习题 11 图

12．电路如图 4-38 所示，换路前电路已处于稳定状态，t=0 时，开关由位置 1 拨向位置 2，试用三要素法求 t>0 时的电流 $i_1(t)$ 和 $i_2(t)$。

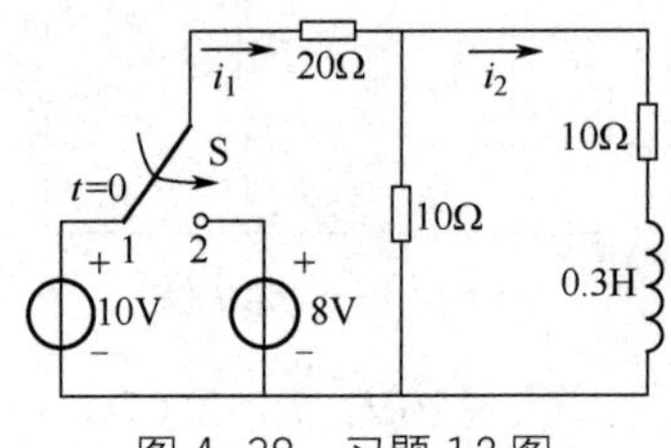

图 4-38　习题 12 图

学习情境 5

日光灯照明电路的设计

本学习情境主要围绕日光灯照明电路的设计与制作展开，重点介绍正弦交流电路的基本知识、正弦量的相量表示法、理想元件在正弦电路中的特性、复阻抗和复导纳的概念等。教学难点是以基尔霍夫定律为基本定律，学会由 R、L、C 组成的正弦电路的参数分析方法、三相交流电路的产生及分析方法、谐振电路发生的条件和特点以及如何提高功率因数。在具备以上知识与技能的基础上，完成日光灯照明电路的设计。

知识目标

1．掌握正弦交流电的三要素及其相量表示方法
2．掌握由电阻、电感、电容组成的正弦交流电路的特性
3．掌握串并联谐振电路的特点
4．掌握正弦交流电路的分析方法
5．掌握功率及功率因数的概念
6．掌握三相交流电的概念及特点
7．掌握三相电源和三相负载的连接方式
8．掌握三相对称电路的分析与计算方法
9．掌握三相电路中功率的计算方法

技能目标

1．能用功率表、电压表、电流表等仪表测量交流电路的参数
2．能用示波器观测正弦交流电产生的波形
3．能根据要求对电路进行设计及安装

项目 1 正弦交流电路分析

任务 1 正弦交流电路的基本知识

演示文稿

正弦交流电路的基本知识

微课

正弦交流电的产生

任务导入：前面介绍的电路都是直流电路，在直流电路中电压与电流的大小和方向都不随时间变化，但在现代工农业生产和日常生活中广泛应用的是一种大小和方向随时间按一定规律作周期性变化且在一个周期内平均值为零的周期电流或电压，称为交流电流或交流电压，简称交流电。如图 5-1 所示为直流电和几种交流电的波形。

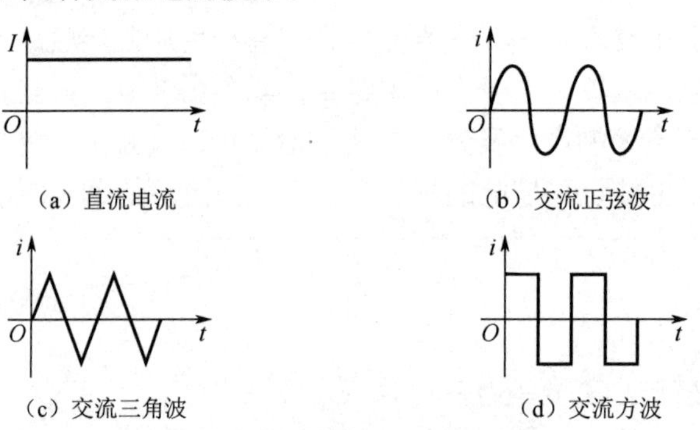

（a）直流电流　（b）交流正弦波　（c）交流三角波　（d）交流方波

图 5-1　直流电和交流电的波形

何为正弦交流电？哪些场合需要使用正弦交流电呢？下面我们就来认识一下正弦交流电。

1. 正弦量的三要素

在日常生活中，照明灯、电视机、冰箱和空调等采用的都是正弦交流电。正弦交流电就是大小和方向都随时间按正弦规律作周期性变化的电流或电压，统称正弦量。正弦交流电与直流电相比具有很多优点。

（1）便于传输。利用变压器可以将正弦交流电压方便地进行升高和降低，既简单灵活，又经济实惠。

（2）便于运算。同频率正弦量的加减及对时间的导数和积分仍是同频率的正弦量。

（3）有利于电气设备的运行。正弦量变化平滑，在正常情况下不会引起过电压而破坏电气设备的绝缘性能，同时可以减少电气设备运行中的能量损耗。

以正弦交流电流为例，其一般解析式为

$$i(t) = I_{\mathrm{m}} \sin(\omega t + \varphi_{\mathrm{i}}) \tag{5-1}$$

式中，I_{m} 为正弦交流电的幅值（最大值），ω 为角频率，φ_{i} 为初相位。

由式（5-1）可知，要准确地表达一个正弦量，必须具备 3 个要素，即幅值 I_{m}、角频率 ω

和初相位 φ_i。因此，将幅值、角频率、初相位称为正弦量的三要素。如图 5-2 所示为正弦交流电流的波形。

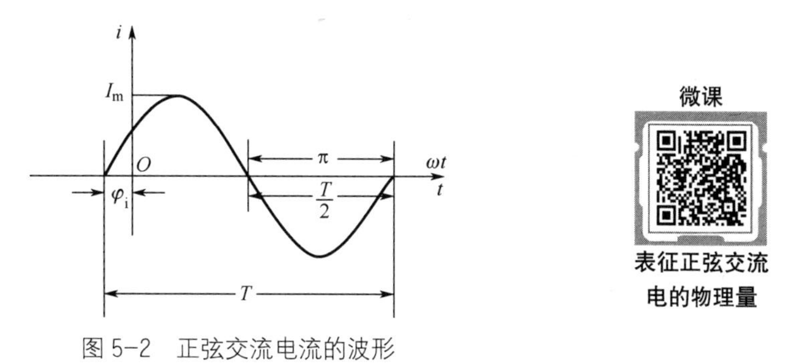

图 5-2　正弦交流电流的波形

1）幅值与有效值

在如图 5-2 所示的正弦交流电流波形图中，正弦量在一个周期内瞬时值中的最大值称为幅值，也叫最大值或峰值，用大写字母加下标 m 表示，如用 I_m 表示电流的最大值，用 U_m 表示电压的最大值。

设正弦交流电流 i 通过电阻在一个周期时间内消耗的电能与直流电流 I 通过同样的电阻在相等的时间内消耗的电能相等，则这两个电流（i 与 I）是等效的，于是把这一特定的数值 I 称为交流电流的有效值，用大写字母表示，类似地，可以用 U 表示电压的有效值。

2）周期与频率

周期是指正弦量变化一个循环所需要的时间，用 T 表示，单位是 s（秒）。频率为正弦量每秒内完成循环的次数，用字母 f 表示，单位是 Hz（赫兹）。由定义可知，周期和频率互为倒数，即

$$f=\frac{1}{T} \tag{5-2}$$

角频率指正弦量每秒钟变化的弧度数，用 ω 表示，单位是 rad/s（弧度每秒）。角频率、周期、频率三者的关系为

$$\omega=\frac{2\pi}{T}=2\pi f \tag{5-3}$$

周期、频率和角频率从不同的角度反映了同一个问题，即正弦量随时间变化的快慢程度。

我国和许多其他国家都采用 50Hz 作为国家电力工业标准频率，通常称为工频。日、美等少数国家则采用 60Hz 作为工频。

3）相位与初相位

正弦交流量瞬时值表达式中的 $\omega t+\varphi_i$ 称为相位，是正弦量随时间变化的电角度；t=0 时刻对应的相位称为初相位，用 φ_i 表示，初相位确定了正弦量计时开始的位置（计时起点）。

因正弦量是随时间变化的，要确定一个正弦量还应从计时起点看。所取计时起点不同，初始值就不同，到达幅值或某一特定值所需的时间就不同。初相位可以任意选定，其取值范围为 $-\pi\leqslant\varphi_i\leqslant\pi$。

正弦量的振幅称为它的第一要素，第一要素反映了正弦量的变化范围；角频率（或频率、周期）为正弦量的第二要素，第二要素指出了正弦量随时间变化的快慢程度；初相位是正弦量的第三要素，确定了正弦量计时开始的位置。一个正弦量只要明确了它的三要素，则这个正弦量就是唯一确定的。因此，在表达一个正弦量时，只需要表达出其三要素即可。

【例 5-1】 已知有一正弦量，其最大值为 10A，频率 $f = 50\text{Hz}$，初相位 $\varphi_{\text{i}} = \dfrac{\pi}{4}$，求：

（1）试写出其瞬时值表达式；

（2）求 $t = 2\text{ms}$ 时，电流 i 的瞬时值。

解：（1）根据定义，写出正弦电流的瞬时值表达式为

$$i(t) = I_{\text{m}}\sin(\omega t + \varphi_{\text{i}})$$

因 $\omega = 2\pi f = 2\pi \times 50 = 314(\text{rad/s})$，所以该表达式为

$$i(t) = 10\sin(314t + \frac{\pi}{4})$$

（2）$t = 2\text{ms}$ 时，有

$$i = 10\sin(100\pi \times 2 + \frac{\pi}{4}) = 9.9(\text{A})$$

2．相位差

在应用正弦交流电时，经常会遇到两个同频率的正弦量之间相位不同，这两个同频率正弦量之间的相位之差称为相位差。相位差可以比较两个同频率正弦量之间的相位关系，如超前或滞后、同相或反相。设有两个同频率的正弦交流电流，其波形如图 5-3 所示，两波形的计时起点不同，相位就不同。

微课

相位差的概念

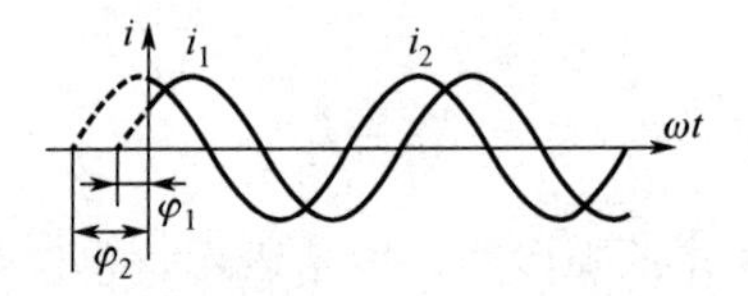

图 5-3　两个正弦量的相位差

设图 5-3 中两电流的解析式为

$$i_1 = I_{\text{m1}}\sin\left(\omega t + \varphi_1\right)$$

$$i_2 = I_{\text{m2}}\sin\left(\omega t + \varphi_2\right)$$

其相位差为

$$\varphi = (\omega t + \varphi_1) - (\omega t + \varphi_2) = \varphi_1 - \varphi_2 \tag{5-4}$$

由图 5-3 可知：

（1）如果 $\varphi = \varphi_1 - \varphi_2 > 0$，称 i_1 超前 i_2 φ 角度，简称 i_1 超前 i_2。

（2）如果 $\varphi = \varphi_1 - \varphi_2 < 0$，称 i_1 滞后 i_2 φ 角度，或 i_2 超前 i_1 φ 角度。

（3）如果 $\varphi = \varphi_1 - \varphi_2 = 0$，称 i_1 与 i_2 同相，简称同相。其特点是：两正弦量同时达到正最大值或同时过零点。

（4）如果 $\varphi = \varphi_1 - \varphi_2 = \pm\dfrac{\pi}{2}$，称 i_1 与 i_2 正交。其特点是：当一个正弦量的值达到最大时，

另一个正弦量的值刚好是零。

（5）如果$\varphi=\varphi_1-\varphi_2=\pm\pi$，称 i_1 与 i_2 反相。其特点是：当一个正弦量为正最大值时，另一个正弦量刚好为负最大值。

【例 5-2】两频率相同的正弦交流电流的瞬时值表达式分别为$i_1=10\cos(\omega t+60°)\text{A}$ 和 $i_2=100\sin(\omega t+40°)\text{A}$，求两个电流之间的相位差，并说明它们之间的相位关系。

解：首先将电流i_1改写成正弦函数，即

$$i_1=10\cos(\omega t+60°)=10\sin(\omega \text{t}+150°)$$

故相位差为

$$\varphi_{12}=\varphi_1-\varphi_2=150°-40°=110°$$

相位关系为电流i_1超前i_2的角度为 110° 。

3．有效值和平均值

1）正弦量的有效值

微课

正弦量的有效值

在交流电路中，正弦量的最大值和瞬时值都不能正确地反映其做功能力，在实际工程中常用有效值来描述各量的大小。有效值是通过电流的热效应来规定的。

由有效值的定义可知

$$\int_0^T i^2R\text{d}t=I^2RT$$

有效值用大写字母表示，即周期性交流电流i的有效值为

$$I=\sqrt{\frac{1}{T}\int_0^T i^2\text{d}t}=\frac{I_\text{m}}{\sqrt{2}}=0.707I_\text{m} \qquad (5\text{-}5)$$

同理可得，周期性交流电压u的有效值为

$$U=\sqrt{\frac{1}{T}\int_0^T u^2\text{d}t}=\frac{U_\text{m}}{\sqrt{2}}=0.707U_\text{m} \qquad (5\text{-}6)$$

有效值在工程中的应用十分广泛，一般情况下人们所说的交流电压或电流的大小以及测量仪表所指示的值都是有效值，交流电动机和电器的铭牌上所标注的额定电压或额定电流也是指有效值，通常所说的民用交流电的电压为 220V，指的也是其电压的有效值。

【例 5-3】某交流电压表测量读数为 220V，这个交流电压的最大值和有效值分别为多少？

解：

有效值 $U=220(\text{V})$

最大值 $U_\text{m}=220\sqrt{2}=311.1(\text{V})$

【例 5-4】已知某交流电流的表达式为$i_1=120\cos(\omega t+60°)\text{A}$，如果用交流电流表测量，则电流表的读数为多少？

解：

$$I=\frac{I_\text{m}}{\sqrt{2}}=\frac{120}{\sqrt{2}}\approx 84.84(\text{A})$$

所以交流电流表的读数为 84.84A。

2）正弦量的平均值

对于周期性交流电，在工程中也会用到其平均值。一个周期内交流量的平均值为零。现规定交流量的平均值是指从零点开始半个周期内的平均值，在图 5-4 中，交流电流 i 和横轴在 $\frac{T}{2}$ 时间内所包围的面积为 $\int_0^{\frac{T}{2}} i\mathrm{d}t$，它表示 $\frac{T}{2}$ 时间内沿同一方向通过导体横截面的电荷量。若再除以时间 $\frac{T}{2}$，则可以得到半个周期内电流的平均值。

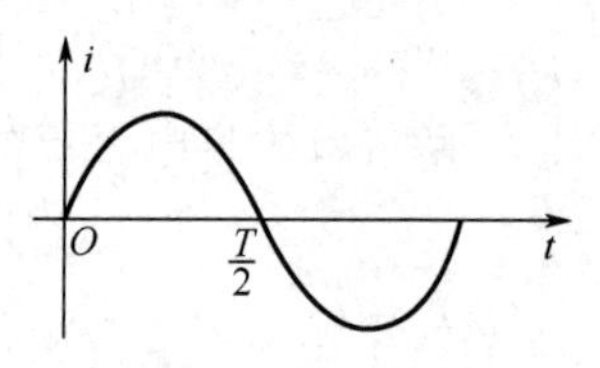

图 5-4　正弦量的平均值

$$I_{\text{av}} = \frac{\int_0^{\frac{T}{2}} i\mathrm{d}t}{\frac{T}{2}} = \frac{2}{T}\int_0^{\frac{T}{2}} i\mathrm{d}t$$

将正弦电流 $i = I_{\text{m}} \sin \omega t$ 代入上式可得

$$I_{\text{av}} = \frac{2}{\pi} I_{\text{m}} \approx 0.637 I_{\text{m}}$$

同理可得

$$U_{\text{av}} = \frac{2}{\pi} U_{\text{m}} \approx 0.637 U_{\text{m}}$$

演示文稿

正弦量的相量表示及运算

任务 2　正弦量的相量表示及运算

任务导入：对正弦交流电路进行分析与计算时，可采用正弦量的解析式三角函数法或波形分析法，但计算量大且烦琐。除此之外，是否有其他简便的方法来分析交流电路呢？本任务将介绍正弦量的另一种表示方法——相量表示法。

1．正弦量的相量表示

1）复数的表示形式

用相量来表示相对应的正弦量的方法称为相量表示法，由于相量本身就是复数，所以这里先简要复习一下复数及其基本运算法则。

一个复数 A 可用下面 4 种形式来表示。

（1）代数式。

$$A = a + \mathrm{j}b \tag{5-7}$$

（2）三角函数式。复数 A 的模为 $|A|$，其值为正，φ 为复数的辐角，则有

$$A = |A|(\cos\varphi + \mathrm{j}\sin\varphi) \tag{5-8}$$

式中

$$|A| = \sqrt{a^2 + b^2}\,,\quad \tan\varphi = \frac{b}{a}\,,\quad \varphi = \arctan\frac{b}{a}$$

微课

正弦量的相量运算

因此有

$$a = |A|\cos\varphi$$
$$b = |A|\sin\varphi$$

（3）指数式。根据欧拉公式，有 $e^{j\varphi}=\cos\varphi+j\sin\varphi$

故

$$A=|A|e^{j\varphi} \tag{5-9}$$

（4）极坐标式。

$$A=|A|\angle\varphi \tag{5-10}$$

极坐标式是复数指数式的缩写。以上讨论的 4 种复数表示形式可以相互转换。其中，$j=\sqrt{-1}$ 为虚数单位。

动画

j 的意义

任意一个正弦量的相量乘以+j 后，即在原相量的基础上逆时针旋转 90°；乘以−j 则顺时针旋转 90°，故称 j 为旋转因子。

2）复数的四则运算

（1）复数的加、减法。

设有复数

$$A_1=a_1+jb_1,\quad A_2=a_2+jb_2$$

则有

$$A=A_1\pm A_2=(a_1+jb_1)\pm(a_2+jb_2)=(a_1\pm a_2)+j(b_1\pm b_2) \tag{5-11}$$

即复数的加、减运算为实部与实部相加、减，虚部与虚部相加、减。复数在进行加、减运算时，一般采用代数式或三角函数式。

复数的加、减运算也可以用几何作图法——平行四边形法求解。如图 5-5（a）、（b）所示分别表示求 A_1+A_2 和 A_1-A_2 的平行四边形法。

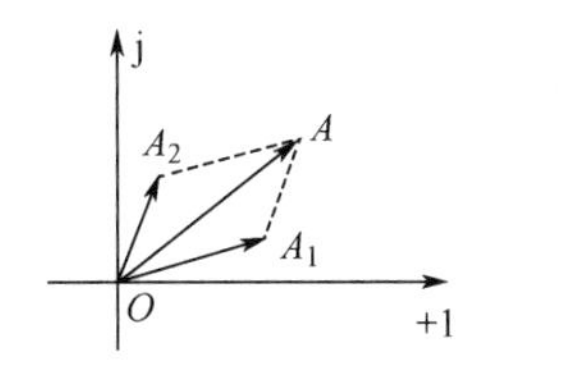

（a）复数加法运算

j　A1　O　+1　A　−A2

（b）复数减法运算

图 5-5　复数的加、减运算图示法（平行四边形法）

（2）复数的乘、除法。

设有复数

$$A_1=|A_1|\angle\varphi_1,\quad A_2=|A_2|\angle\varphi_2$$

则有

$$A=A_1\times A_2=|A_1||A_2|\angle\varphi_1+\varphi_2 \tag{5-12}$$

$$A=\frac{A_1}{A_2}=\frac{|A_1|}{|A_2|}\angle\varphi_1-\varphi_2 \tag{5-13}$$

即复数的乘、除法运算为模与模相乘、除，辐角与辐角相加、减。复数在进行乘、除运算时，一般采用指数式或极坐标式。

【例 5-5】 两个复数分别为 $A_1=10\angle30^\circ$，$A_2=8\angle45^\circ$，试分别对它们做加、减、乘、除运算。

解：

$$\begin{aligned}A_1 + A_2 &= 10\angle 30° + 8\angle 45° \\ &= (10\cos 30° + 10\mathrm{j}\sin 30°) + (8\cos 45° + 8\mathrm{j}\sin 45°) \\ &= (8.66 + \mathrm{j}5) + (5.656 + \mathrm{j}5.656) \\ &= 14.316 + \mathrm{j}10.656\end{aligned}$$

$$\begin{aligned}A_1 - A_2 &= 10\angle 30° - 8\angle 45° \\ &= (10\cos 30° + 10\mathrm{j}\sin 30°) - (8\cos 45° + 8\mathrm{j}\sin 45°) \\ &= (8.66 + \mathrm{j}5) - (5.656 + \mathrm{j}5.656) \\ &= -3.004 - \mathrm{j}0.6156\end{aligned}$$

$$A_1 \times A_2 = 10\angle 30° \times 8\angle 45° = 10 \times 8\angle(30° + 45°) = 80\angle 75°$$

$$\frac{A_1}{A_2} = \frac{10\angle 30°}{8\angle 45°} = \frac{10}{8}\angle(30° - 45°) = 1.25\angle -15°$$

3）正弦量的相量表示法

一个正弦量的瞬时值可以用一个旋转的有向线段在纵轴上的投影值来表示，如图 5-6 所示，在复平面中，把这种反映正弦量大小和初相位的有向线段称为相量，用大写字母上加一个点来表示正弦量的相量，如电流、电压的最大值相量符号分别为$\dot{I}_\mathrm{m}$、$\dot{U}_\mathrm{m}$，有效值相量符号分别为$\dot{I}$、$\dot{U}$。

以极坐标表示法为例，复数的模表示正弦量的大小，复数的辐角表示正弦量的初相位。

微课

正弦量的相量表示法

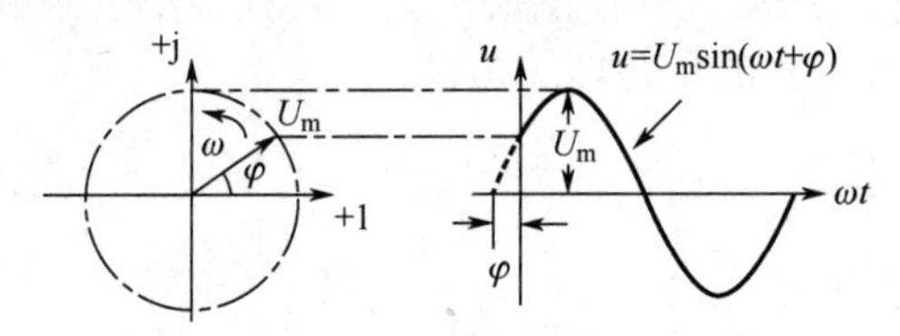

图 5-6　旋转相量图

动画

正弦量和复数的关系

对于正弦量$i = I_\mathrm{m}\sin(\omega t + \varphi_\mathrm{i})$，它的有效值的相量式为

$$\dot{I} = I\angle\varphi_\mathrm{i}$$

它包含了正弦量三要素中的两个要素——有效值（大小）和初相位（计时起点），没有体现频率（变化快慢）这一要素。这是因为在实际的稳态电路中，各处的频率相等且保持不变，故可用相量法对电路进行分析和计算。

用相量法表示时有几点注意事项。

（1）只有正弦量才能用相量表示，非正弦量不可以。

（2）相量只是表示正弦量，而不等于正弦量。

（3）只有同频率的正弦量才能画在一张相量图上，不同频率的正弦量不可以画在一张相量图上。

【例 5-6】 电路如图 5-7 所示，已知$i_1 = 12.7\sqrt{2}\sin(314\,t + 30°)\mathrm{A}$，$i_2 = 11\sqrt{2}\sin(314t - 60°)\mathrm{A}$，用相量法求 i。

解：

$$\dot{I}_1 = 12.7\angle 30°\mathrm{A}$$

$$\dot{I}_2 = 11\angle -60°\mathrm{A}$$

图 5-7　例 5-6 图

$$\begin{aligned}\dot{I} &= \dot{I}_1 + \dot{I}_2 = 12.7\angle 30° + 11\angle -60° \\ &= 12.7(\cos 30° + \mathrm{j}\sin 30°) + 11(\cos 60° - \mathrm{j}\sin 60°) \\ &= 16.5 - \mathrm{j}3.18 = 16.8\angle -10.9°\mathrm{A}\end{aligned}$$

$$i = 16.8\sqrt{2}\sin(314t - 10.9°)\mathrm{A}$$

【例 5-7】有两个同频率的正弦电压，其解析式为$u_1 = 50\sqrt{2}\sin(\omega t + 60°)\mathrm{V}$和$u_2 = 50\sqrt{2}\sin(\omega t - 60°)\mathrm{V}$，求它们的和$u = u_1 + u_2$。

解：用相量法表示u、u_1和u_2，有

$$\dot{U} = U\angle\varphi_{\mathrm{u}}，\quad \dot{U}_1 = 50\angle 60°，\quad \dot{U}_2 = 50\angle -60°$$

则

$$\begin{aligned}\dot{U} &= \dot{U}_1 + \dot{U}_2 = 50\angle 60° + 50\angle -60° \\ &= (25 + \mathrm{j}25\sqrt{3}) + (25 - \mathrm{j}25\sqrt{3}) \\ &= 50 + \mathrm{j}0 \\ &= 50\angle 0°\mathrm{V}\end{aligned}$$

因此

$$u = u_1 + u_2 = 50\sqrt{2}\sin\omega t\mathrm{V}$$

【例 5-8】已知两个频率都为 1000Hz 的正弦电流，其相量形式分别为$\dot{I}_1 = 100\angle -30°\mathrm{A}$，$\dot{I}_2 = 10\mathrm{e}^{\mathrm{j}60°}\mathrm{A}$，求$i_1$、$i_2$。

解：

$$\omega = 2\pi f = 2\pi \times 1000 = 6280\mathrm{rad/s}$$

$$i_1 = 100\sqrt{2}\sin(6280t - 30°)\mathrm{A}$$

$$i_2 = 10\sqrt{2}\sin(6280t + 60°)\mathrm{A}$$

2．相量形式的基尔霍夫定律

1）相量形式的 KCL

基尔霍夫电流定律同样适用于交流电路，即任意时刻流过电路中任一节点或闭合面的各电流瞬时值的代数和等于零。

$$\sum i = 0$$

在正弦交流电路中，各电流均为同频率的正弦量，而每一个正弦量都可以用对应的相量来表示，因此上述电流瞬时值用相量表示为

$$\sum \dot{I} = 0$$

$$\sum \dot{I}_{\mathrm{m}} = 0 \qquad (5\text{-}14)$$

式（5-14）就是 KCL 的相量形式。它表明任意时刻流经任一节点的电流相量的代数和等于零。

2）相量形式的 KVL

同理，KVL 也适用于交流电路，即任意时刻在电路的任一回路中各电压的瞬时值的代数和恒等于零。

$$\sum u = 0$$

将电压的瞬时值用相量表示为

$$
\begin{aligned}
\sum \dot{U} &= 0 \\
\sum \dot{U}_{\mathrm{m}} &= 0
\end{aligned}
\tag{5-15}
$$

式（5-15）就是 KVL 的相量形式。它表明任意时刻沿任一闭合回路绕行一周，各段电压相量的代数和等于零。

3．参考相量

为了简化正弦交流电路的分析和计算，常假设某一正弦量的初相位为零，该正弦量叫作参考正弦量，其相量形式称为参考相量。如图 5-8 所示为选电压为参考相量。

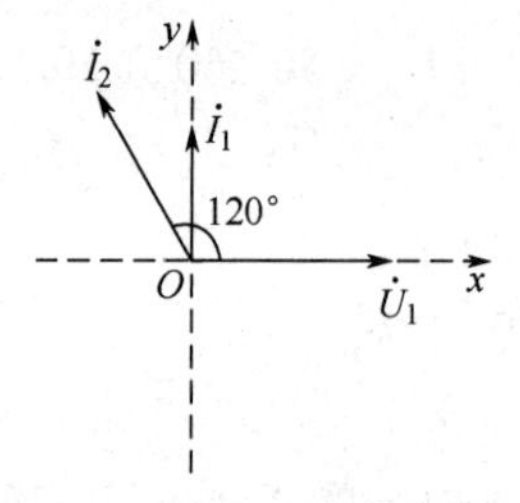

图 5-8　选电压为参考相量

任务 3　理想元件在正弦电路中的特性

演示文稿

理想元件在正弦电路中的特性

任务导入：电阻、电容、电感是使用最广泛的三种负载元件，在交流电路中，由于电流、电压随时间变化，故电感元件中的磁场也随之不断变化而产生感应电动势，电容元件中的电压也随之不断变化引起电荷移动而形成电流。电阻、电容和电感元件在正弦交流电路中的特性与直流电路不同，其电压、电流之间有何关系？负载吸收功率情况如何？吸收功率的大小与哪些量有关？下面分别对三种元件所在的电路进行讨论。

1．纯电阻正弦交流电路

1）电阻元件的伏安关系

如图 5-9（a）所示为正弦交流电路中的线性电阻元件，电阻两端的电压和电流采用关联参考方向。设电阻中流过的正弦电流瞬时值表达式为

$$i_{\mathrm{R}} = I_{\mathrm{Rm}} \sin(\omega t + \varphi_{\mathrm{i}})$$

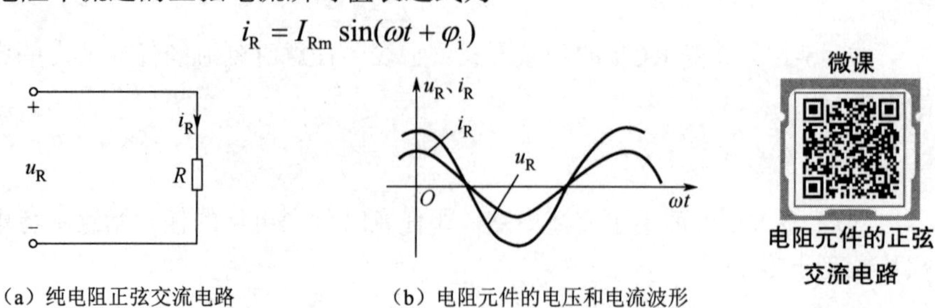

（a）纯电阻正弦交流电路　　（b）电阻元件的电压和电流波形

图 5-9　电阻元件的伏安关系

微课

电阻元件的正弦交流电路

根据欧姆定律可得

$$u_{\mathrm{R}}=i_{\mathrm{R}}R=I_{\mathrm{Rm}}R\sin(\omega t+\varphi_{\mathrm{i}})=U_{\mathrm{Rm}}\sin(\omega t+\varphi_{\mathrm{u}})$$

其中

$$U_{\mathrm{Rm}}=I_{\mathrm{Rm}}R$$

$$\varphi_{\mathrm{u}}=\varphi_{\mathrm{i}}$$

电压有效值与电流有效值之间的关系为

$$U_{\mathrm{R}}=I_{\mathrm{R}}R$$

$$\varphi_{\mathrm{u}}=\varphi_{\mathrm{i}}$$

综上所述，纯电阻正弦交流电路满足如下关系。

（1）电阻元件两端的电压与流过的电流是同频率的正弦量。

（2）电压有效值与电流有效值之间的关系为$U_{\mathrm{R}}=I_{\mathrm{R}}R$。

（3）在关联参考方向下，电压与电流同相，相位差为零。其波形如图 5-9（b）所示。

2）相量形式的伏安关系

由于u_{R}和i_{R}为同一频率的正弦量，因此可以用对应的相量来表示，相量模型和相量图如图 5-10 所示。

电流相量可表示为

$$\dot{I}_{\mathrm{R}}=I_{\mathrm{R}}\angle\varphi_{\mathrm{i}}$$

电压相量可表示为

$$\dot{U}_{\mathrm{R}}=U_{\mathrm{R}}\angle\varphi_{\mathrm{u}}=RI_{\mathrm{R}}\angle\varphi_{\mathrm{i}}$$

则电阻元件上电压与电流的相量关系为

$$\dot{U}_{\mathrm{R}}=\dot{I}_{\mathrm{R}}R \tag{5-16}$$

式（5-16）与欧姆定律相似，但它在表示了电阻上电压与电流大小关系的同时，又表示了它们之间的相位关系，因此把式（5-16）称为相量形式的欧姆定律。

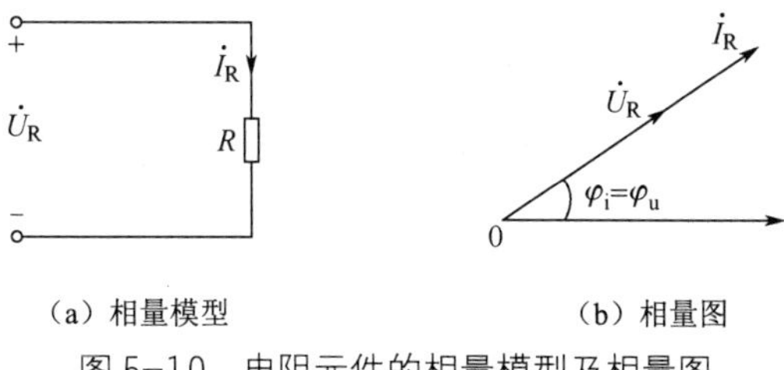

（a）相量模型　　（b）相量图

图 5-10　电阻元件的相量模型及相量图

由上述讨论可知，在正弦稳态电路中，电阻上电压与电流的瞬时值、最大值、有效值及相量关系均服从欧姆定律，且电压与电流同相位。

3）电阻元件的功率

在关联参考方向下，交流电路中任意瞬间电阻元件上的电压与电流的乘积称为该元件的瞬时功率，用小写字母 p 表示，为方便起见，设电阻上电流的初相位为零，则正弦交流电路中电阻元件的瞬时功率为

$$\begin{aligned}p&=u_R i_R\\&=\sqrt{2}U_R\sin\omega t\cdot\sqrt{2}I_R\sin\omega t\\&=2U_R I_R\sin^2\omega t\\&=U_R I_R(1-\cos 2\omega t)\end{aligned}$$

瞬时功率的波形如图 5-11 所示。

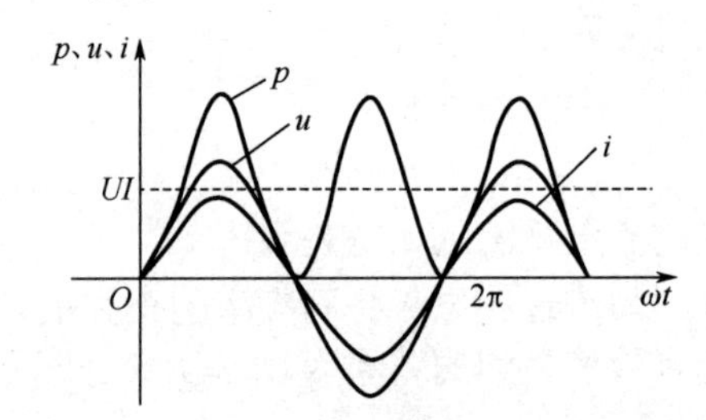

图 5-11　电阻元件的瞬时功率波形

无论是从表达式还是从波形图中都可以看出，电阻上的瞬时功率也呈周期性变化，频率是电阻端电压或电流的 2 倍。从波形图中还可以看出任意时刻电阻吸收的功率都不小于零，即 $p\geqslant 0$，说明电阻总是消耗电能，是耗能元件。

在工程应用中常采用功率的平均值，即平均功率（也叫有功功率），用大写字母 P 表示。周期性交流电路中的平均功率是瞬时功率在一个周期内的平均值，正弦交流电路中电阻元件的平均功率为

$$\begin{aligned}P&=\frac{1}{T}\int_0^T p\mathrm{d}t\\&=\frac{1}{T}\int_0^T U_R I_R(1-\cos 2\omega t)\mathrm{d}t\\&=\frac{U_R I_R}{T}\int_0^T(1-\cos 2\omega t)\mathrm{d}t\\&=U_R I_R\\&=I_R^2 R\\&=\frac{U_R^2}{R}\end{aligned}\tag{5-17}$$

平均功率的单位也是瓦特（W），但平均功率与直流电路中的功率其本质不同，式（5-17）中的 U_R 和 I_R 均为有效值。电气设备铭牌上的功率值均为平均功率，如灯泡的功率为 100W、电饭煲的功率为 700W。

【例 5-9】将电阻值为 50Ω 的电阻接在电压为 $u=100\sqrt{2}\sin(\omega t+60°)\text{V}$ 的电源上，求：（1）通过电阻的电流 i_R 和 I_R；（2）电阻消耗的功率 P。

解：（1）电压 u 的相量形式为

$$\dot{U}=100\angle 60°\text{V}$$

根据相量形式的欧姆定律可得

$$\dot{I}_R=\frac{\dot{U}}{R}=\frac{100\angle 60°}{50}=2\angle 60°\text{A}$$

所以

$$I_R=2\text{A}$$

$$i_R = 2\sqrt{2}\sin(\omega t + 60°)\text{A}$$

（2）电阻消耗的功率为

$$P = UI_R = 100 \times 2 = 200\text{W}$$

2. 纯电容正弦交流电路

1）电容元件的伏安关系

电容元件是实际电容器的理想化模型，电容器由两块平行的金属极板构成，在外电源的作用下，电容器的两个极板分别储存等量的异性电荷而形成电场，电容器的储能本领用电容量表示。

如图 5-12（a）所示为正弦交流电路中的电容元件，电容两端的电压和电流采用关联参考方向。设电容两端电压的初相位为零，则瞬时值表达式为

$$u_C = U_{Cm}\sin\omega t$$

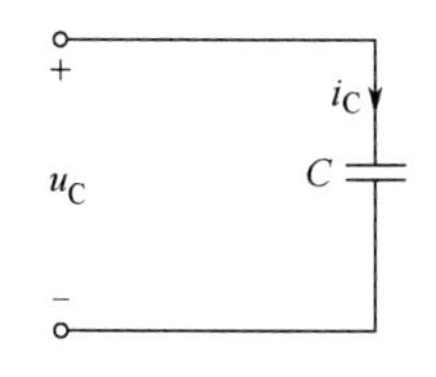

（a）纯电容正弦交流电路

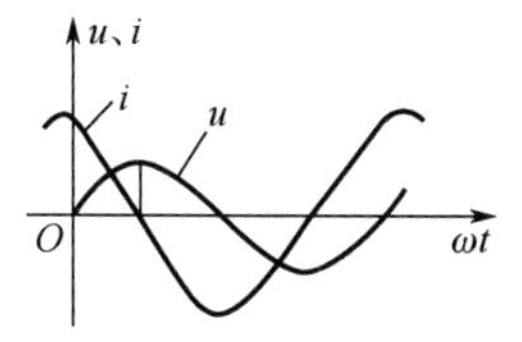

（b）电容元件的电压和电流波形

图 5-12　电容元件的伏安关系

根据伏安特性可得

$$\begin{aligned} i_C &= C\frac{\mathrm{d}u_C}{\mathrm{d}t} = C\frac{\mathrm{d}(U_{Cm}\sin\omega t)}{\mathrm{d}t} \\ &= U_{Cm}\omega C\cos\omega t = U_{Cm}\omega C\sin(\omega t + 90°) \\ &= I_{Cm}\sin(\omega t + \varphi_i) \end{aligned}$$

微课

电容元件的正弦交流电路

其中

$$I_{Cm} = \omega C U_{Cm}$$

$$\varphi_i = \frac{\pi}{2}$$

用有效值表示上述电压与电流的关系为

$$I_C = \omega C U_C$$

$$\varphi_i = \varphi_u + \frac{\pi}{2}$$

由以上分析可知，u_C 与 i_C 为同频率的正弦量，其频率由电源频率决定，且存在如下关系。

（1）电流有效值与电压有效值之间的关系。

$$I_C = \frac{U_C}{\frac{1}{\omega C}} = \frac{U_C}{X_C}$$

$$X_C = \frac{1}{\omega C} = \frac{1}{2\pi f C}$$

式中，X_C为容抗，单位为欧姆（Ω），表示电容元件在交流电路中对电流的阻碍作用。在电压一定的条件下，容抗X_C越大，电路中电流I_C越小，且容抗的大小取决于电容C及电源频率f，并与它们成反比。在电压U及电容C一定的条件下，电流I_C和容抗X_C随频率f变化的特性曲线如图5-13所示。

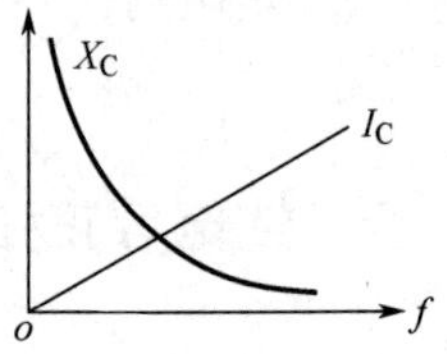

注意：当$f\to 0$时，$X_C\to\infty$，所以在直流电路中X_C为无穷大，电容相当于断路。当f增大时，$X_C\to 0$，所以频率很高时，信号易于通过电容。

图5-13　I_C、X_C与f的关系

（2）相位关系。电容上的电压滞后电流90°，或者说电流超前电压90°，它们的波形如图5-12（b）所示。

2）相量形式的伏安关系

由于u_C和i_C为同一频率的正弦量，因此可以用对应的相量来表示，其相量模型如图5-14（a）所示。

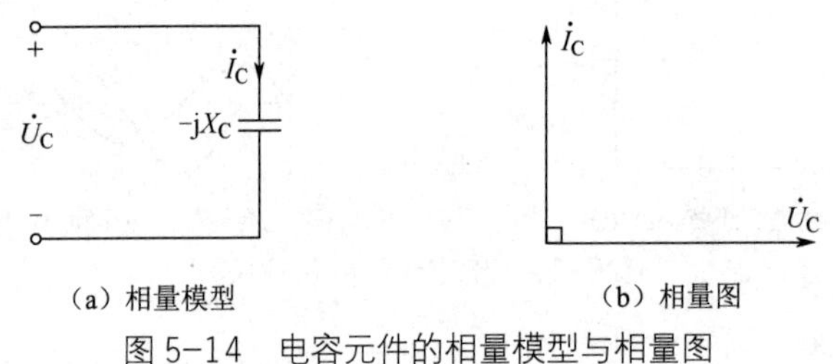

（a）相量模型　（b）相量图

图5-14　电容元件的相量模型与相量图

电流相量可表示为

$$\dot{I}_C = I_C\angle\varphi_i$$

电压相量可表示为

$$\dot{U}_C = U_C\angle\varphi_u = X_C I_C\angle(\varphi_i - 90°) = X_C\dot{I}_C\angle -90° \tag{5-18}$$

式（5-18）为电容元件上电压与电流的相量关系式，它既表示出电压有效值与电流有效值之间的关系，又表示出电压与电流的相位关系。其电压与电流的相量图如图5-14（b）所示。

3）电容元件的功率

（1）瞬时功率。设电容上电压的初相位为零，在关联参考方向下，$u_C = \sqrt{2}U_C\sin\omega t$，$i_C = \sqrt{2}I_C\sin(\omega t + 90°)$，电容上的瞬时功率为

$$\begin{aligned} p_C &= u_C i_C \\ &= \sqrt{2}I_C\sin(\omega t + 90°)\cdot\sqrt{2}U_C\sin\omega t \\ &= U_C I_C\sin 2\omega t \end{aligned}$$

瞬时功率的波形如图5-15所示。

由此可见，电容上的瞬时功率也是正弦量，且频率是其电压或电流频率的2倍。

（2）平均功率（有功功率）。电容元件的平均功率为瞬时功率在一个周期内的平均值，即

$$P_{\mathrm{C}}=\frac{1}{T}\int_{0}^{T}p_{\mathrm{C}}\mathrm{d}t=\frac{1}{T}\int_{0}^{T}U_{\mathrm{C}}I_{\mathrm{C}}\sin 2\omega t\mathrm{d}t=0$$

电容元件的平均功率为零，说明电容元件不消耗电能，是一个储能元件。

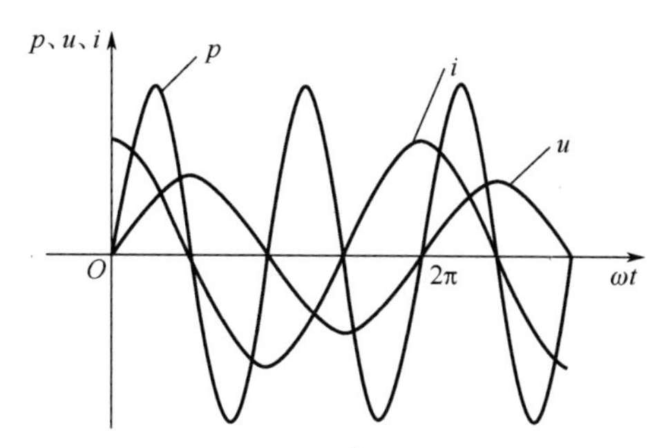

图 5-15　电容元件的瞬时功率波形

由图 5-15 可以看出，在电压变化的第一个$\frac{1}{4}$周期内，$p>0$，元件吸收功率；第二个$\frac{1}{4}$周期内，$p<0$，元件发出功率；第三个$\frac{1}{4}$周期内，$p>0$，元件吸收功率；第四个$\frac{1}{4}$周期内，$p<0$，元件发出功率。这说明电容是储能元件，在一个周期内电容与它的外电路进行两次能量交换，且吸收的能量等于释放的能量，电容虽然不断地与外电路进行能量交换，但不消耗电能，所以其平均功率为零。

（3）无功功率。尽管电容元件上的平均功率为零，但瞬时功率并不为零。将电容元件上瞬时功率的最大值定义为无功功率，它表示电源能量与电场能量交换的规模，用符号 Q_{C} 表示，单位为乏（var）。

$$Q_{\mathrm{C}}=U_{\mathrm{C}}I_{\mathrm{C}}=I_{\mathrm{C}}^{2}X_{\mathrm{C}}=\frac{U_{\mathrm{C}}^{2}}{X_{\mathrm{C}}}=\omega CU_{\mathrm{C}}^{2}$$

3．纯电感正弦交流电路

微课

电感元件的正弦交流电路

1）电感元件的伏安关系

如图 5-16（a）所示为正弦交流电路中的电感元件，电感两端的电压和电流采用关联参考方向。设流过电感的正弦电流初相位为零，则瞬时值表达式为

$$i_{\mathrm{L}}=I_{\mathrm{Lm}}\sin\omega t$$

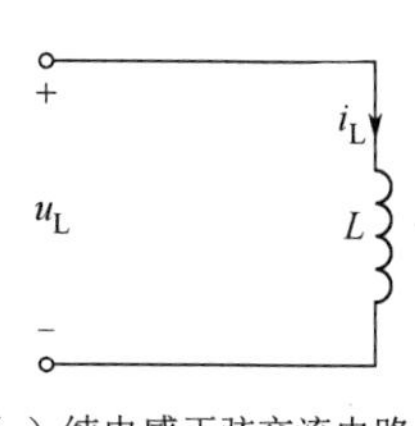

（a）纯电感正弦交流电路

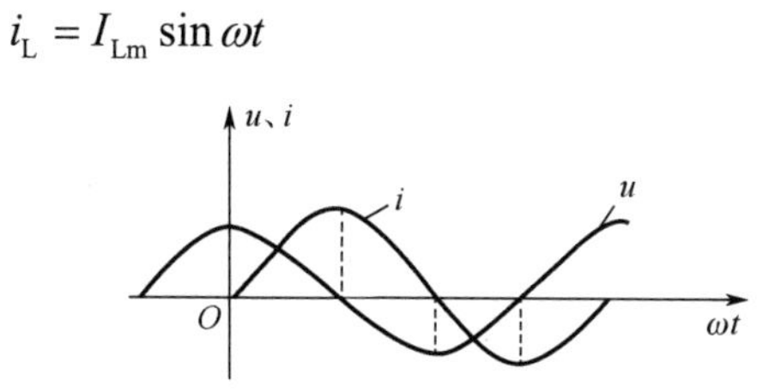

（b）电感元件的电压和电流波形

图 5-16　电感元件的伏安关系

根据伏安特性可得

$$u_{\mathrm{L}}=L\frac{\mathrm{d}i_{\mathrm{L}}}{\mathrm{d}t}=\omega LI_{\mathrm{Lm}}\cos\omega t=\omega LI_{\mathrm{Lm}}\sin(\omega t+\frac{\pi}{2})=U_{\mathrm{Lm}}\sin(\omega t+\varphi_{\mathrm{u}})$$

其中

$$U_{\mathrm{Lm}}=\omega LI_{\mathrm{Lm}}$$

$$\varphi_{\mathrm{u}}=\frac{\pi}{2}$$

用有效值表示上述电压与电流的关系为

$$U_{\mathrm{L}}=\omega LI_{\mathrm{L}}$$

$$\varphi_{\mathrm{u}}=\varphi_{\mathrm{i}}+\frac{\pi}{2}$$

由以上分析可知，u_{L} 与 i_{L} 为同频率的正弦量，其频率由电源频率决定，且存在如下关系。

（1）电流有效值与电压有效值之间的关系。

$$U_{\mathrm{L}}=\omega LI_{\mathrm{L}}=X_{\mathrm{L}}I_{\mathrm{L}}$$

$$X_{\mathrm{L}}=\omega L=2\pi fL$$

式中，X_{L} 为感抗，单位为欧姆（Ω），表示电感元件在交流电路中对电流的阻碍作用。在电压一定的条件下，感抗 X_{L} 越大，电路中电流 I_{L} 越小，且感抗的大小取决于电感 L 及电源频率 f，并与它们成正比。在电压 U 及电感 L 一定的条件下，电流 I_{L} 和感抗 X_{L} 随频率 f 变化的特性曲线如图 5-17 所示。

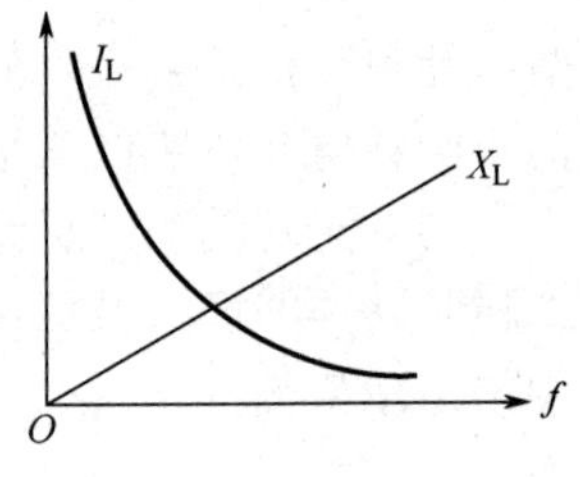

图 5-17　I_{L}、X_{L} 与 f 的关系

注意：当 $f=0$ 时，$X_{\mathrm{L}}=0$，所以电感元件在直流电路中相当于短路。

（2）相位关系。电感上的电压超前电流 90°，或者说电流滞后电压 90°，它们的波形如图 5-16（b）所示。

2）相量形式的伏安关系

由于 u_{L} 和 i_{L} 为同一频率的正弦量，因此可以用对应的相量来表示，相量模型如图 5-18（a）所示。

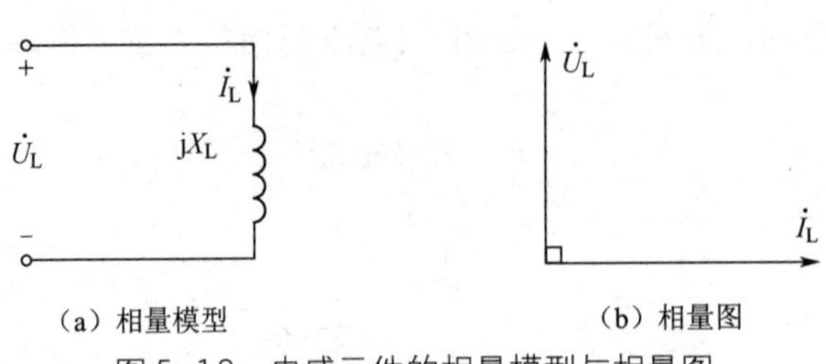

图 5-18　电感元件的相量模型与相量图

电流相量可表示为

$$\dot{I}_{\mathrm{L}}=I_{\mathrm{L}}\angle\varphi_{\mathrm{i}}$$

电压相量可表示为

$$\dot{U}_{\mathrm{L}}=U_{\mathrm{L}}\angle\varphi_{\mathrm{u}}=X_{\mathrm{L}}I_{\mathrm{L}}\angle(\varphi_{\mathrm{i}}+90°)=\mathrm{j}\omega L\cdot I_{\mathrm{L}}\angle\varphi_{\mathrm{i}}=\mathrm{j}X_{\mathrm{L}}\dot{I}_{\mathrm{L}}=X_{\mathrm{L}}\dot{I}_{\mathrm{L}}\angle 90° \quad (5\text{-}19)$$

式（5-19）为电感元件上电压与电流的相量关系式，它既表示出电压有效值与电流有效值之间的关系，又表示出电压与电流的相位关系。其电压与电流的相量图如图 5-18（b）所示。

3）电感元件的功率

（1）瞬时功率。为了计算方便，设电流的初相位为零，在关联参考方向下，电感元件上的瞬时功率为

$$\begin{aligned}p_{\mathrm{L}} &= u_{\mathrm{L}} i_{\mathrm{L}} \\ &= \sqrt{2} U_{\mathrm{L}} \sin(\omega t + 90°) \cdot \sqrt{2} I_{\mathrm{L}} \sin \omega t \\ &= U_{\mathrm{L}} I_{\mathrm{L}} \sin 2\omega t\end{aligned}$$

瞬时功率的波形如图 5-19 所示。

由此可见，电感上的瞬时功率也是正弦量，且频率是其端电压或电流频率的 2 倍。

（2）平均功率（有功功率）。电感元件的平均功率为瞬时功率在一个周期内的平均值，即

$$P_{\mathrm{L}} = \frac{1}{T}\int_0^T p_{\mathrm{L}} \mathrm{d}t = \frac{1}{T}\int_0^T U_{\mathrm{L}} I_{\mathrm{L}} \sin 2\omega t \mathrm{d}t = 0$$

电感元件的平均功率为零，说明电感元件不消耗电能，它是一个储能元件。

由图 5-19 可以看出，在电流变化的第一个 $\frac{1}{4}$ 周期内，$p_{\mathrm{L}} > 0$，元件吸收功率，电能转换成磁场能储存在电感中；第二个 $\frac{1}{4}$ 周期内，$p_{\mathrm{L}} < 0$，元件发出功率，将磁场能转换成电能；第三个 $\frac{1}{4}$ 周期内，$p_{\mathrm{L}} > 0$，元件吸收功率；第四个 $\frac{1}{4}$ 周期内，$p_{\mathrm{L}} < 0$，元件发出功率。这说明电感是储能元件，在一个周期内电感与它的外电路进行两次能量交换，且吸收的能量等于释放的能量，电感虽然不断地与外电路进行能量交换，但不消耗电能，所以其平均功率为零。

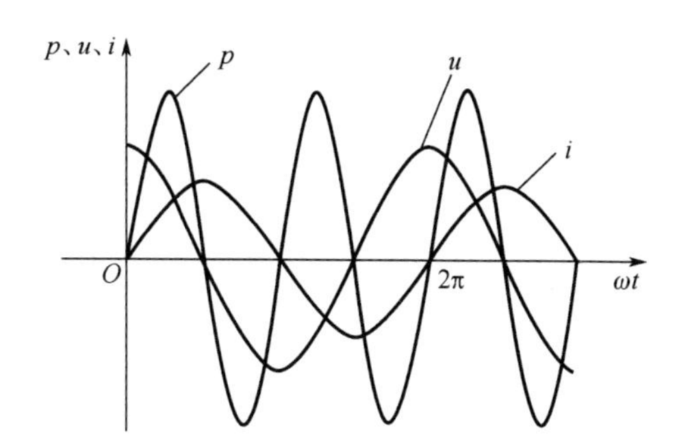

图 5-19　电感元件的瞬时功率波形

（3）无功功率。尽管电感不消耗有功功率，但作为负载要占用电源的部分能量，与电源进行能量交换。将电感元件上瞬时功率的最大值定义为无功功率，它表示电源能量与磁场能量交换的规模，用符号 Q_{L} 表示，单位为乏，则有

$$Q_{\mathrm{L}} = U_{\mathrm{L}} I_{\mathrm{L}} = I_{\mathrm{L}}^2 X_{\mathrm{L}} = \frac{U_{\mathrm{L}}^2}{X_{\mathrm{L}}} = \frac{U_{\mathrm{L}}^2}{\omega L}$$

特别指出，无功功率表示电路中能量交换的最大速率，而平均功率则表示电路消耗电能的最大速率。

【例 5-10】 在图 5-16（a）给出的电路中，$u_{\mathrm{L}} = 200\sqrt{2}\sin(100t + 60°)\mathrm{V}$，$L = 2\mathrm{H}$。求：（1）电路中的电流 i_{L}；（2）无功功率。

解：（1）根据图中给定的参考方向，则

$$\dot{U}_L = 200\angle 60°$$

$$X_L = \omega L = 100 \times 2 = 200(\Omega)$$

$$\dot{I}_L = \frac{\dot{U}_L}{jX_L} = \frac{200\angle 60°}{j200} = \frac{200\angle 60°}{200\angle 90°} = 1\angle -30°(A)$$

则

$$i_L = 1.414\sin(100t - 30°)A$$

（2）无功功率为

$$Q_L = U_L I_L = 200 \times 1 = 200(\text{var})$$

任务 4　R、L、C 串并联电路的分析

演示文稿

R、L、C 串并联电路的分析

任务引入：单一元件的正弦交流电路是理想化的电路，而实际电路往往由多种元件组合而成。如电动机、继电器等设备都含有线圈，线圈通电后要发热，这说明实际线圈不仅有电感，还存在发热电阻，属于含多种元件的电路。本任务就来讨论电阻、电感、电容组成的电路中复阻抗、复导纳、电压、电流及功率的关系。

微课

单一元件串联电路分析

1．单一元件串并联电路分析

1）单一元件串联电路分析

（1）电阻的串联。将多个电阻首尾依次相连，流过同一电流，这样的连接方式称为电阻的串联，如图 5-20 所示。

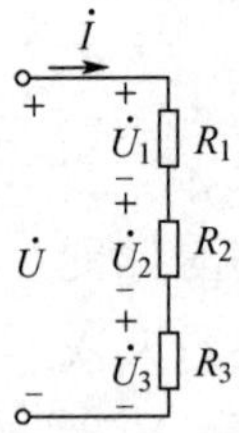

图 5-20　电阻元件的串联电路

设通过各个电阻的电流为 $\dot{I}$，由 KVL 可知

$$\begin{aligned}\dot{U} &= \dot{U}_1 + \dot{U}_2 + \dot{U}_3 \\ &= \dot{I}R_1 + \dot{I}R_2 + \dot{I}R_3 \\ &= \dot{I}(R_1 + R_2 + R_3) \\ &= \dot{I}R\end{aligned}$$

则串联等效电阻为

$$R = \frac{\dot{U}}{\dot{I}} = R_1 + R_2 + R_3 \tag{5-20}$$

即多个电阻串联时的等效电阻等于串联的各电阻之和。

若端口电压已知，则各电阻的电压分别为

$$\dot{U}_1 = \dot{I}R_1 = \frac{\dot{U}}{R}R_1 = \frac{R_1}{R}\dot{U}$$

$$\dot{U}_2 = \dot{I}R_2 = \frac{\dot{U}}{R}R_2 = \frac{R_2}{R}\dot{U}$$

$$\dot{U}_3 = \dot{I}R_3 = \frac{\dot{U}}{R}R_3 = \frac{R_3}{R}\dot{U}$$

以上就是电阻串联电路的分压公式。该公式表明串联电路中各电阻上的电压与其电阻值成正比，与串联电路的总电阻成反比。

（2）电容的串联。电容元件的串联电路如图 5-21 所示。

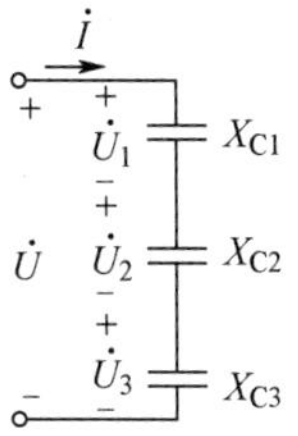

图 5-21　电容元件的串联电路

则串联电容的总电压为

$$\begin{aligned}\dot{U} &= \dot{U}_1 + \dot{U}_2 + \dot{U}_3 \\ &= -\mathrm{j}\dot{I}X_{\mathrm{C1}} - \mathrm{j}\dot{I}X_{\mathrm{C2}} - \mathrm{j}\dot{I}X_{\mathrm{C3}} \\ &= -\mathrm{j}\dot{I}(X_{\mathrm{C1}} + X_{\mathrm{C2}} + X_{\mathrm{C3}}) \\ &= -\mathrm{j}\dot{I}(\frac{1}{\omega C_1} + \frac{1}{\omega C_2} + \frac{1}{\omega C_3}) \\ &= -\mathrm{j}\dot{I}\frac{1}{\omega}(\frac{1}{C_1} + \frac{1}{C_2} + \frac{1}{C_3}) \\ &= -\mathrm{j}\dot{I}\frac{1}{\omega}\frac{1}{C}\end{aligned}$$

$$\frac{1}{C} = \frac{1}{C_1} + \frac{1}{C_2} + \frac{1}{C_3} \tag{5-21}$$

由式（5-21）可知，多个电容元件串联时，其等效电容的倒数等于各个串联的电容的倒数之和。

若端口电压已知，则各电容的电压分别为

$$\dot{U}_1 = \frac{C}{C_1}\dot{U}$$

$$\dot{U}_2 = \frac{C}{C_2}\dot{U}$$

$$\dot{U}_3 = \frac{C}{C_3}\dot{U}$$

以上就是电容串联电路的分压公式。该公式表明串联电路中各电容上的电压与其电容值成反比，与串联电路的总电容成正比。

（3）电感的串联。无耦合电感元件的串联电路如图 5-22 所示。

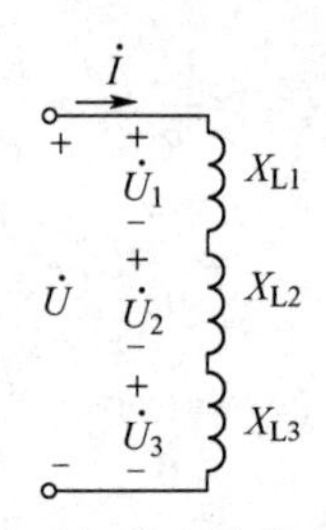

图 5-22　电感元件的串联电路

当多个无耦合的电感元件串联时，通过各个电感元件的电流相等，由 KVL 可知

$$
\begin{aligned}
\dot{U} &= \dot{U}_1 + \dot{U}_2 + \dot{U}_3 \\
&= \mathrm{j}\dot{I}X_{L1} + \mathrm{j}\dot{I}X_{L2} + \mathrm{j}\dot{I}X_{L3} \\
&= \mathrm{j}\dot{I}(X_{L1} + X_{L2} + X_{L3}) \\
&= \mathrm{j}\dot{I}(\omega L_1 + \omega L_2 + \omega L_3) \\
&= \mathrm{j}\dot{I}\omega(L_1 + L_2 + L_3) \\
&= \mathrm{j}\dot{I}\omega L
\end{aligned}
$$

由上式可知，无耦合的电感元件串联时，其等效电感等于各个串联的电感之和，即

$$L = L_1 + L_2 + L_3 \tag{5-22}$$

若端口电压已知，则各电感的电压分别为

$$\dot{U}_1 = \mathrm{j}\omega L_1 \frac{\dot{U}}{\mathrm{j}\omega L} = \frac{L_1}{L}\dot{U}$$

$$\dot{U}_2 = \mathrm{j}\omega L_2 \frac{\dot{U}}{\mathrm{j}\omega L} = \frac{L_2}{L}\dot{U}$$

$$\dot{U}_3 = \mathrm{j}\omega L_3 \frac{\dot{U}}{\mathrm{j}\omega L} = \frac{L_3}{L}\dot{U}$$

微课

单一元件并联电路分析

以上就是电感串联电路的分压公式。该公式表明串联电路中各电感上的电压与其电感值成正比，与串联电路的总电感成反比。

2）单一元件并联电路分析

（1）电阻的并联。将多个电阻的首尾各自相连，使电流有多条通路，这样的连接方式称为电阻的并联，如图 5-23 所示。

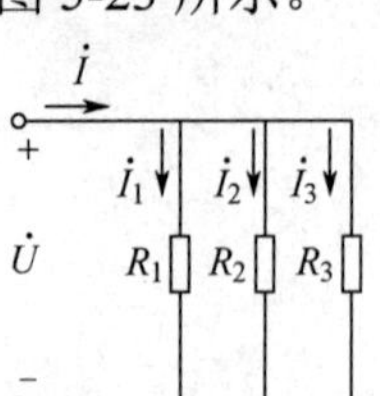

图 5-23　电阻元件的并联电路

设端电压为 $\dot{U}$，根据 KCL 可得

$$\begin{aligned}\dot{I} &= \dot{I}_1 + \dot{I}_2 + \dot{I}_3 \\ &= \frac{\dot{U}}{R_1} + \frac{\dot{U}}{R_2} + \frac{\dot{U}}{R_3} \\ &= \dot{U}(\frac{1}{R_1} + \frac{1}{R_2} + \frac{1}{R_3}) \\ &= \frac{\dot{U}}{R}\end{aligned}$$

$$\frac{\dot{I}}{\dot{U}} = \frac{1}{R} = \frac{1}{R_1} + \frac{1}{R_2} + \frac{1}{R_3} \tag{5-23}$$

式（5-23）表明，并联连接的等效电阻的倒数（电导）等于并联的各电阻的倒数（电导）之和。

当只有两个电阻时，其等效电阻为

$$R = \frac{R_1 R_2}{R_1 + R_2} \tag{5-24}$$

因此，凡是在并联电路中遇到几个电阻并联时，都可以将它们等效成一个电阻，从而使分析和计算更为简便。

若端口电流已知，则各电阻的电流分别为

$$\begin{aligned}\dot{I}_1 &= \frac{\dot{U}}{R_1} = \frac{\dot{I}R}{R_1} = \frac{R}{R_1}\dot{I} \\ \dot{I}_2 &= \frac{\dot{U}}{R_2} = \frac{\dot{I}R}{R_2} = \frac{R}{R_2}\dot{I} \\ \dot{I}_3 &= \frac{\dot{U}}{R_3} = \frac{\dot{I}R}{R_3} = \frac{R}{R_3}\dot{I}\end{aligned} \tag{5-25}$$

以上就是电阻并联电路的分流公式。该公式表明并联电路中各电阻上的电流与其电阻值成反比，与并联电路的总电阻成正比。

（2）电容的并联。电容元件的并联电路如图 5-24 所示。

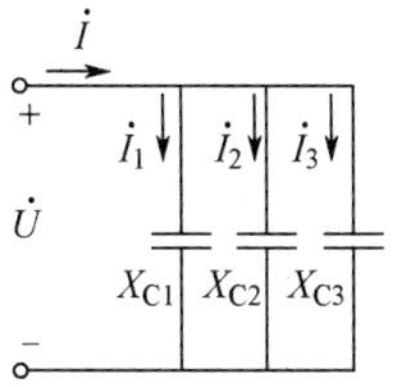

图 5-24　电容元件的并联电路

根据 KCL 可得

$$\begin{aligned}\dot{I} &= \dot{I}_1 + \dot{I}_2 + \dot{I}_3 \\ &= \mathrm{j}\frac{\dot{U}}{X_{C1}} + \mathrm{j}\frac{\dot{U}}{X_{C2}} + \mathrm{j}\frac{\dot{U}}{X_{C3}} \\ &= \mathrm{j}\dot{U}(\frac{1}{X_{C1}} + \frac{1}{X_{C2}} + \frac{1}{X_{C3}})\end{aligned}$$

$$
\begin{aligned}
&= \mathrm{j}\dot{U}(\omega C_1 + \omega C_2 + \omega C_3) \\
&= \mathrm{j}\dot{U}\omega(C_1 + C_2 + C_3) \\
&= \mathrm{j}\dot{U}\omega C
\end{aligned}
$$

$$
C = C_1 + C_2 + C_3 \tag{5-26}
$$

式（5-26）表明，多个电容并联的电路其总电容等于各并联电容之和。

若端口电流已知，则各电容的电流分别为

$$
\dot{I}_1 = \frac{C_1}{C}\dot{I}
$$

$$
\dot{I}_2 = \frac{C_2}{C}\dot{I}
$$

$$
\dot{I}_3 = \frac{C_3}{C}\dot{I}
$$

以上就是电容并联电路的分流公式。该公式表明并联电路中各电容上的电流与其电容值成正比，与并联电路的总电容成反比。

（3）电感的并联。如图 5-25 所示为无耦合纯电感并联电路。

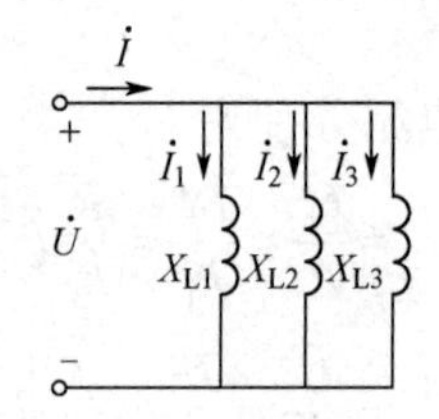

图 5-25　电感元件的并联电路

根据 KCL 可得

$$
\begin{aligned}
\dot{I} &= \dot{I}_1 + \dot{I}_2 + \dot{I}_3 \\
&= -\mathrm{j}\frac{\dot{U}}{X_{\mathrm{L1}}} - \mathrm{j}\frac{\dot{U}}{X_{\mathrm{L2}}} - \mathrm{j}\frac{\dot{U}}{X_{\mathrm{L3}}} \\
&= -\mathrm{j}\dot{U}\left(\frac{1}{X_{\mathrm{L1}}} + \frac{1}{X_{\mathrm{L2}}} + \frac{1}{X_{\mathrm{L3}}}\right) \\
&= -\mathrm{j}\dot{U}\left(\frac{1}{\omega L_1} + \frac{1}{\omega L_2} + \frac{1}{\omega L_3}\right) \\
&= -\mathrm{j}\dot{U}\frac{1}{\omega}\left(\frac{1}{L_1} + \frac{1}{L_2} + \frac{1}{L_3}\right) \\
&= -\mathrm{j}\dot{U}\frac{1}{\omega}\frac{1}{L}
\end{aligned}
$$

$$
\frac{1}{L} = \frac{1}{L_1} + \frac{1}{L_2} + \frac{1}{L_3} \tag{5-27}
$$

式（5-27）表明，无耦合的电感元件并联时，其等效电感的倒数等于并联的各电感的倒数之和。

若端口电流已知，则各电感的电流分别为

$$\dot{I}_1=\frac{\dot{U}}{\mathrm{j}\omega L_1}=\frac{\dot{I}\cdot\mathrm{j}\omega L}{\mathrm{j}\omega L_1}=\frac{L}{L_1}\dot{I}$$

$$\dot{I}_2=\frac{\dot{U}}{\mathrm{j}\omega L_2}=\frac{\dot{I}\cdot\mathrm{j}\omega L}{\mathrm{j}\omega L_2}=\frac{L}{L_2}\dot{I}$$

$$\dot{I}_3=\frac{\dot{U}}{\mathrm{j}\omega L_3}=\frac{\dot{I}\cdot\mathrm{j}\omega L}{\mathrm{j}\omega L_3}=\frac{L}{L_3}\dot{I}$$

以上就是电感并联电路的分流公式。该公式表明并联电路中各电感上的电流与其电感值成反比，与并联电路的总电感成正比。

2．RLC 串联电路及电路中复阻抗的分析

由电阻、电感与电容元件串联构成的交流电路称为 RLC 串联电路，其电压、电流的参考方向如图 5-26 所示。

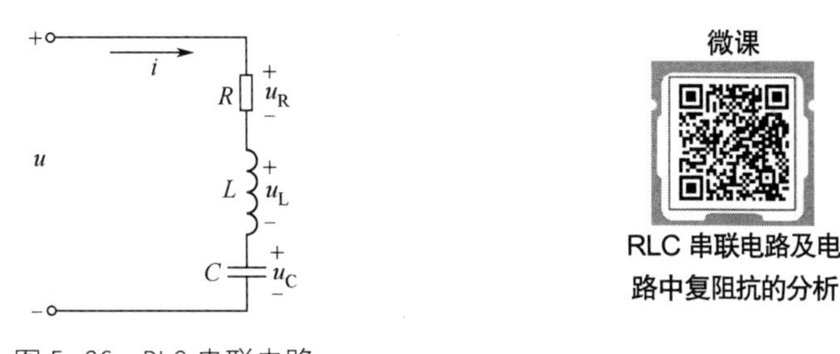

图 5-26　RLC 串联电路

设电流 $i=I_{\mathrm{m}}\sin\omega t$ 为参考正弦量，其相量为 $\dot{I}=I\angle 0°$

根据 KVL 可知

$$u=u_{\mathrm{R}}+u_{\mathrm{L}}+u_{\mathrm{C}}$$

用相量表示可写作

$$\begin{aligned}\dot{U}&=\dot{U}_{\mathrm{R}}+\dot{U}_{\mathrm{L}}+\dot{U}_{\mathrm{C}}\\&=R\dot{I}+\mathrm{j}X_{\mathrm{L}}\dot{I}-\mathrm{j}X_{\mathrm{C}}\dot{I}\\&=\dot{I}\left[R+\mathrm{j}(X_{\mathrm{L}}-X_{\mathrm{C}})\right]\\&=\dot{I}(R+\mathrm{j}X)\\&=\dot{I}Z\end{aligned}\tag{5-28}$$

1）电抗

由式（5-28）可知 $Z=R+\mathrm{j}X$，其中，X 称为 RLC 串联电路的电抗，单位为欧姆（Ω），电抗 X 等于感抗与容抗之差，即 $X=X_{\mathrm{L}}-X_{\mathrm{C}}$， X 值的正负体现了电路中电感与电容所起作用的大小，关系到电路的性质，分以下三种情况。

（1）当 $X_{\mathrm{L}}>X_{\mathrm{C}}$ 时， $X>0$，电路呈感性。

因为 $X_{\mathrm{L}}>X_{\mathrm{C}}$，所以 $U_{\mathrm{L}}>U_{\mathrm{C}}$。以 $\dot{I}=I\angle 0°$ 为参考相量，分别画出 $\dot{U}_{\mathrm{R}}$、$\dot{U}_{\mathrm{L}}$ 和 $\dot{U}_{\mathrm{C}}$ 的相量图，将得到总电压 $\dot{U}$，如图 5-27（a）所示。

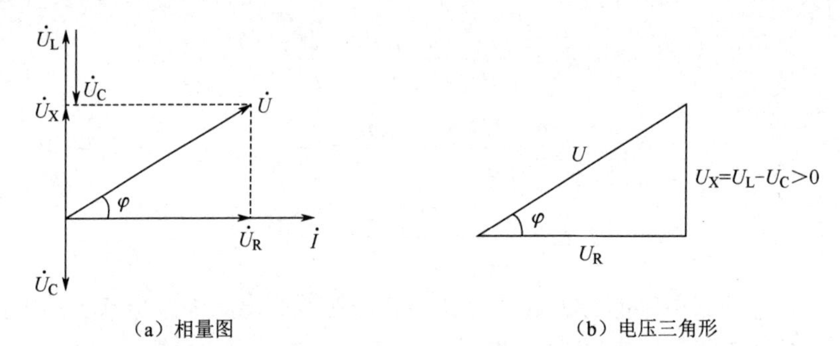

图 5-27 $U_L>U_C$ 的相量图与电压三角形

从图 5-27(a)中可以看出，$\dot{U}$ 超前于 $\dot{I}$ 或 $\dot{I}$ 滞后于 $\dot{U}$，电路呈感性，图中 $\dot{U}_X=\dot{U}_L+\dot{U}_C$ 为电抗电压相量，其大小为 $U_X=U_L-U_C$，由各电压相量的模构成的三角形称为电压三角形，如图 5-27（b）所示。

（2）当 $X_L<X_C$ 时，$X<0$，电路呈容性。

因为 $X_L<X_C$，所以 $U_L<U_C$，其相量图如图 5-28（a）所示。

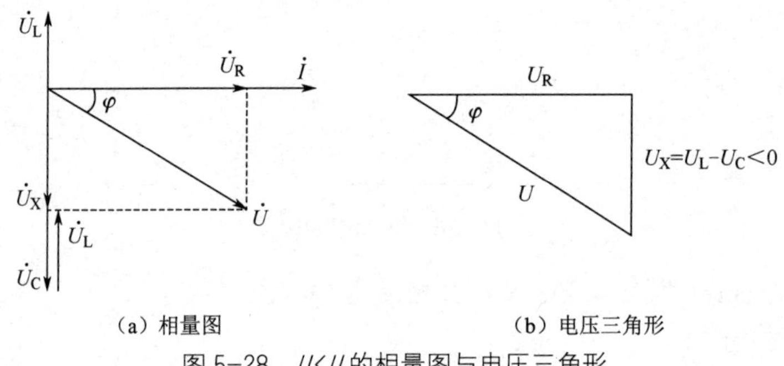

图 5-28 $U_L<U_C$ 的相量图与电压三角形

从图 5-28（a）中可以看出，$\dot{U}$ 滞后于 $\dot{I}$ 或 $\dot{I}$ 超前于 $\dot{U}$，电路呈容性。此时的电压三角形如图 5-28（b）所示。

由以上两个电压三角形可知

$$U\neq U_R+U_L+U_C$$

而是

$$U=\sqrt{U_R^2+(U_L-U_C)^2}=\sqrt{U_R^2+U_X^2}$$

（3）当 $X_L=X_C$ 时，$X=0$，电路呈电阻性。

当 $X=X_L-X_C=0$，即 $U_L=U_C$ 时，此时 $\dot{U}$ 和 $\dot{I}$ 同相，电路为纯电阻电路。这是 RLC 串联电路中的一种特殊情况，称为串联谐振，此时的相量图与纯电阻电路的相量图一样。

2）复阻抗

Z 称为 RLC 串联电路的等效复阻抗，单位同电阻、感抗一样，也是欧姆（Ω），它的实部为电阻，虚部为电抗。复阻抗为电路端电压的相量与电流的相量之比。

$$Z=\frac{\dot{U}}{\dot{I}}=R+\mathrm{j}(X_L-X_C)=R+\mathrm{j}X \tag{5-29}$$

复阻抗的极坐标式为 $Z=|Z|\angle\varphi$。

其中，$|Z|$ 称为复阻抗的模，也称为阻抗，大小为 $|Z|=\sqrt{R^2+X^2}$；辐角 φ 称为复阻抗

的阻抗角，大小为$\varphi=\arctan\dfrac{X}{R}$。

又因为$\dfrac{\dot{U}}{\dot{I}}=\dfrac{U}{I}\angle(\varphi_{\rm u}-\varphi_{\rm i})$

所以有

$$|Z|=\frac{U}{I}$$
$$\varphi=\varphi_{\rm u}-\varphi_{\rm i}$$

显然有

$$R=|Z|\cos\varphi$$
$$X=|Z|\sin\varphi$$

综上所述，任何一个复阻抗电路都有一定的阻抗角，阻抗角的正负决定了电路的性质，当$X_{\rm L}>X_{\rm C}$，即$X>0$时，$\varphi>0$，此时u比i超前φ角度；当$X_{\rm L}<X_{\rm C}$，即$X<0$时，$\varphi<0$，此时u比i滞后φ角度。此外，电路还有两种特殊情况：当电路中$X_{\rm C}=0$，即$U_{\rm C}=0$时，电路为RL串联电路，电路呈感性；当$X_{\rm L}=0$，即$U_{\rm L}=0$时，电路为RC串联电路，电路呈容性。

【例 5-11】有一个 RLC 串联电路，其中$R=30\Omega$，$L=382{\rm mH}$，$C=39.8\mu{\rm F}$，外加电压$u=220\sqrt{2}\sin(314t+60°){\rm V}$，试求：

（1）复阻抗，并确定电路的性质；

（2）求电路中电流及各元件电压的相量；

（3）绘出相量图。

解：（1）复阻抗为

$$Z=R+{\rm j}(X_{\rm L}-X_{\rm C})=R+{\rm j}\left(\omega L-\frac{1}{\omega C}\right)$$
$$=30+{\rm j}\left(314\times0.382-\frac{10^6}{314\times39.8}\right)$$
$$=30+{\rm j}40$$
$$=50\angle53.1°\Omega$$

因$\varphi>0$，所以电路呈感性。

（2）电路中的电流为

$$\dot{I}=\frac{\dot{U}}{Z}=\frac{220\angle60°}{50\angle53.1°}=4.4\angle6.9°{\rm A}$$

各元件电压的相量为

$$\dot{U}_{\rm R}=\dot{I}R=4.4\angle6.9°\times30=132\angle6.9°{\rm V}$$
$$\dot{U}_{\rm L}=\dot{I}{\rm j}X_{\rm L}=4.4\angle6.9°\times120\angle90°$$
$$=528\angle96.9°{\rm V}$$
$$\dot{U}_{\rm C}=-\dot{I}{\rm j}X_{\rm C}=4.4\angle6.9°\times80\angle-90°$$
$$=352\angle-83.1°{\rm V}$$

（3）相量图如图 5-29 所示。

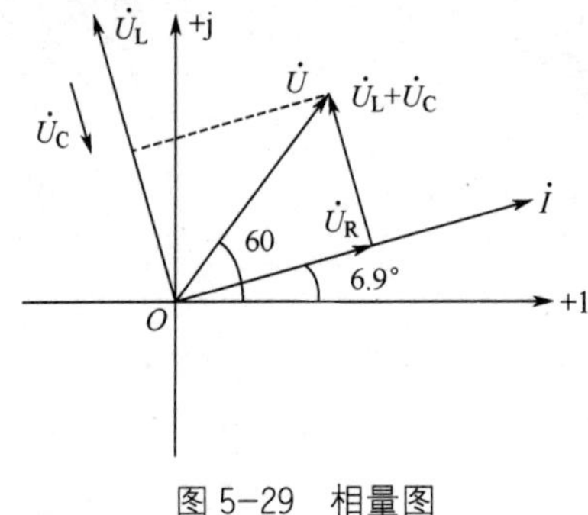

图 5-29 相量图

3. 复阻抗串联电路的分析

复阻抗的串联电路如同电阻的串联电路，电压、电流的参考方向如图 5-30（a）所示。

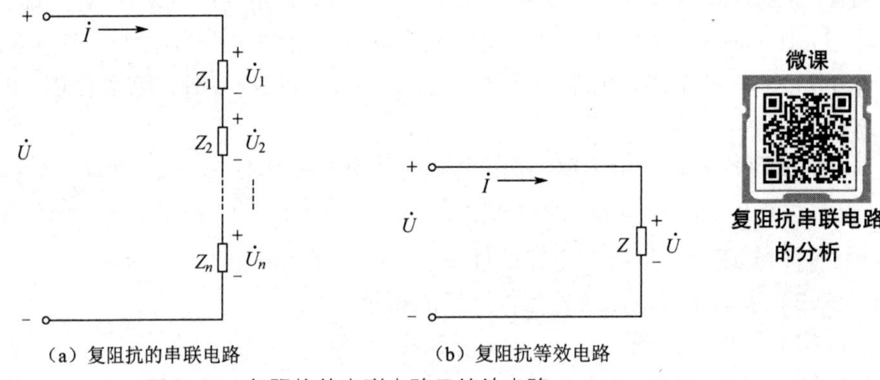

（a）复阻抗的串联电路　　（b）复阻抗等效电路

图 5-30 复阻抗的串联电路及等效电路

根据基尔霍夫定律可得

$$
\begin{aligned}
\dot{U} &= \dot{U}_1 + \dot{U}_2 + \cdots + \dot{U}_n \\
&= \dot{I}(Z_1 + Z_2 + \cdots + Z_n) \\
&= \dot{I}Z
\end{aligned}
$$

即

$$Z = Z_1 + Z_2 + \cdots + Z_n$$

Z 称为复阻抗串联电路的等效复阻抗，它等于各复阻抗之和，其等效电路如图 5-30（b）所示。

设 $Z_1 = R_1 + \mathrm{j}X_1$，$Z_2 = R_2 + \mathrm{j}X_2$，…，$Z_n = R_n + \mathrm{j}X_n$，则

$$
\begin{aligned}
Z &= \left(R_1 + R_2 + \cdots + R_n\right) + \mathrm{j}\left(X_1 + X_2 + \cdots + X_n\right) \\
&= R + \mathrm{j}X
\end{aligned}
$$

式中，$R = R_1 + R_2 + \cdots + R_n$ 称为串联电路的等效电阻；

$X = X_1 + X_2 + \cdots + X_n$ 称为串联电路的等效电抗；

$\varphi = \arctan\dfrac{X}{R}$ 称为串联电路的等效阻抗角；

$|Z| = \sqrt{R^2 + X^2}$ 称为串联电路的等效阻抗。

注意，对于阻抗，一般有 $|Z| \neq |Z_1| + |Z_2| + \cdots + |Z_n|$。

若端口电压已知，则各复阻抗的电压分别为

$$\dot{U}_1 = \frac{Z_1}{Z}\dot{U}$$

$$\dot{U}_2 = \frac{Z_2}{Z}\dot{U}$$

$$\vdots$$

$$\dot{U}_n = \frac{Z_n}{Z}\dot{U}$$

上述公式表明，串联电路中各复阻抗上的电压与其复阻抗值成正比，与串联电路的总复阻抗成反比。

【例 5-12】 设有一电压源 $u = 220\sqrt{2}\sin(\omega t + 30°)\text{V}$，把两个复阻抗 $Z_1 = (10 + \text{j}10)\Omega$ 和 $Z_2 = (12 - \text{j}16)\Omega$ 串联接在该电压源上。试求等效复阻抗 Z、电路电流 i 和负载电压 u_1、u_2。

解：根据题意可知

$$Z_1 = 10 + \text{j}10 = 14.14\angle 45°\Omega$$

$$Z_2 = 12 - \text{j}16 = 20\angle -53.1°\Omega$$

等效复阻抗为

$$Z = Z_1 + Z_2 = (10 + \text{j}10) + (12 - \text{j}16) = 22 - \text{j}6 = 22.8\angle -15.3°\Omega$$

因为

$$\dot{U} = 220\angle 30°$$

所以有

$$\dot{I} = \frac{\dot{U}}{Z} = \frac{220\angle 30°}{22.8\angle -15.3°} = 9.65\angle 45.3°\text{A}$$

故

$$\dot{U}_1 = Z_1\dot{I} = 14.14\angle 45° \times 9.65\angle 45.3° = 136.5\angle 90.3°\text{V}$$

$$\dot{U}_2 = Z_2\dot{I} = 20\angle -53.1° \times 9.65\angle 45.3° = 193\angle -7.8°\text{V}$$

根据相量形式得到各电流、电压的解析式为

$$i = 9.65\sqrt{2}\sin(\omega t + 45.3°)\text{A}$$

$$u_1 = 136.5\sqrt{2}\sin(\omega t + 90.3°)\text{V}$$

$$u_2 = 193\sqrt{2}\sin(\omega t - 7.8°)\text{V}$$

4．导纳法分析并联电路

1）复导纳

把复阻抗的倒数定义为复导纳，用 Y 表示，单位为西门子（S），即

$$Y = \frac{1}{Z}$$

因为 $Z = R + \text{j}X$

所以

$$Y = \frac{1}{Z} = \frac{1}{R + \text{j}X} = \frac{R - \text{j}X}{R^2 + X^2} = \frac{R}{|Z|^2} - \text{j}\frac{X}{|Z|^2} = G + \text{j}B \tag{5-30}$$

由此可见，复导纳 Y 也是一个复数，实部 $G=\dfrac{R}{|Z|^2}$ 称为电导；虚部 $B=-\dfrac{X}{|Z|^2}$ 称为电纳，单位均为西门子（S）。

复导纳 Y 的极坐标式为

$$Y=G+\mathrm{j}B=|Y|\angle\varphi_{\mathrm{Y}}$$

式中，$|Y|$ 称为导纳模，φ_{Y} 称为导纳角，满足关系式

$$|Y|=\sqrt{G^2+B^2}$$

$$\varphi_{\mathrm{Y}}=\arctan\frac{B}{G}$$

2）导纳法分析并联电路

如图 5-31 所示为一个多支路并联电路，各电流、电压的参考方向已在图中标出，可知

$$\dot{I}_1=Y_1\dot{U}\ ,\quad \dot{I}_2=Y_2\dot{U}\ ,\quad \cdots,\quad \dot{I}_n=Y_n\dot{U}$$

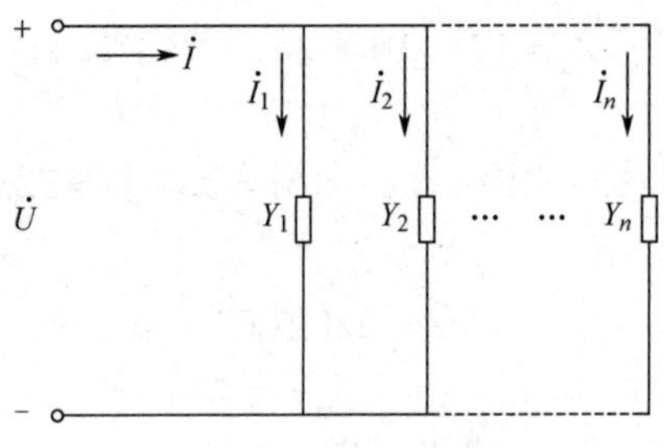

图 5-31　多支路并联电路

微课

导纳法分析并联电路

总电流为

$$\begin{aligned}\dot{I}&=\dot{I}_1+\dot{I}_2+\cdots+\dot{I}_n\\&=Y_1\dot{U}+Y_2\dot{U}+\cdots+Y_n\dot{U}\\&=(Y_1+Y_2+\cdots+Y_n)\dot{U}\\&=Y\dot{U}\end{aligned}$$

等效复导纳为

$$\begin{aligned}Y&=Y_1+Y_2+\cdots+Y_n\\&=(G_1+\mathrm{j}B_1)+(G_2+\mathrm{j}B_2)+\cdots+(G_n+\mathrm{j}B_n)\\&=(G_1+G_2+\cdots+G_n)+\mathrm{j}(B_1+B_2+\cdots+B_n)\\&=G+\mathrm{j}B\end{aligned}$$

【例 5-13】在如图 5-32 所示电路中，$R_1=R_2=40\Omega$，$R_3=60\Omega$，$L=42.9\mathrm{mH}$，$C=24\mu\mathrm{F}$，接到电压 $u=311\sin 700t\mathrm{V}$ 上，试求总电流及各支路电流。

解：各电流、电压的参考方向如图 5-32 所示。

$$X_{\mathrm{L}}=\omega L=700\times 42.9\times 10^{-3}\approx 30(\Omega)$$

$$X_{\mathrm{C}}=\frac{1}{\omega C}=\frac{1}{700\times 24\times 10^{-6}}\approx 60(\Omega)$$

$$Y_1=\frac{1}{R_1}=\frac{1}{40}=0.025(\mathrm{S})$$

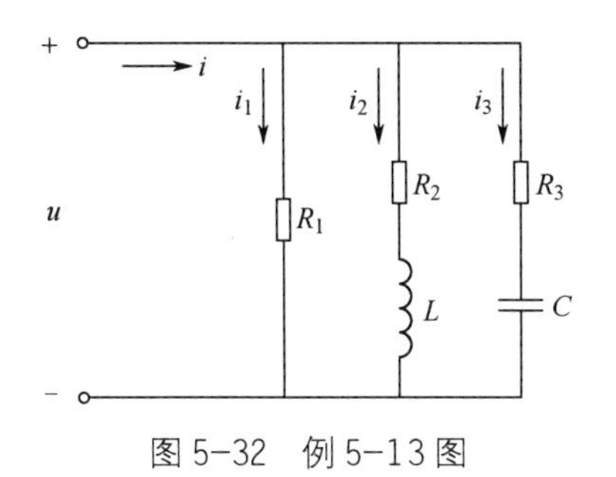

图 5-32　例 5-13 图

$$Y_2=\frac{1}{R_2+\mathrm{j}X_\mathrm{L}}=\frac{1}{40+\mathrm{j}30}=\frac{1}{50\angle 36.9^\circ}=0.02\angle-36.9^\circ(\mathrm{S})$$

$$Y_3=\frac{1}{R_3-\mathrm{j}X_\mathrm{C}}=\frac{1}{60-\mathrm{j}60}=\frac{1}{84.9\angle-45^\circ}=0.0118\angle 45^\circ(\mathrm{S})$$

设 $\dot{U}=220\angle 0^\circ\mathrm{V}$，则有

$$\begin{aligned}\dot{I}_1&=Y_1\dot{U}\\&=0.025\times 220\angle 0^\circ=5.5\angle 0^\circ\mathrm{A}\\\dot{I}_2&=Y_2\dot{U}\\&=0.02\angle-36.9^\circ\times 220\angle 0^\circ=4.4\angle-36.9=(3.52-\mathrm{j}2.64)\mathrm{A}\\\dot{I}_3&=Y_3\dot{U}\\&=0.0118\angle 45^\circ\times 220\angle 0^\circ=2.6\angle 45^\circ=(1.84+\mathrm{j}1.84)\mathrm{A}\\\dot{I}&=\dot{I}_1+\dot{I}_2+\dot{I}_3\\&=5.5+(3.52-\mathrm{j}2.64)+(1.84+\mathrm{j}1.84)\\&=10.86-\mathrm{j}0.8=10.9\angle-4.2^\circ\mathrm{A}\end{aligned}$$

把相量形式转换成正弦信号表达式，有

$$i=10.9\sqrt{2}\sin(700t-4.2^\circ)\mathrm{A}$$
$$i_1=5.5\sqrt{2}\sin 700t\mathrm{A}$$
$$i_2=4.4\sqrt{2}\sin(700t-36.9^\circ)\mathrm{A}$$
$$i_3=2.6\sqrt{2}\sin(700t+45^\circ)\mathrm{A}$$

5．RLC 串联电路的功率分析

微课

RLC 串联电路的功率分析

前面介绍了单个元件的功率，表明了在交流电路中除了有电阻元件的能量损耗，还存在电感元件、电容元件与电源的能量交换。下面将介绍瞬时功率、有功功率、无功功率、视在功率及它们之间的关系。

1）瞬时功率

如图 5-33（a）所示的交流电路，其端口电流 $i(t)$和端口电压 $u(t)$采用关联参考方向，则电路的瞬间功率为

$$p(t)=ui=U_\mathrm{m}I_\mathrm{m}\sin(\omega t+\varphi_\mathrm{u})\sin(\omega t+\varphi_\mathrm{i})$$

电压 u 、电流 i 及功率 p 的波形曲线如图 5-33（b）所示。

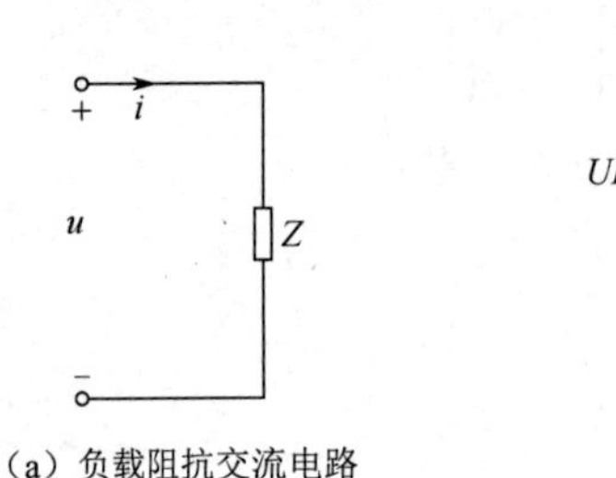

（a）负载阻抗交流电路

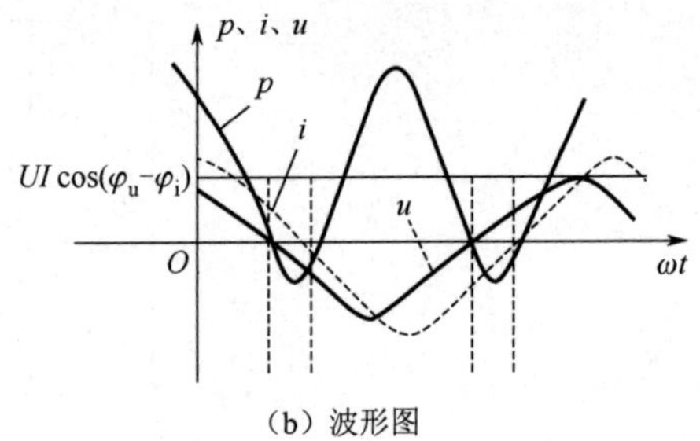

（b）波形图

图 5-33 二端网络瞬时功率

2）平均功率（有功功率）

一个周期内瞬时功率的平均值称为平均功率，也称有功功率，用 P 表示。从图 5-33（b）中可以看出，在一个周期内，电路吸收的功率大于供给的功率，因此，电路的平均功率不为零，即

$$P=\frac{1}{T}\int_0^T p(t)\mathrm{d}t=UI\cos(\varphi_{\mathrm{u}}-\varphi_{\mathrm{i}}) \tag{5-31}$$

式（5-31）为有功功率的一般表达式，可推广到任何复杂的交流电路，其有功功率等于电阻上消耗的功率。

3）无功功率

在有 L、C 的电路中，储能元件 L、C 虽然不消耗能量，但存在能量交换，交换的规模用无功功率来表示。电路中无功功率 Q 定义为

$$Q=UI\sin(\varphi_{\mathrm{u}}-\varphi_{\mathrm{i}}) \tag{5-32}$$

4）视在功率

在电路中将总电压与总电流有效值的乘积，或者把额定电压与额定电流的乘积定义为视在功率，即

$$S=UI \tag{5-33}$$

视在功率常用来表示电气设备的容量，其单位为伏安（V·A）。视在功率不表示交流电路实际消耗的功率，而表示电源可能提供的最大功率，或指某设备的容量。$S_{\mathrm{N}}=U_{\mathrm{N}}I_{\mathrm{N}}$ 称为发电机、变压器等供电设备的容量，可用来衡量发电机、变压器可能提供的最大有功功率。视在功率与有功功率和无功功率之间的关系可通过关系式表示。视在功率不等于有功功率加上无功功率。

5）功率三角形

将交流电路中表示电压之间关系的电压三角形的各边乘以电流 I，即成为功率三角形，如图 5-34 所示。

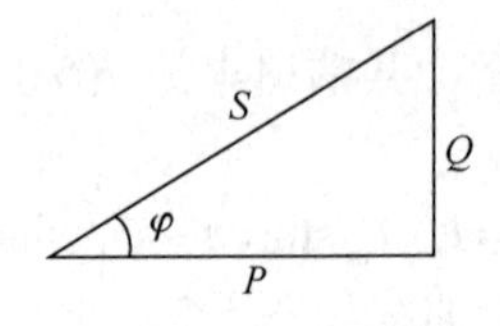

图 5-34 功率三角形

由功率三角形可以得到 P 、Q 、S 三者之间的关系为

$$P = UI\cos\varphi$$

$$Q = UI\sin\varphi$$

$$S^2 = P^2 + Q^2$$

$$\varphi = \arctan\frac{Q}{P}$$

6．功率因数及其补偿方法

在功率三角形中，将 $\cos\varphi$ 定义为功率因数，用来衡量对电源的利用程度。其大小为有功功率与视在功率的比值，一般用 λ 表示，即

$$\lambda = \cos\varphi = \frac{P}{S}$$

功率因数是电气设备中一个非常重要的参数，功率因数低会使电源设备的容量不能充分利用，还会增加输电线路的功率损耗，因此当功率因数过低时，应采取措施提高功率因数，提高功率因数的方法之一就是在感性负载的两端并联电容。

一个 RL 感性负载电路如图 5-35 所示，如果已知功率 P 及功率因数 $\cos\varphi_1$ ，若要求把电路的功率因数提高到 $\cos\varphi$，应并联电容 C。

设电压初相位为零，感性负载电流 $\dot{I}_1$ 滞后电压 $\dot{U}$ 的角度等于阻抗角，即功率因数角 φ_1，电容电流 $\dot{I}_C$ 超前电压 $\dot{U}$ 的角度为 90°，总电流 $\dot{I}$ 满足 $\dot{I} = \dot{I}_1 + \dot{I}_C$，相量图如图 5-36 所示。

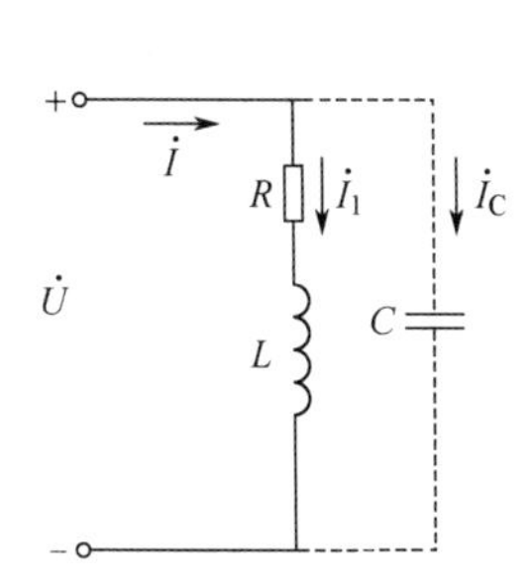

图 5-35　并联电容提高功率因数

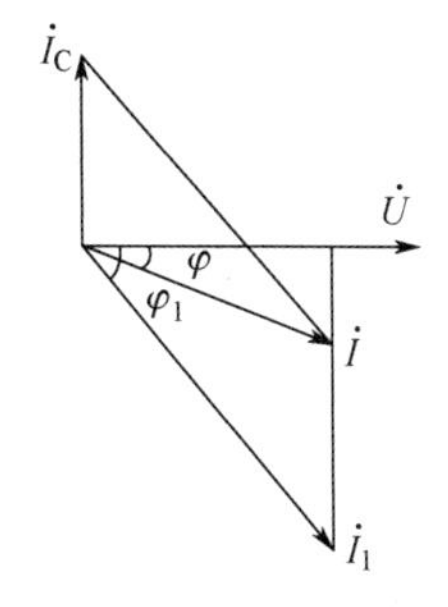

图 5-36　感性负载并联电容相量图

设并联电容之前 $P = UI_1\cos\varphi_1$，所以

$$I_1 = \frac{P}{U\cos\varphi_1}$$

并联电容之后，有功功率不变，电压不变，总电流变为 I，功率因数变为 $\cos\varphi$，因此有

$$P = UI\cos\varphi$$

所以

$$I = \frac{P}{U\cos\varphi}$$

由相量图可知

$$I_{\mathrm{C}} = I_1 \sin\varphi_1 - I\sin\varphi$$
$$= \frac{P}{U\cos\varphi_1}\sin\varphi_1 - \frac{P}{U\cos\varphi}\sin\varphi$$
$$= \frac{P}{U}(\tan\varphi_1 - \tan\varphi)$$

又因为
$$I_{\mathrm{C}} = \frac{U}{X_{\mathrm{C}}} = \omega CU$$

所以
$$C = \frac{P}{\omega U^2}(\tan\varphi_1 - \tan\varphi)$$

【例 5-14】已知有一 RLC 串联电路，电源电压 $u = 220\sqrt{2}\sin(314t + 20°)\mathrm{V}$，$R = 30\Omega$，$L = 254\mathrm{mH}$，$C = 80\mu\mathrm{F}$，求电路的有功功率、无功功率、视在功率和功率因数。

解：写出电压的相量形式

$$\dot{U} = 220\angle 20°\mathrm{V}$$
$$Z = R + \mathrm{j}(X_{\mathrm{L}} - X_{\mathrm{C}}) = R + \mathrm{j}\left(\omega L - \frac{1}{\omega C}\right) = 30 + \mathrm{j}(79.8 - 39.8)$$
$$= 30 + \mathrm{j}40$$
$$= 50\angle 53.1°\Omega$$
$$\dot{I} = \frac{\dot{U}}{Z} = \frac{220\angle 20°}{50\angle 53.1°} = 4.4\angle -33.1°\mathrm{A}$$
$$S = UI = 220 \times 4.4 = 968\mathrm{V\cdot A}$$
$$P = UI\cos\varphi = 968 \times \cos[20° - (-33.1°)] = 581.2\mathrm{W}$$
$$Q = UI\sin\varphi = 968 \times \sin[20° - (-33.1°)] = 774.1\mathrm{var}$$
$$\lambda = \cos\varphi = \cos[20° - (-33.1°)] = 0.6$$

任务 5　谐振电路

演示文稿

谐振电路

任务引入：在具有电感和电容的电路中，电路的端电压与流过电路的电流的相位一般是不同的。若调整电路中电感、电容的大小或改变电源的频率，使电路的端电压和流过的电流同相位，则电路呈电阻性，把这种电路呈电阻性的状态称为谐振状态。谐振状态是正弦交流电路的一种特定的工作状态，在电子技术的应用中具有重要的意义。在怎样的情况下会发生谐振呢？谐振对电路有何影响呢？如何利用谐振呢？在本任务中我们将对谐振的相关知识展开学习。

微课

RLC 串联谐振电路

1. 串联谐振

如图 5-37 所示为 RLC 串联谐振电路，在正弦电压的作用下，该电路的复阻抗为

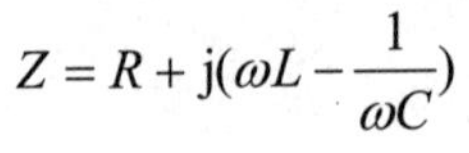

$$Z = R + \mathrm{j}(\omega L - \frac{1}{\omega C})$$

$$= R + \mathrm{j}(X_L - X_C)$$
$$= R + \mathrm{j}X = |Z|\angle\varphi$$
$$= \sqrt{R^2 + X^2}\arctan\frac{X}{R}$$

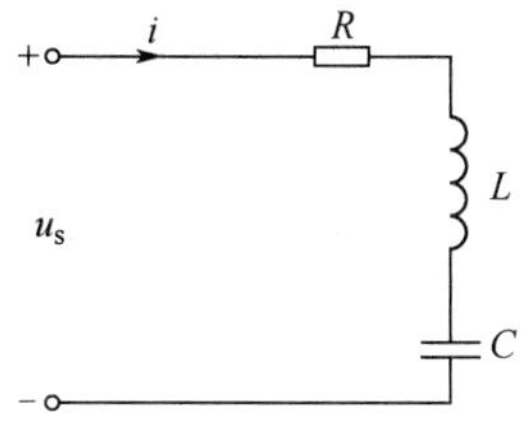

图 5-37　RLC 串联谐振电路

1）串联谐振的条件

当电路中的电流与信号源电压的相位相同时，有 $\varphi=0$，这时复阻抗中的电抗 $X=0$，我们称此时电路发生了串联谐振。

谐振时应满足

$$X = 0$$
$$X_L = X_C$$
$$\omega L = \frac{1}{\omega C}$$

当电源角频率 $\omega = \omega_0$（或 $f = f_0$）时，由上式可得谐振条件

$$\omega_0 L = \frac{1}{\omega_0 C} \tag{5-34}$$

由串联谐振的条件可得

$$\omega_0 = \frac{1}{\sqrt{LC}}$$
$$f_0 = \frac{1}{2\pi\sqrt{LC}}$$

f_0 称为 RLC 串联谐振电路的固有谐振频率，它只与电路的参数有关，与信号源无关，由此得到使电路发生谐振的方法如下。

① 信号源的频率一定，可以改变电路中 L 或 C 的大小，使电路的固有频率等于信号源的频率。

② 电路参数 L 和 C 一定，调整信号源的频率，使之等于电路的固有频率。

由谐振条件可知，调节电感或电容使电路发生谐振的关系式为

$$L = L_0 = \frac{1}{\omega^2 C}$$
$$C = C_0 = \frac{1}{\omega^2 L}$$

【例 5-15】收音机接收信号部分的等效电路如图 5-38 所示，已知 $R = 20\Omega$，$L = 300\mu\text{H}$，调节电容 C 收听中波 630kHz 电台的节目，问此时的电容值为多少？

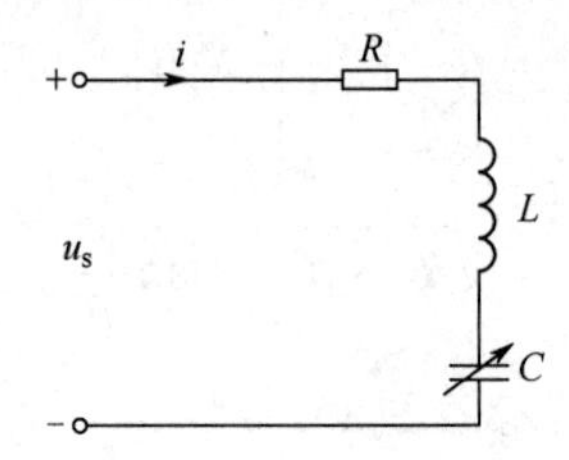

图 5-38　收音机接收信号部分的等效电路

解：根据公式可得

$$f_0=\frac{1}{2\pi\sqrt{LC}}$$

$$C=\frac{1}{4\pi^2 L f_0^2}$$

$$=\frac{1}{4\pi^2\times300\times10^{-6}\times(630\times10^3)^2}$$

$$=\frac{1}{4.696\times10^9}$$

$$=212.9\ (\text{pF})$$

串联谐振电路的基本特征

2）串联谐振电路的基本特性

（1）谐振时的阻抗。串联谐振时，电路的复阻抗最小，且电路呈电阻性。

由上面的分析可知，串联谐振时电抗 X=0，$|Z|=\sqrt{R^2+X^2}=R$，电路呈纯电阻性，且阻抗最小。

当 $f<f_0$ 时，$\omega L<\frac{1}{\omega C}$，电路呈电容特性。

当 $f>f_0$ 时，$\omega L>\frac{1}{\omega C}$，电路呈电感特性。

（2）谐振时的电流。串联谐振时，电路中的电流最大，且与外加电压相位相同。

因为谐振时复阻抗的模最小，在输入不变的情况下，$I=I_0=\frac{U}{R}$，电路中的电流最大；又因为谐振时的复阻抗为一纯电阻，所以电路中的电流与电压同相。

（3）谐振时的特性阻抗。串联谐振时，电感的感抗等于电容的容抗，且等于电路的特性阻抗，即感抗和容抗分别为

$$X_{L0}=\omega_0 L=\sqrt{LC}\frac{1}{C}=\sqrt{\frac{L}{C}}=\rho$$

$$X_{C0}=\frac{1}{\omega_0 C}=\sqrt{LC}\frac{1}{C}=\sqrt{\frac{L}{C}}=\rho$$

$$\omega_0 L=\frac{1}{\omega_0 C}=\sqrt{\frac{L}{C}}=\rho$$

ρ 称为电路的特性阻抗，单位为 Ω，ρ 的大小仅由 L 和 C 决定，特性阻抗是衡量电路特性的一个重要参数。

（4）谐振时的电压。

① 谐振时，电阻上的电压为

$$U_R = I_0 R = R\frac{U_S}{R} = U_S$$

即电阻上的电压等于电源电压。

② 谐振时，电感元件和电容元件上的电压 U_{L0} 和 U_{C0} 分别为

$$U_{L0} = I_0 X_L = \frac{U_S}{R}\omega_0 L = \frac{\omega_0 L}{R}U_S = \frac{\rho}{R}U_S = QU_S$$

$$U_{C0} = I_0 X_C = \frac{U_S}{R}\frac{1}{\omega_0 C} = \frac{\frac{1}{\omega_0 C}}{R}U_S = \frac{\rho}{R}U_S = QU_S$$

其中

$$Q = \frac{\omega_0 L}{R} = \frac{1}{\omega_0 CR} = \frac{\rho}{R}$$

Q 称为电路的品质因数。在实际电路中，Q 的取值范围从几十到几百不等，由上述推导可知，谐振时，电感两端和电容两端的电压大小相等，相位相反，其大小为电源电压的 Q 倍，即

$$U_{L0} = U_{C0} = QU_S$$

由于 Q 值一般较大，所以串联谐振时，电感和电容上的电压往往高出电源电压很多倍，因此，串联谐振常称为电压谐振。在实际电路中，应特别注意电感、电容的耐压问题。

串联谐振时电压和电流的相量图如图 5-39 所示。

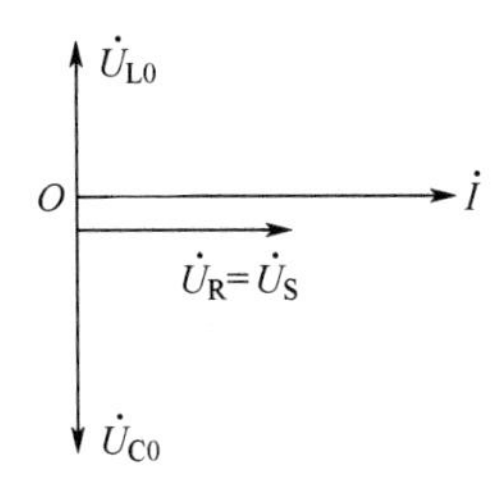

图 5-39 串联谐振时的相量图

【例 5-16】在 RLC 串联谐振电路中，已知输入电压 U_S=100mV，角频率 $\omega = 10^5$rad/s，调节电容使电路谐振，谐振时回路电流 I_0=10mA，U_{C0}=10V，求电路元件参数 R、L、C 的值和回路的品质因数 Q 各为多少？

解：根据

$$U_{C0} = QU_S$$

得出

$$Q = \frac{U_{C0}}{U_S} = \frac{10}{100\times10^{-3}} = 100$$

根据

$$U_R = U_S = I_0 R$$

得出

$$R = \frac{U_S}{I_0} = \frac{100\times10^{-3}}{10\times10^{-3}} = 10(\Omega)$$

因为

$$Q = \frac{\omega_0 L}{R}$$

所以

$$L = \frac{QR}{\omega_0} = \frac{100\times10}{10^5} = 10(\text{mH})$$

又因 $$\omega_0 = \frac{1}{\sqrt{LC}}$$

故 $$C = \frac{1}{\omega_0^2 L} = \frac{1}{(10^5)^2 \times 10 \times 10^{-3}} = 0.01(\mu\text{F})$$

2. 并联谐振

RLC 并联电路有多种形式，经常使用的是电感线圈与电容器并联的电路，如图 5-40 所示。

微课

RLC 并联谐振电路

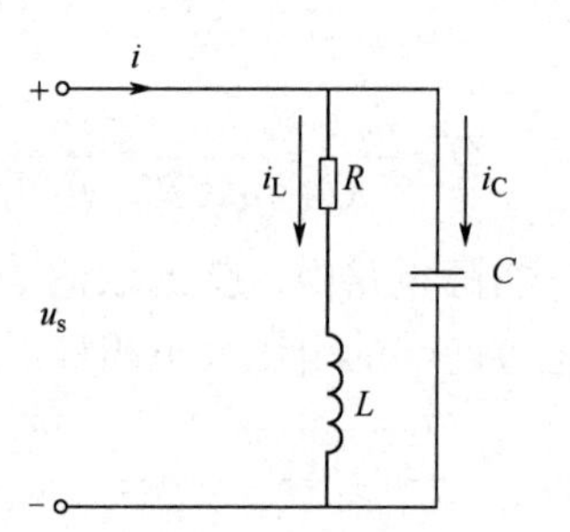

图 5-40 RLC 并联谐振电路

由图 5-40 所示电路可得电路等效复阻抗为

$$Z = \frac{\frac{1}{j\omega C}(R + j\omega L)}{\frac{1}{j\omega C} + (R + j\omega L)} = \frac{R + j\omega L}{1 + j\omega RC - \omega^2 LC} \tag{5-35}$$

1）并联谐振的条件

在实际电路中，由于均满足 $Q>>1$ 的条件，故 $\omega_0 L >> R$，式（5-35）可以简化为

$$Z \approx \frac{j\omega L}{1 - \omega^2 LC + j\omega RC} = \frac{1}{RC/L + j(\omega C - 1/\omega L)}$$

当回路中的电流与信号源电压的相位相同时，有 $\varphi=0$，这时复阻抗中的电抗 $X=0$，可得出谐振条件为

$$\omega_0 C - \frac{1}{\omega_0 L} \approx 0$$

即 $$\omega_0 C = \frac{1}{\omega_0 L}$$

所以，当 $Q>>1$ 时，并联谐振电路发生谐振时的角频率和频率分别为

$$\omega_0 \approx \frac{1}{\sqrt{LC}}$$

$$f_0 \approx \frac{1}{2\pi\sqrt{LC}}$$

调节 L、C 的参数值或者改变电源频率均可使并联电路发生谐振。

2）并联谐振电路的基本特性

（1）谐振时的阻抗。电路发生并联谐振时，导纳最小（阻抗最大），且电路呈电阻性。回路的端电压与总电流同相，在 $Q>>1$ 时，回路阻抗为最大值，回路导纳为最小值。谐振阻抗的模记作 $|Z_0|$。

在并联谐振时，由于 $B=0$，所以 $Y=G$ 最小，电路呈电阻性。电路的阻抗 $Z=\dfrac{1}{Y}=\dfrac{1}{G}$ 最大，电路的谐振阻抗为

$$|Z|=\frac{1}{|Y|}=\frac{1}{G}=\frac{R^2+(\omega_0 L)^2}{R}\approx\frac{(\omega_0 L)^2}{R}\approx Q\omega_0 L=Q\rho=\frac{L}{CR}=Q^2 R$$

在电子技术中，因为 $Q>>1$，所以并联谐振电路的谐振阻抗都很大，一般在几十千欧至几百千欧之间。

（2）谐振时电路的端电压。并联谐振时，电路两端的电压最大，端电压与外加电流同相。

由于电路处于谐振状态时，电路的 $Y=G$，导纳的模最小，所以 $\dot{U}=\dfrac{\dot{I}}{Y}=\dfrac{\dot{I}}{G}$ 最大；又因为谐振状态时 $B=0$，Y 为纯电阻性质，所以端电压与外加电流同相。

（3）谐振时电路的电流。并联谐振时，电感支路的电流与电容支路的电流大小相等，相位相反，且为输入电流的 Q 倍。

设谐振时回路的端电压为 $\dot{U}_0$，则

$$\dot{U}_0=\dot{I}_0\dot{Z}_0=\dot{I}_0 Q\omega_0 L\approx\dot{I}_0 Q\frac{1}{\omega_0 C}$$

所以，电感支路和电容支路的电流分别为

$$\dot{I}_{C0}=\frac{\dot{U}_0}{\dfrac{1}{\mathrm{j}\omega_0 C}}=\mathrm{j}\omega_0 C\dot{U}_0=\mathrm{j}Q\dot{I}_0$$

$$\dot{I}_{L0}=\frac{\dot{U}_0}{R^2+\mathrm{j}\omega_0 L}\approx\frac{\dot{U}_0}{\mathrm{j}\omega_0 L}=\dot{I}_0 Q\omega_0 L(-\mathrm{j}\frac{1}{\omega_0 L})=-\mathrm{j}\dot{I}_0 Q$$

上式表明，当电路参数和输入电流不变时，$\dot{I}_{C0}$ 和 $\dot{I}_{L0}$ 大小相等，相位相反，外加电流全部流过电阻 R。

若将电感和电容两条支路看作一个回路，则两条支路的电流按实际方向就是环绕回路流动的电流。

如果利用电压源向并联谐振回路供电，则在谐振状态下电压源流入电路的电流最小。电力网利用并联电容的方法增加功率因数，提高发电设备的利用率，就是依据此原理。

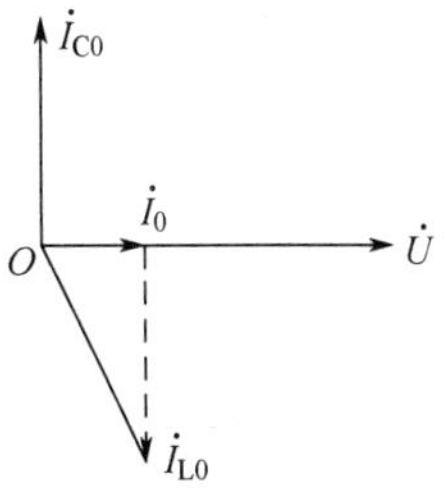

并联谐振时电压和电流的相量图如图 5-41 所示。

$\dot{I}_{C0}$　$\dot{I}_0$　O　$\dot{U}$　$\dot{I}_{L0}$

图 5-41　并联谐振时的相量图

【例 5-17】 如图 5-40 所示电路，已知 $R=10\Omega$，$L=0.1\text{mH}$，$C=100\text{pF}$，求谐振频率 f_0 和谐振阻抗 $|Z_0|$。

解：

$$Q=\frac{\rho}{R}=\frac{1}{R}\sqrt{\frac{L}{C}}=\frac{1}{10}\times\sqrt{\frac{0.1\times10^{-3}}{100\times10^{-12}}}=100\qquad(Q>>1)$$

$$f_0=\frac{1}{2\pi\sqrt{LC}}=\frac{1}{2\times3.14\times\sqrt{0.1\times10^{-3}\times100\times10^{-12}}}=1.59\times10^6(\text{Hz})=1.59(\text{MHz})$$

$$|Z_0|=\frac{L}{CR}=\frac{0.1\times10^{-3}}{100\times10^{-12}\times10}=10^5(\Omega)=100(\text{k}\Omega)$$

3. 谐振的应用

1）用于信号的选择

微课

谐振电路的应用

某 AM 收音机输入回路的电路如图 5-42 所示。电路中，L_1 所在的部分为收音机输入回路的接收天线，L_2、C 所在的部分为由谐振电路组成的收音机选频电路，L_3 所在的部分为将选择出来的电台信号送到收音机的接收电路。

收音机天线接收来自空中不同电台发射的电磁波，调节 C 使 L_2、C 谐振在不同电台的载波频率上，就可以接收不同电台的节目。此时 L_2 上流过的电流最大，故将这一电台信号选出。

2）用于信号的滤波

信号在传输的过程中不可避免地要受到一定的干扰，使信号中混入一些我们不需要的干扰信号。利用谐振的特性，可以将大部分的干扰信号滤除。在图 5-43 中，设信号频率为 f_0，远离信号频率的干扰频率为 f_1，我们将串联谐振电路和并联谐振电路的谐振频率都调整为 f_0。当信号传送过来时，由于并联谐振电路对频率 f_0 的信号阻抗大，而串联谐振电路对频率 f_0 的信号阻抗小，所以频率为 f_0 的信号可以顺利地传送到输出端；对于干扰频率 f_1，并联谐振电路对其阻抗小，而串联谐振电路对其阻抗大，所以只有很少的干扰信号被送到输出端，干扰信号被大大削弱了，达到了滤除干扰信号的目的。如电视机中的全电视信号，在同步分离后送往鉴频器前或预视放前，要经过滤波取出需要的信号部分，而将其他部分滤除。

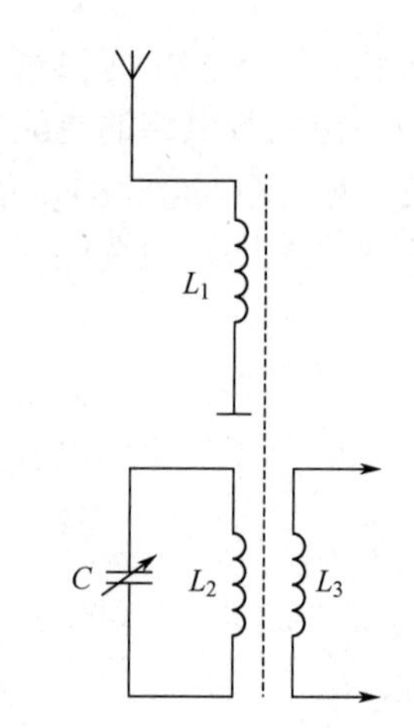

图 5-42　某 AM 收音机输入回路电路

3）用于元器件的测量

利用谐振的特性可以测量电抗型元件的集总参数，Q 表就是一个典型的例子，其原理如图 5-44 所示。

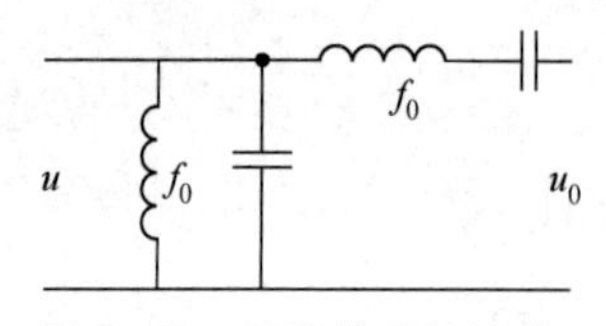

图 5-43　干扰信号的滤除

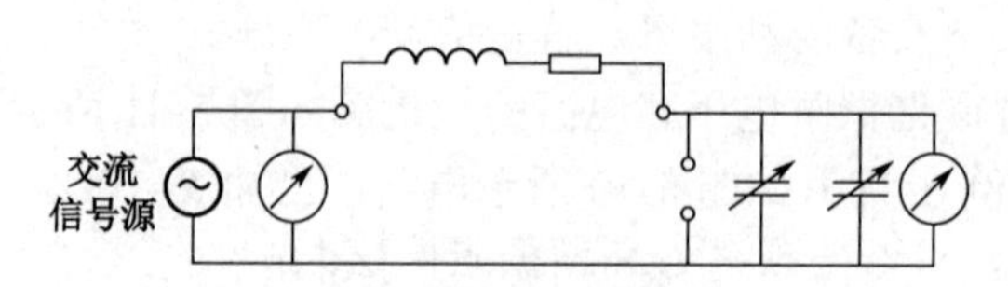

图 5-44　测量电抗型元件集总参数原理图

首先调整信号源的频率和大小，使定位表指示在规定的数值上。接入被测电感，调整电容的容量大小，使电路发生谐振。由于信号源的频率不再改变，所以电容的变化量和被测电感之间有一一对应的关系。通过谐振状态时电容两端的电压和信号源电压的关系，可以测量出电感上 Q 值的大小及电感量的大小。当被测电感上接一个标准电感时，也可以用来测量电容器的电容量。

4）提高功率的传输效率

利用在谐振状态下电感的磁场能量与电容的电场能量实现完全交换这一特点，电源输出的功率全部消耗在负载电阻上，从而实现最大功率的传输。

任务6 三相交流电路

演示文稿

三相交流电路

任务引入：电力生产的过程就是将水能、煤、核能、风能等一次能源转化为效率高、易传输、适用面广的电能的过程，电能都是由发电厂的发电机产生的，世界各国的电力系统普遍采用的是三相制供电方式，三相交流供电系统在发电、输电和能量转换方面都有明显的优势。三相交流电路是一种特殊形式的交流电路，在日常生活中使用的单相交流电源只是三相中的一相，一般来说单相交流电路的分析方法对三相交流电路也是适用的。三相交流电路有何特点？三相交流电源是如何产生的？我们通常使用的220V电压与380V电压之间有何关联？下面我们将对相关知识展开讨论。

1. 三相交流电源的产生

微课

三相交流电源的产生

三相交流电源一般是由三相交流发电机产生的。如图5-45所示是三相交流发电机的原理示意图。发电机主要由定子和转子两部分构成，定子铁芯固定在机座里，其内圆表面有均匀分布的槽，定子槽内嵌放着三个几何尺寸与匝数相同的三相绕组A-X、B-Y、C-Z，各相绕组的首端用A、B、C表示，末端用X、Y、Z表示，彼此间隔120°，称为三相对称绕组。转子是一对磁极，转子铁芯上绕有励磁绕组，通入直流电后产生磁场，该磁场的磁感应强度在定子与转子之间的气隙中按正弦规律分布。当转子由原动机带动，并以角速度 ω 匀速顺时针旋转时，三相定子绕组依次切割磁力线产生频率相同、幅值相等、相位角依次相差 120° 的三相交变感应电压，称为对称三相电源，其等效电路如图5-46所示。

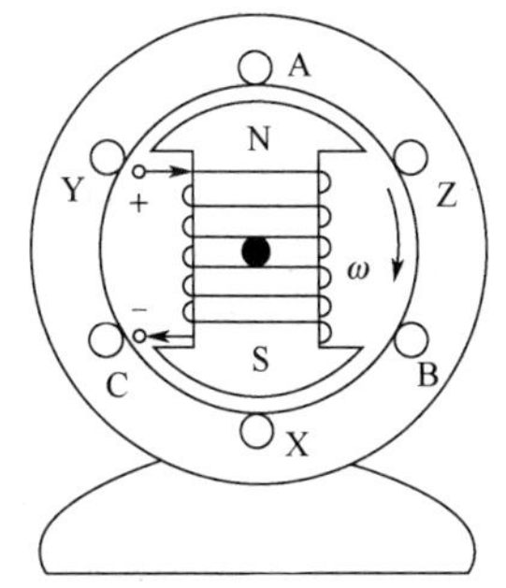

图5-45 三相交流发电机的原理示意图

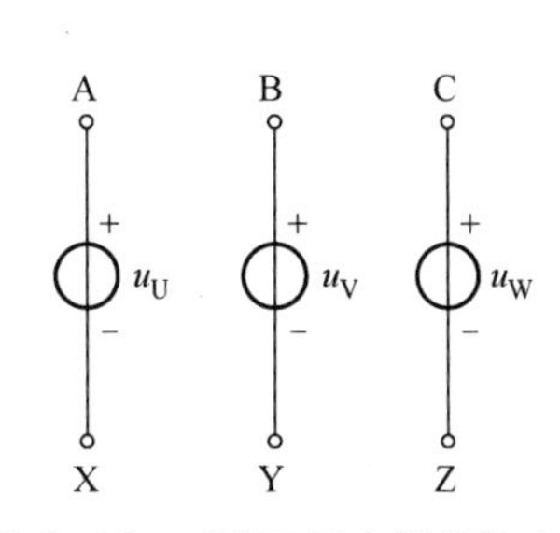

图5-46 对称三相电源等效电路

以第一相绕组 A-X 产生的电压 u_U 为参考正弦量，则第二相绕组 B-Y 产生的电压 u_V 滞后于 u_U 120°，第三相绕组 C-Z 产生的电压 u_W 滞后于 u_V 120° 或超前 u_U 120°，设转子以角速度 ω 旋转，则对称三相电源的解析式为

$$\begin{aligned} u_U &= \sqrt{2}U\sin\omega t \\ u_V &= \sqrt{2}U\sin(\omega t-120°) \\ u_W &= \sqrt{2}U\sin(\omega t+120°) \end{aligned} \tag{5-36}$$

相量形式为

$$\begin{aligned} \dot{U}_U &= U\angle 0° \\ \dot{U}_V &= U\angle -120° \\ \dot{U}_W &= U\angle +120° \end{aligned} \tag{5-37}$$

对称三相电源电压 u_U、u_V、u_W 的波形图及相量图如图 5-47 所示。

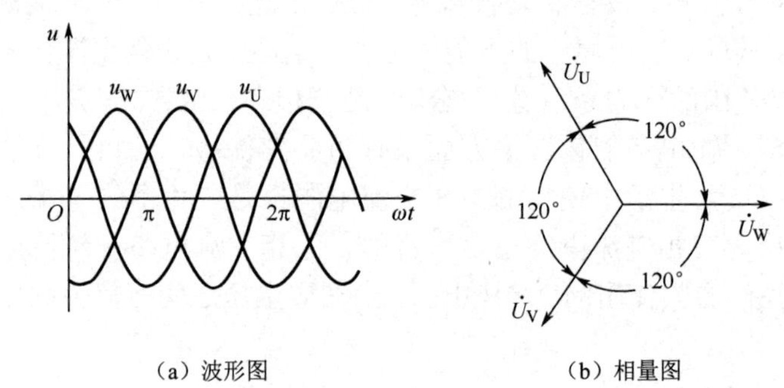

（a）波形图　　（b）相量图

图 5-47　对称三相电源的波形图和相量图

由相量图很容易得出

$$\dot{U}_U+\dot{U}_V+\dot{U}_W=0$$

习惯上把对称三相电源电压出现同一值的先后顺序称为相序。通常把上述 u_U 超前 u_V 120°、u_V 超前 u_W 120° 的相序称为正序，若 u_U 较 u_V 滞后 120°，u_V 较 u_W 滞后 120°，则称为负序。若没有特殊说明，通常采用正序。

2. 三相电源的连接

微课

三相电源的连接

三相电源的三相绕组一般有两种连接方式，一种是星形（Y 形）连接，另一种是三角形（△形）连接。

1）三相电源的 Y 形连接

将三相电源电压的末端连接在一起，首端向外引出，这种连接方式称为星形连接。三相电源末端的连接点称为中性点，从中性点引出的线称为中性线，俗称零线；从三相电源首端 A（U_1）、B（V_1）、C（W_1）引出的线称为端线（相线），俗称火线，如图 5-48 所示。

火线与零线之间的电压称为相电压，如图 5-48 中的 u_U、u_V、u_W，有效值用 U_U、U_V、U_W 表示。火线与火线之间的电压称为线电压，用 u_{UV}、u_{VW}、u_{WU} 表示，有效值用 U_{UV}、U_{VW}、U_{WU} 表示。

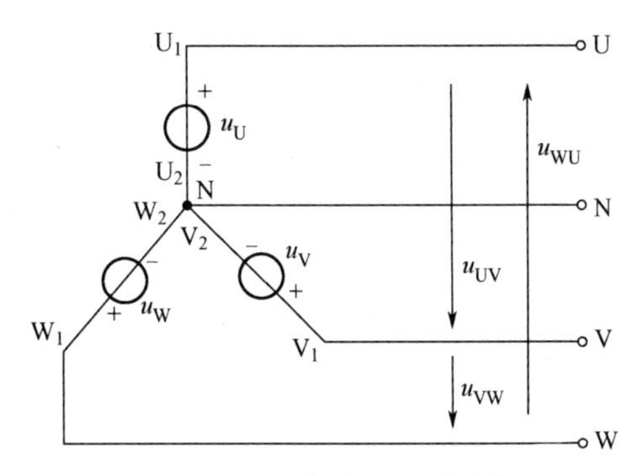

图 5-48 三相电源星形连接

根据 KVL 可知线电压与相电压的关系为

$$u_{UV} = u_U - u_V$$
$$u_{VW} = u_V - u_W$$
$$u_{WU} = u_W - u_U$$

对应的相量关系式为

$$\dot{U}_{UV} = \dot{U}_U - \dot{U}_V$$
$$\dot{U}_{VW} = \dot{U}_V - \dot{U}_W$$
$$\dot{U}_{WU} = \dot{U}_W - \dot{U}_U$$

设 U 相的相电压为参考相量，线电压和相电压的相量图如图 5-49 所示。

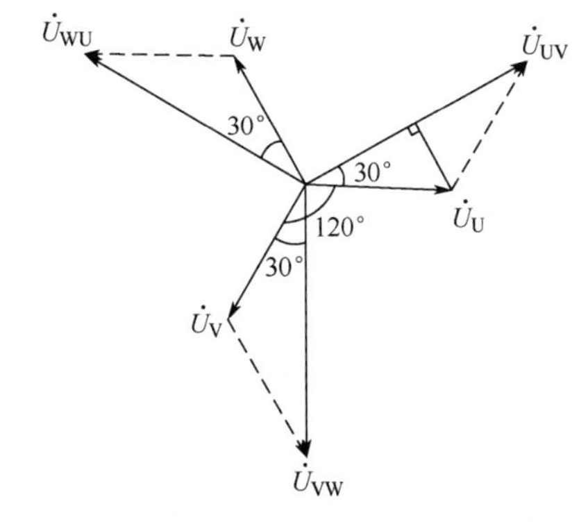

图 5-49 三相电源星形连接时电压的相量图

从相量图中可以看出，当三个相电压对称时，三个线电压也对称，且线电压有效值为相电压有效值的 $\sqrt{3}$ 倍，用 U_L 表示线电压，U_P 表示相电压，有

$$U_L = \sqrt{3}U_P$$

其中

$$U_L = U_{UV} = U_{VW} = U_{WU}$$
$$U_P = U_U = U_V = U_W$$

线电压较相电压相位超前 30°，用相量形式表示为

$$\dot{U}_{UV} = \sqrt{3}\dot{U}_U \angle 30°$$
$$\dot{U}_{VW} = \sqrt{3}\dot{U}_V \angle 30°$$
$$\dot{U}_{WU} = \sqrt{3}\dot{U}_W \angle 30°$$

2）三相电源的△形连接

将三相电源电压的首尾顺次相连，从 3 个连接点引出 3 根相线作为三相电源火线，这种连接方式称为△形连接，即 U_2 与 V_1、V_2 与 W_1、W_2 与 U_1 相连接，如图 5-50 所示。

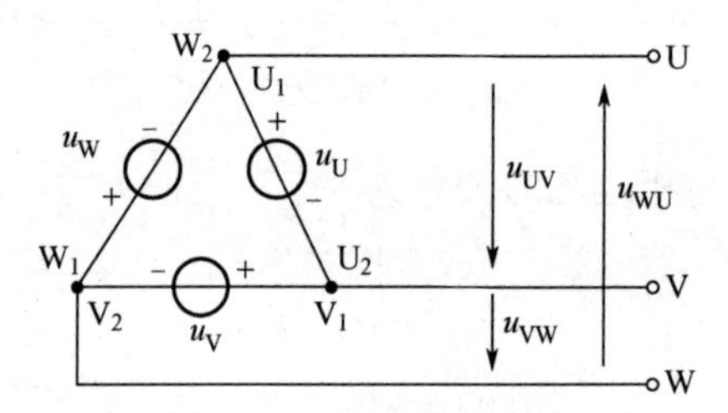

图 5-50　三相电源的三角形连接

由于每两根火线之间接的就是三相电源的每相绕组，所以△形连接的三相电源的线电压就是相应的相电压，即

$$u_{UV} = u_U$$
$$u_{VW} = u_V$$
$$u_{WU} = u_W$$

用相量形式表示为

$$\dot{U}_{UV} = \dot{U}_U$$
$$\dot{U}_{VW} = \dot{U}_V$$
$$\dot{U}_{WU} = \dot{U}_W$$

3．三相负载的连接

用电设备按其对供电电源的要求，可分为单相负载和三相负载。三相负载是指需用三相电源同时供电的设备，如三相电动机、三相变压器等。与三相电源一样，三相负载的连接方式也有 Y 形和△形两种，但与对称三相电源不同的是，三相负载有对称的，也有不对称的，如果每相负载的阻抗相等、性质相同，则称之为三相对称负载，即 $Z_U = Z_V = Z_W = |Z|\angle\varphi$，如三相电动机、三相变压器；否则称之为三相不对称负载，即 $Z_U \neq Z_V \neq Z_W$，如由 3 个单相照明电路组成的三相负载。以下主要介绍三相对称负载。根据三相电源与负载的不同组合方式，三相电路可以分为两类，分别是三相三线制和三相四线制。

动画

三相四线制电路

1）三相负载的 Y 形连接

如图 5-51 所示是三相负载的星形连接，Z_U、Z_V、Z_W 为各相负载的复阻抗，每相负载的末端连在一点，用 N′表示，此点为负载中性点，并与电源中线相连，负载的另外三个端点分别和三根相线 U、V、W 相连，从而

构成三相四线制电路。在此电路中，电流分为相电流和线电流，通过负载的电流叫作相电流，通过相线的电流叫作线电流，其参考方向都是从电源侧指向负载侧，两种电流相等，分别用 $\dot{I}_U$、$\dot{I}_V$、$\dot{I}_W$ 表示。通过中线的电流叫作中线电流，其参考方向是从负载侧指向电源侧，用 $\dot{I}_N$ 表示。

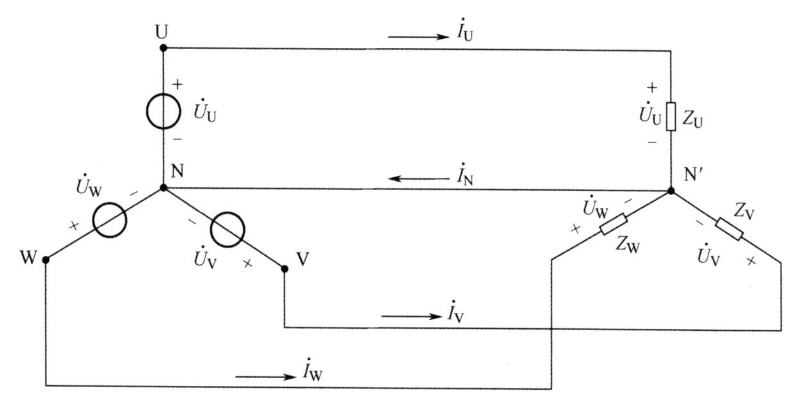

图 5-51　三相负载的星形连接

Y 形连接时，如果不计连接导线的阻抗，则负载两端电压等于电源的相电压，而且每相负载与电源构成一个单独回路，任何一相负载的工作都不受其他两相负载工作的影响，所以各相电流的计算方法和单相电路一样，即

$$\dot{I}_U=\frac{\dot{U}_U}{Z_U}$$

$$\dot{I}_V=\frac{\dot{U}_V}{Z_V}$$

$$\dot{I}_W=\frac{\dot{U}_W}{Z_W}$$

且

$$\dot{I}_N=\dot{I}_U+\dot{I}_V+\dot{I}_W$$

对称负载是指 $Z_U=Z_V=Z_W$。因三相对称负载连接在对称三相电源上，所以三相负载上各相电流也是对称的，中线电流 $\dot{I}_N=\dot{I}_U+\dot{I}_V+\dot{I}_W=0$，故可省去中线，这样的电路即为三相三线制电路。但是，如果三相负载不对称，中线上就会有电流通过，此时中线不能去掉，否则会造成负载上三相电压严重不对称，使用电设备不能正常工作。因三相负载的对称性，分析计算电路时，只需计算一相就可以了，其他两相的电流和电压可由对称关系计算。

用 I_L 表示线电流，I_P 表示相电流，有 $I_L=I_P$；线电压与相电压有效值的关系仍为 $U_L=\sqrt{3}U_P$。

【例 5-18】已知一对称星形连接三相负载，每相的等效电阻为 $R=16\Omega$，每相等效感抗为 $X_L=12\Omega$，电源线电压 $\dot{U}_{UV}=380\angle 30°\text{V}$，求各相负载的电流。

解：因为负载对称，故只需计算其中一相即可。

因

$$\dot{U}_U=\frac{\dot{U}_{UV}}{\sqrt{3}}\angle-30°=220\angle-30°\text{V}$$

则 $$\dot{I}_{\mathrm{U}}=\frac{\dot{U}_{\mathrm{U}}}{Z_{\mathrm{U}}}=\frac{220\angle-30^{\circ}}{16+\mathrm{j}12}=\frac{220\angle-30^{\circ}}{20\angle37^{\circ}}=11\angle-67^{\circ}\mathrm{A}$$

根据三相电流的对称关系，可得到另外两相电流的相量分别为

$$\dot{I}_{\mathrm{V}}=11\angle(-67^{\circ}-120^{\circ})=11\angle-187^{\circ}\mathrm{A}$$

$$\dot{I}_{\mathrm{W}}=11\angle(-67^{\circ}+120^{\circ})=11\angle53^{\circ}\mathrm{A}$$

2）三相负载的△形连接

如图 5-52 所示是三相负载的三角形连接，将三相负载的首尾顺次相连，将三个节点引出线和三根相线 U、V、W 相连，则构成三相三线制电路。在此电路中，线电流分别为 $\dot{I}_{\mathrm{U}}$、$\dot{I}_{\mathrm{V}}$、$\dot{I}_{\mathrm{W}}$，其参考方向都是从电源侧指向负载侧，相电流分别为 $\dot{I}_{\mathrm{UV}}$、$\dot{I}_{\mathrm{VW}}$、$\dot{I}_{\mathrm{WU}}$。

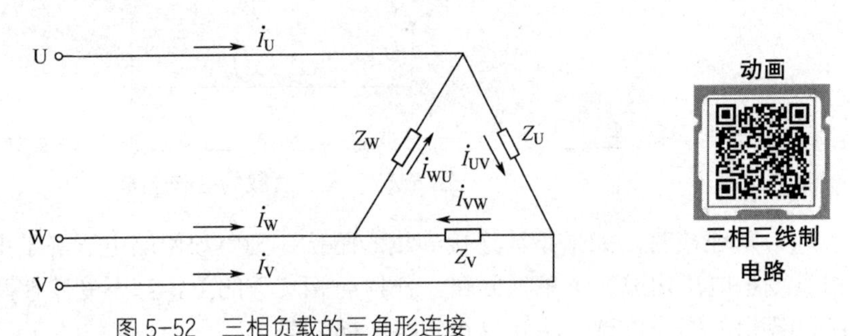

动画

三相三线制电路

图 5-52　三相负载的三角形连接

根据 KCL，分别对三个节点列节点电流方程：

$$\dot{I}_{\mathrm{U}}=\dot{I}_{\mathrm{UV}}-\dot{I}_{\mathrm{WU}}=\dot{I}_{\mathrm{UV}}+(-\dot{I}_{\mathrm{WU}})$$

$$\dot{I}_{\mathrm{V}}=\dot{I}_{\mathrm{VW}}-\dot{I}_{\mathrm{UV}}=\dot{I}_{\mathrm{VW}}+(-\dot{I}_{\mathrm{UV}})$$

$$\dot{I}_{\mathrm{W}}=\dot{I}_{\mathrm{WU}}-\dot{I}_{\mathrm{VW}}=\dot{I}_{\mathrm{WU}}+(-\dot{I}_{\mathrm{VW}})$$

我们可以通过相量图得出每相线电流与相电流的关系，设 U 相的相电流为参考相量，则线电流和相电流的相量图如图 5-53 所示。

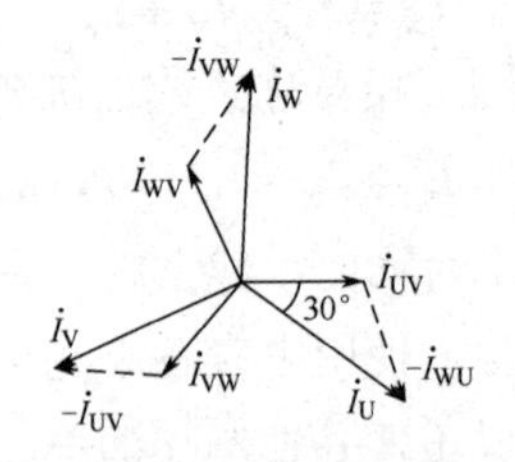

微课

三相负载的三角形连接

图 5-53　三相对称相电流与线电流的关系相量图

如果三相负载是对称的，那么相电流和线电流一定也是对称的，它们的有效值相等，且线电流的有效值是相电流有效值的 $\sqrt{3}$ 倍，即

$$I_{\mathrm{L}}=\sqrt{3}I_{\mathrm{P}}$$

其中

$$I_{\mathrm{L}}=I_{\mathrm{U}}=I_{\mathrm{V}}=I_{\mathrm{W}}$$

$$I_{\mathrm{P}}=I_{\mathrm{UV}}=I_{\mathrm{VW}}=I_{\mathrm{WU}}$$

在相位上，相电流超前于对应的线电流 30°，则用相量形式表示为

$$\dot{I}_{\mathrm{L}}=\sqrt{3}\dot{I}_{\mathrm{P}}\angle-30°$$
$$\dot{I}_{\mathrm{U}}=\sqrt{3}\dot{I}_{\mathrm{UV}}\angle-30°$$
$$\dot{I}_{\mathrm{V}}=\sqrt{3}\dot{I}_{\mathrm{VW}}\angle-30°$$
$$\dot{I}_{\mathrm{W}}=\sqrt{3}\dot{I}_{\mathrm{WU}}\angle-30°$$

【例 5-19】 在三相对称电路中，电源的线电压为380V，△形连接的对称负载每相阻抗$Z=(30+\mathrm{j}40)\Omega$。试求电路的各相电流和线电流。

解： 因为是对称负载，所以相电流、线电流均对称，计算其中一相即可，其中一相的电流为

$$\dot{I}_{\mathrm{UV}}=\frac{\dot{U}_{\mathrm{UV}}}{Z_{\mathrm{UV}}}=\frac{380\angle0°}{30+\mathrm{j}40}=7.6\angle-53°\mathrm{A}$$

由对称关系推知其他两相的相电流为

$$\dot{I}_{\mathrm{VW}}=\dot{I}_{\mathrm{UV}}\angle-120°-53°=7.6\angle173°\mathrm{A}$$
$$\dot{I}_{\mathrm{WU}}=\dot{I}_{\mathrm{UV}}\angle120°-53°=7.6\angle67°\mathrm{A}$$

根据线电流与相电流的关系，可求得线电流分别为

$$\dot{I}_{\mathrm{U}}=\sqrt{3}\dot{I}_{\mathrm{UV}}\angle-30°=\sqrt{3}\times7.6\angle-53°\times\angle-30°=13.2\angle-83°\mathrm{A}$$
$$\dot{I}_{\mathrm{V}}=\dot{I}_{\mathrm{U}}\angle-120°-83°=13.2\angle203°\mathrm{A}$$
$$\dot{I}_{\mathrm{W}}=\dot{I}_{\mathrm{U}}\angle120°-83°=13.2\angle37°\mathrm{A}$$

4．三相电路的功率

无论三相电路是否对称，也无论是星形连接还是三角形连接，电路总的有功功率、无功功率都分别等于各相的有功功率、无功功率之和，即

微课

三相电路的功率分析

$$P=P_{\mathrm{U}}+P_{\mathrm{V}}+P_{\mathrm{W}}$$
$$Q=Q_{\mathrm{U}}+Q_{\mathrm{V}}+Q_{\mathrm{W}}$$

其中，每相的有功功率为

$$P_{\mathrm{U}}=U_{\mathrm{U}}I_{\mathrm{UV}}\cos\varphi_{\mathrm{U}}$$
$$P_{\mathrm{V}}=U_{\mathrm{V}}I_{\mathrm{VW}}\cos\varphi_{\mathrm{V}}$$
$$P_{\mathrm{W}}=U_{\mathrm{W}}I_{\mathrm{WU}}\cos\varphi_{\mathrm{W}}$$

无功功率为

$$Q_{\mathrm{U}}=U_{\mathrm{U}}I_{\mathrm{UV}}\sin\varphi_{\mathrm{U}}$$
$$Q_{\mathrm{V}}=U_{\mathrm{V}}I_{\mathrm{VW}}\sin\varphi_{\mathrm{V}}$$
$$Q_{\mathrm{W}}=U_{\mathrm{W}}I_{\mathrm{WU}}\sin\varphi_{\mathrm{W}}$$

三相电路的总视在功率为

$$S=\sqrt{P^2+Q^2}$$

在三相对称电路中，三相相电压、相电流都是对称的，因此相电压有效值、相电流有效值均相等，即

$$U_{\mathrm{U}}=U_{\mathrm{V}}=U_{\mathrm{W}}=U_{\mathrm{P}}$$
$$I_{\mathrm{UV}}=I_{\mathrm{VW}}=I_{\mathrm{WU}}=I_{\mathrm{P}}$$
$$\varphi_{\mathrm{U}}=\varphi_{\mathrm{V}}=\varphi_{\mathrm{W}}=\varphi_{\mathrm{P}}$$

所以对称三相正弦交流电路中各相的有功功率、无功功率及视在功率都分别相等，即

总有功功率 $$P=3U_{\mathrm{P}}I_{\mathrm{P}}\cos\varphi_{\mathrm{P}}$$

总无功功率 $$Q=3U_{\mathrm{P}}I_{\mathrm{P}}\sin\varphi_{\mathrm{P}}$$

总视在功率 $$S=\sqrt{P^2+Q^2}=3U_{\mathrm{P}}I_{\mathrm{P}}$$

当对称负载为星形连接时，有

$$U_{\mathrm{P}}=\frac{1}{\sqrt{3}}U_{\mathrm{L}}$$
$$I_{\mathrm{P}}=I_{\mathrm{L}}$$

当对称负载为三角形连接时，有

$$U_{\mathrm{P}}=U_{\mathrm{L}}$$
$$I_{\mathrm{P}}=\frac{1}{\sqrt{3}}I_{\mathrm{L}}$$

所以，无论采用何种形式连接，只要负载对称，其有功功率、无功功率、视在功率分别为

$$P=\sqrt{3}U_{\mathrm{L}}I_{\mathrm{L}}\cos\varphi_{\mathrm{P}}$$
$$Q=\sqrt{3}U_{\mathrm{L}}I_{\mathrm{L}}\sin\varphi_{\mathrm{P}}$$
$$S=\sqrt{3}U_{\mathrm{L}}I_{\mathrm{L}}$$

【例 5-20】对称 Y 形连接的三相负载，每相阻抗为$Z=(8+\mathrm{j}6)\Omega$，三相电源线电压为380V，求三相负载的各个总功率。

解：已知线电压为$U_{\mathrm{L}}=380\mathrm{V}$，则相电压

微课

三相电路的分析与计算

$$U_{\mathrm{P}}=\frac{1}{\sqrt{3}}U_{\mathrm{L}}=220(\mathrm{V})$$

因此线电流为

$$I_{\mathrm{L}}=\frac{U_{\mathrm{P}}}{|Z|}=\frac{220}{10}=22(\mathrm{A})$$

负载的阻抗角为 $$\varphi_{\mathrm{P}}=\arctan\frac{3}{4}=36.9°$$

因此，三相负载的总功率分别为

$$P=\sqrt{3}U_{\mathrm{L}}I_{\mathrm{L}}\cos\varphi_{\mathrm{P}}=\sqrt{3}\times380\times22\times\cos36.9°=11.58(\mathrm{kW})$$
$$Q=\sqrt{3}U_{\mathrm{L}}I_{\mathrm{L}}\sin\varphi_{\mathrm{P}}=\sqrt{3}\times380\times22\times\sin36.9°=8.69(\mathrm{kW})$$
$$S=\sqrt{3}U_{\mathrm{L}}I_{\mathrm{L}}=\sqrt{3}\times380\times22=14.48(\mathrm{kV\cdot A})$$

【例5-21】如图5-54所示电路为Y-Y连接的对称三相电路，已知负载阻抗Z=(8.8+j8.8)Ω，线路阻抗 Z_{L}=(0.2+j0.2)Ω，中线阻抗 Z_{N}=(1.1+j1.1)Ω，三相电源对称且$\dot{U}_{\mathrm{U}}=220\angle0°\mathrm{V}$，试计算负载的相电压、相电流和线电流以及中线电流。

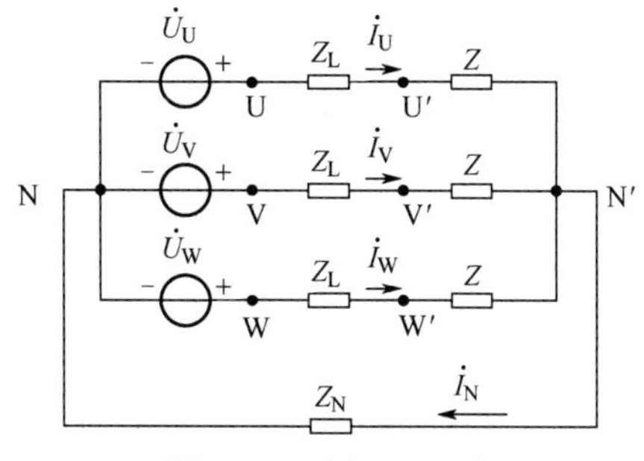

图 5-54 例 5-21 图

解：已知三相电源对称，用相量表示为

$$\dot{U}_U = 220\angle 0°\text{V}$$

$$\dot{U}_V = 220\angle -120°\text{V}$$

$$\dot{U}_W = 220\angle 120°\text{V}$$

下面画出 U 相的单线图进行计算，如图 5-55 所示。

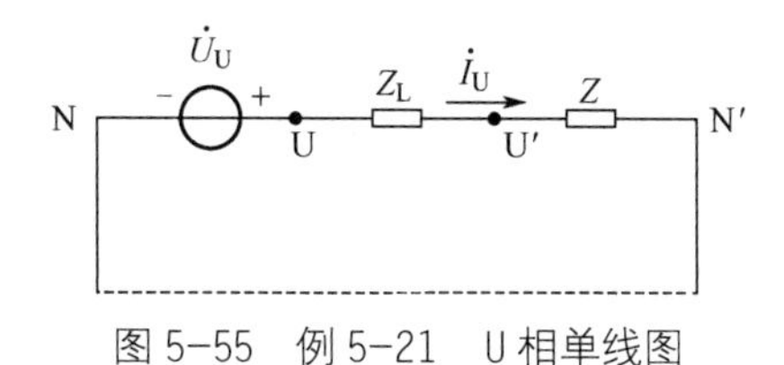

图 5-55 例 5-21 U 相单线图

可得

$$\dot{I}_U = \frac{\dot{U}_U}{Z+Z_L} = \frac{220\angle 0°}{8.8+\text{j}8.8+0.2+\text{j}0.2}$$

$$= \frac{220\angle 0°}{9+\text{j}9}$$

$$= \frac{220\angle 0°}{12.72\angle 45°}$$

$$= 17.32\angle -45°\text{A}$$

根据对称条件，可得另外两相负载相电流（线电流）为

$$\dot{I}_V = 17.32\angle -165°\text{A}$$

$$\dot{I}_W = 17.32\angle 75°\text{A}$$

负载相电压为

$$\dot{U}_{UN} = Z\dot{I}_U = (8.8+\text{j}8.8)\times 17.32\angle -45° = 215.3\angle 0°\text{V}$$

$$\dot{U}_{VN} = \dot{U}_{UN}\angle -120° = 215.3\angle -120°\text{V}$$

$$\dot{U}_{WN} = \dot{U}_{UN}\angle 120° = 215.3\angle 120°\text{V}$$

中线电流为

$$\dot{I}_N = \dot{I}_U + \dot{I}_V + \dot{I}_W = 17.32\angle -45° + 17.32\angle -165° + 17.32\angle 75° = 0$$

项目 2 日光灯照明电路的设计

一、设计目的

演示文稿

日光灯照明电路的设计

- ✧ 掌握日光灯的电路结构、工作原理、安装和测试方法；
- ✧ 能对日光灯照明电路常见的故障进行分析、判断并解决；
- ✧ 能熟练使用示波器。

二、器材与工具

- ✧ 交流电压表、电流表；
- ✧ 灯管、灯座、启辉器、镇流器、开关、各种导线；
- ✧ 双踪示波器；
- ✧ 万用表；
- ✧ 常用电工工具。

三、电路的结构及原理说明

日光灯照明电路由灯管、镇流器、启辉器、开关及灯座组成，如图 5-56 所示，各组成部分的实物如图 5-57 所示。

1）灯管

日光灯的灯管是一根玻璃管，其内壁涂有一层荧光粉，不同的荧光粉可发出不同颜色的光。灯管内充有稀薄的惰性气体（如氩气）和水银蒸气。灯管两端有由钨制成的灯丝，灯丝涂有受热后易于发射电子的氧化物。

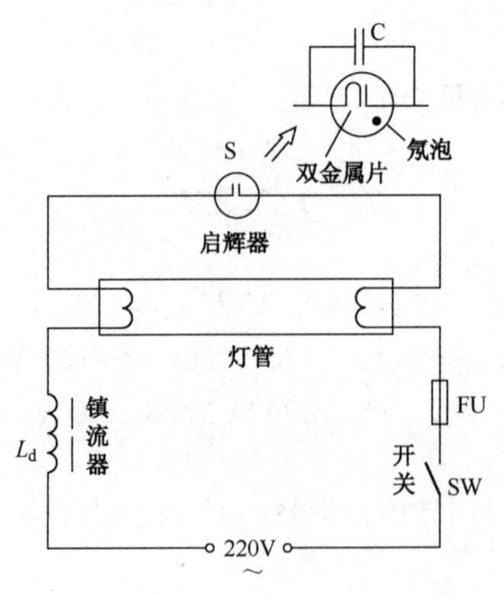

图 5-56 日光灯照明电路

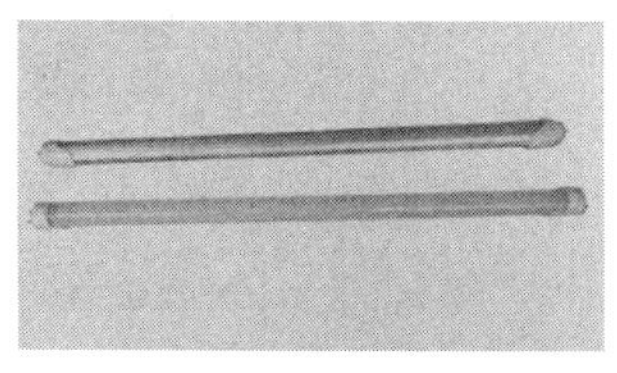

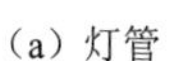

（a）灯管

（b）镇流器

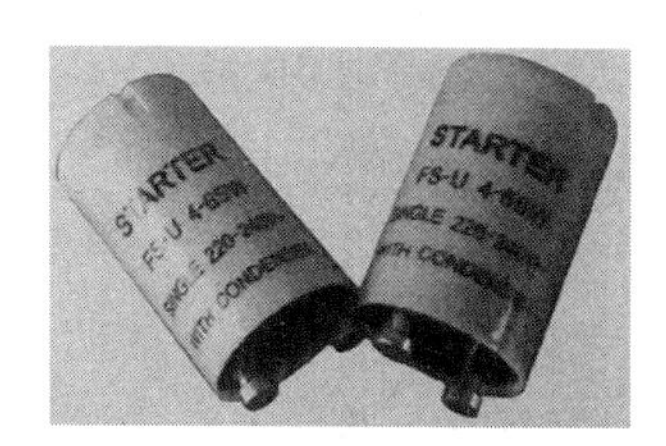

（c）启辉器

图 5-57　日光灯照明电路各组成部分的实物

当灯丝有电流通过时，灯管内灯丝发射电子，管内温度升高，水银蒸发。这时，若在灯管的两端加上足够的电压，就会使管内氩气电离，从而使灯管由氩气放电过渡到水银蒸气放电。放电时发出不可见的紫外线，照射在管壁内的荧光粉上面，使灯管发出各种颜色的可见光。

2）镇流器

镇流器是与日光灯灯管相串联的一个元件，实际上是绕在硅钢片铁芯上的电感线圈，其感抗值很大。镇流器的作用是：① 限制灯管的电流；② 产生足够的自感电动势，使灯管容易放电起燃。镇流器一般有 2 个触头，但有些镇流器为了在电压不足时容易起燃，就多绕了一个线圈，因此也有 4 个触头的镇流器。

3）启辉器

启辉器是一个小型的辉光管，在小玻璃管内充有氖气，并装有两个电极。其中一个电极是用线膨胀系数不同的两种金属（通常称双金属片）组成的，冷态时两电极分离，受热时双金属片会因受热而弯曲，使两电极自动闭合。

4）发光原理

当接通电源时，电源电压全部加在启辉器的两个电极之间，启辉器内的氖气发生电离。电离的高温使倒“U”形电极受热趋于伸直，两电极接触，使电流从电源一端流向镇流器、灯丝、启辉器、灯丝、电源的另一端，形成通路并加热灯丝。灯丝因有电流（称为启辉电流或预热电流）通过而发热，使氧化物发射电子。同时，启辉器的两个电极接通时，电极间电压为零，启辉器中的电离现象立即停止，“U”形金属片因温度下降而复原，两电极分离。在分离的一瞬间，镇流器中流过的电流发生突然变化（突降至零），由于镇流器铁芯线圈的高感作用，产生足够高的自感电动势作用于灯管两端，这个感应电压连同电源电压一起加在灯管的两端，使灯管内的惰性气体电离而产生弧光放电。随着管内温度的逐渐升高，水银蒸气游离，碰撞惰性气体分子放电，当水银蒸气弧光放电时，就会辐射出不可见的紫外线，紫外线激发灯管内壁的荧光粉后发出可见光。

正常工作时，灯管两端的电压较低，此电压不足以使启辉器再次产生辉光放电。因此，启辉器仅在启辉过程中起作用，一旦启辉完成，便处于断开状态。

四、电路的安装

（1）检测电路的元器件质量。注意：镇流器与启辉器的标称功率应保持一致，镇流器与灯管的功率必须一致，否则不能使用。

（2）安装。先把灯座、启辉器、镇流器的位置选好，再将启辉器座固定在灯架的一端，两个灯座分别固定在灯架的两端，中间的距离按所用灯管长度量好，使灯脚刚好插进灯座的插孔中。

（3）接线。

（4）接线完毕要对照电路图仔细检查，以防接错或漏接。接电源时，其相线应经开关连接到镇流器上，通电试验正常后，即可投入使用。

五、电路调试

（1）用万用表检测日光灯的灯管和镇流器。先用电阻挡测试灯管两端的两级，若导通则说明灯丝没有损坏；再用电阻挡测试镇流器，如果不通，则表明镇流器烧坏了。

（2）按图 5-56 所示连接电路，用交流电流表测量电路电流 I，用交流电压表测量总电压 U、灯管电压 U_H 及镇流器电压 U_1。根据实验数据，分别绘出电压、电流的相量图，验证相量形式的基尔霍夫定律。

六、项目考核

能力目标	专业技能 目标要求	评分标准	配分	得分	备注
硬件安装与接线	1．能够正确地按照系统设计要求进行器件的选择、布局和接线 2．接线牢固，不松动 3．布线合理、美观	1．接线松动、露铜芯过长、布线不美观，每处扣 0.5 分 2．接线错误，每处扣 1 分 3．漏选一个元件，或元件容量选择不匹配，每次扣 0.5 分 4．元件质量检测、线路通电前检测，每错 1 处扣 0.5 分 5．元件布置不整齐、不匀称、不合理，每处扣 0.5 分 6．损坏元件，每个扣 1 分	5		扣完为止
元件质量检测	能够根据元件工作原理，正确选用仪表进行质量检测，得到质检结果	在元件质量检测过程中，每错检、缺检、漏检一次，酌情扣 0.5～3 分	5		扣完为止
排除故障	1．排除故障条理清楚，能正确分析出故障原因 2．能正确排除系统硬件接线错误 3．能正确排除器件损件故障现象 4．通过对系统进行综合调试，能够正确排除系统故障	1．未能排除故障点，每个故障点扣 1 分 2．不会利用电工工具、仪表排除故障，酌情扣分	5		扣完为止

七、项目报告

日光灯照明电路的设计报告

项目名称	
设计目的	
所需器材	
操作步骤	
故障分析	
心得体会	
教师评语	

技能实训1　R、L、C元件阻抗特性的测定

一、实训目的

（1）验证电阻、感抗、容抗与频率的关系，测定 $R—f$、$X_L—f$ 及 $X_C—f$ 特性曲线。

（2）理解R、L、C元件端电压与电流之间的相位关系。

二、原理说明

（1）在正弦交变信号的作用下，R、L、C元件在电路中的抗流作用与信号的频率有关，它们的阻抗频率特性曲线如图5-58所示。

（2）元件阻抗频率特性的测量电路如图5-59所示。

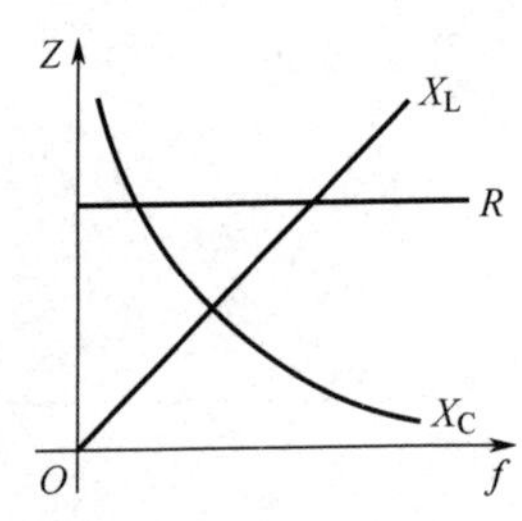

图5-58　阻抗频率特性曲线

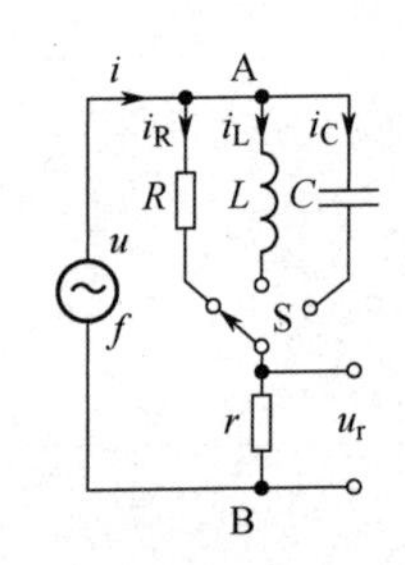

图5-59　元件阻抗频率特性的测量电路

图中的 r 是提供测量回路电流的标准小电阻，由于 r 的阻值远小于被测元件的阻抗值（本实训中 r 为30Ω），因此可以认为A、B之间的电压就是被测元件R、L或C两端的电压，流过被测元件的电流则可由 r 两端的电压除以 r 得到。

若用双踪示波器同时观察 r 与被测元件两端的电压，也就展现出被测元件两端的电压和流过该元件电流的波形，从而可在荧光屏上测出电压与电流的幅值及它们之间的相位差。

（3）将元件R、L、C串联或并联相接，也可以用同样的方法测得 $Z_{串}$ 与 $Z_{并}$ 的阻抗频率特性，根据电压、电流的相位差可判断 $Z_{串}$ 或 $Z_{并}$ 是感性还是容性负载。

（4）元件的阻抗角（相位差 φ）随输入信号的频率变化而改变，将各个不同频率下的相位差画在以频率 f 为横坐标、阻抗角 φ 为纵坐标的坐标纸上，并用光滑的曲线连接这些点，即得到阻抗角的频率特性曲线。

用双踪示波器测量阻抗角的方法如图5-60所示。从荧光屏上数得一个周期占 n 格，相位差占 m 格，则实际的相位差 φ（阻抗角）为

$$\varphi = m \times \frac{360}{n}\ （度）$$

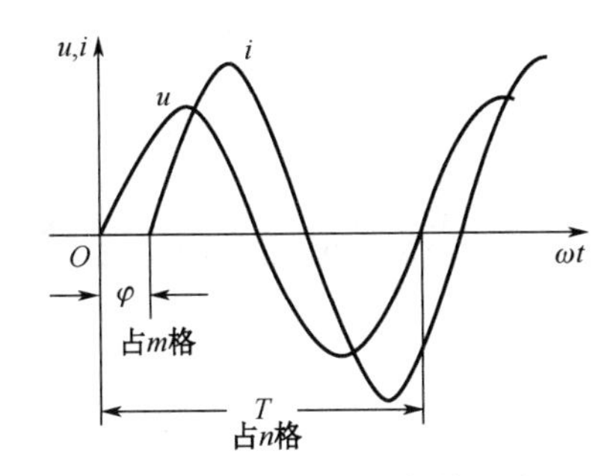

图 5-60　测量阻抗角的方法

三、实训设备

序　号	名　称	型号与规格	数　量	备　注
1	低频信号发生器		1	DG03
2	交流毫伏表	0～600V	1	D83
3	双踪示波器		1	自备
4	频率计		1	DG03
5	实验电路元件	R=1kΩ，C=1μF　L≈1H	各 1	DG09
6	电阻	30Ω	1	DG09

四、实训内容

（1）测量 R、L、C 元件的阻抗频率特性。

将低频信号发生器输出的正弦波信号接至如图 5-59 所示的电路，激励源 u 用交流毫伏表测量，使激励电压的有效值为 U=3V，并保持不变。

使低频信号发生器的输出频率从 200Hz 逐渐增至 5kHz（用频率计测量），并使开关 S 分别接通 R、L、C 三个元件，用交流毫伏表测量 U_r，并计算各频率点时的 I_R、I_L 和 I_C（即 U_r/r）以及 $R=U/I_R$、$X_L=U/I_L$ 和 $X_C=U/I_C$ 的值。

注意：在接通电容 C 测量时，低频信号发生器的频率应控制在 200～2500Hz。

（2）用双踪示波器观察在不同频率下各元件阻抗角的变化情况，按图 5-60 所示记录 n 和 m，算出 φ。

（3）测量 R、L、C 元件串联时的阻抗频率特性。

五、实训注意事项

（1）交流毫伏表属于高阻抗电表，测量前必须先调零。

（2）测阻抗角 φ 时，示波器的“V/div”和“t/div”的微调旋钮应旋置“校准位置”。

六、思考题

测量 R、L、C 各个元件的阻抗角时，为什么要给它们串联一个小电阻呢？可否用一个小电感或大电容代替？为什么？

技能实训 2　正弦稳态交流电路相量的研究

一、实验目的

（1）研究正弦稳态交流电路中电压、电流相量之间的关系。

（2）掌握日光灯电路的接线方法。

（3）理解改善电路功率因数的意义并掌握其方法。

二、原理说明

（1）在单相正弦交流电路中，用交流电流表测得各支路的电流值，用交流电压表测得回路各元件两端的电压值，它们之间的关系满足相量形式的基尔霍夫定律，即 $\Sigma I=0$ 和 $\Sigma U=0$。

（2）如图 5-61 所示的 RC 串联电路，在正弦稳态信号 U 的激励下，U_R 与 U_C 保持 90º 的相位差，即当 R 阻值改变时，U_R 的相量轨迹是一个半圆。U、U_C 与 U_R 三者形成一个直角形的电压三角形，如图 5-62 所示。当 R 值改变时，可改变 φ 角的大小，从而达到移相的目的。

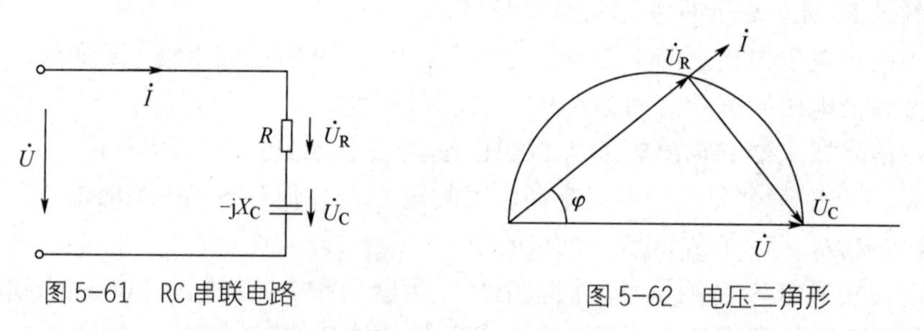

图 5-61　RC 串联电路　　图 5-62　电压三角形

（3）日光灯电路如图 5-63 所示，图中 A 是日光灯管，L 是镇流器，S 是启辉器，C 是补偿电容器，用以改善电路的功率因数（$\cos\varphi$ 的值）。

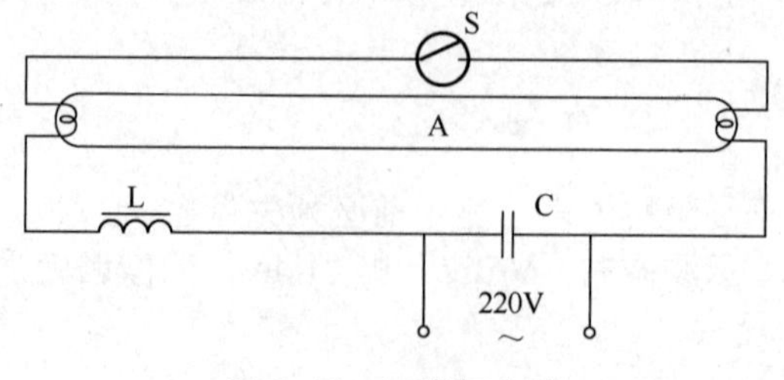

图 5-63　日光灯电路

三、实训设备

序　号	名　称	型号与规格	数　量	备　注
1	交流电压表	0～450V	1	D33
2	交流电流表	0～5A	1	D32
3	功率表		1	D34
4	自耦调压器		1	DG01
5	镇流器、启辉器	与 40W 灯管配用	各 1	DG09
6	日光灯灯管	40W	1	屏内
7	电容器	1μF，2.2μF，4.7μF/500V	各 1	DG09
8	白炽灯及灯座	220V，15W	1～3	DG08
9	电流插座		3	DG09

四、实训内容

微课

日光灯电路的接线与测量

（1）按图 5-63 所示接线。A 为 220V、15W 的白炽灯，电容器 C 为 4.7μF/500V。经指导教师检查无误后，接通实验台电源，将自耦调压器的输出（U）调至 220V。记录 U、U_R、U_C 的值于表 5-1 中，验证电压三角形的关系。

表 5-1　白炽灯电路的电压与电流值

测　量　值			计　算　值		
U（V）	U_R（V）	U_C（V）	U'（$U'=\sqrt{U_R^2+U_C^2}$）	$\triangle U=U'-U$（V）	$\triangle U/U$（%）

实验演示视频

日光灯电路的接线与测量

（2）日光灯电路的接线与测量。按图 5-64 所示接线。经指导教师检查无误后接通实验台电源，调节自耦调压器的输出，使其输出电压缓慢增大，直到日光灯刚启辉点亮为止，记下三个表的指示值。然后将电压调至 220V，测量功率 P、电流 I、电压 U、U_L、U_A 的值，并记录于表 5-2 中，验证电压、电流的相量关系。

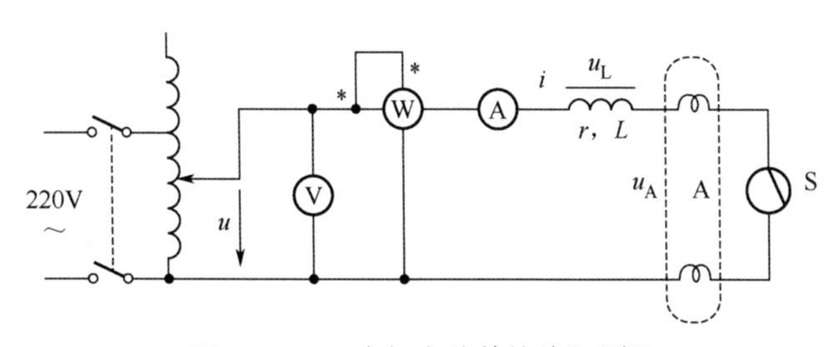

图 5-64　日光灯电路的接线与测量

表 5-2 日光灯电路的各数据值

	测量数值						计算值	
	P（W）	$\cos\varphi$	I（A）	U（V）	U_L（V）	U_A（V）	r（Ω）	$\cos\varphi$
启辉值								
正常工作值								

（3）电路功率因数的改善。按图 5-65 所示搭建实训电路。经指导老师检查无误后接通实验台电源，将自耦调压器的输出调至 220V，记录功率表、电压表的读数。通过一个电流表和三个电流插座分别测得三条支路的电流，改变电容值，进行三次重复测量，将数据记入表 5-3 中。

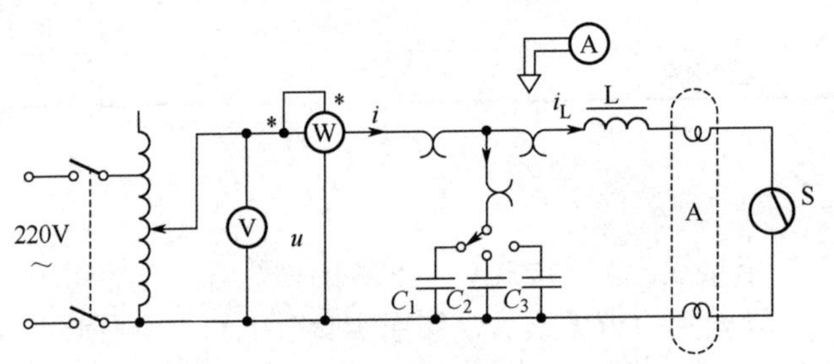

图 5-65 日光灯电路并联电容后的接线与测量

表 5-3 日光灯电路并联电容后的各数据值

电容值（μF）	测量数值						计算值	
	P（W）	$\cos\varphi$	U（V）	I（A）	I_L（A）	I_C（A）	I'（A）	$\cos\varphi$
0								
1								
2.2								
4.7								

五、实训注意事项

（1）本实训采用 220V 交流市电，在实训过程中务必注意用电安全和人身安全。

（2）功率表要正确接入电路。

（3）若电路接线正确，但日光灯不能启辉，则应检查启辉器及其接触是否良好。

六、思考题

（1）参阅课外资料，了解日光灯的启辉原理。

（2）在日常生活中，当日光灯上缺少了启辉器时，人们常用一根导线将日光灯的两端短接一下，然后迅速断开，使日光灯点亮（DG09 实验挂箱上有短接按钮，可用它代替启辉器进行实验），或用一只启辉器去点亮多只同类型的日光灯，这是为什么呢？

（3）为了改善电路的功率因数，常在感性负载上并联电容器，此时增加了一条电流支路，试问电路的总电流是增大了还是减小了？此时感性元件上的电流和功率是否改变？

（4）提高电路功率因数为什么只采用并联电容法，而不采用串联电容法？并联的电容器其电容是否越大越好？

七、实训报告

（1）完成表格中数据的计算，进行必要的误差分析。
（2）根据实训数据，分别绘出电压、电流相量图，验证相量形式的基尔霍夫定律。
（3）讨论改善电路功率因数的意义和方法。
（4）记录装接日光灯电路的心得体会。

技能实训 3　三相交流电路电压、电流的测量

一、实训目的

（1）掌握三相负载作星形连接、三角形连接的方法，验证这两种接法下线电压、相电压及线电流、相电流之间的关系。

（2）充分理解三相四线制供电系统中中线的作用。

二、原理说明

（1）三相负载可接成星形或三角形。当三相对称负载作 Y 形连接时，线电压 U_L 是相电压 U_p 的 $\sqrt{3}$ 倍，线电流 I_L 等于相电流 I_p，即

$$U_L=\sqrt{3}U_p\ ,\ I_L=I_p$$

在这种情况下，流过中线的电流 $I_0=0$，所以可以省去中线。

当对称三相负载作△形连接时，有 $I_L=\sqrt{3}I_p$，$U_L=U_p$。

（2）不对称三相负载作 Y 形连接时，必须采用三相四线制接法，即 Y_0 接法，而且中线必须牢固连接，以保证三相不对称负载的每相电压维持对称不变。

倘若中线断开，会导致三相负载电压不对称，致使负载轻的一相相电压过高，使负载损坏；负载重的一相相电压又过低，使负载不能正常工作。对于三相照明负载，应无条件地一律采用 Y_0 接法。

（3）当不对称负载作△形连接时，$I_L\neq\sqrt{3}I_p$，但只要电源的线电压 U_L 对称，加在三相负载上的电压仍是对称的，对各相负载的工作没有影响。

三、实训设备

序　号	名　称	型号与规格	数　量	备　注
1	交流电压表	0～500V	1	D33
2	交流电流表	0～5A	1	D32
3	万用表		1	自备

续表

序　号	名　称	型号与规格	数　量	备　注
4	三相自耦调压器		1	DG01
5	三相灯组负载	220V，15W	9	DG08
6	电流插座		3	DG09

四、实训内容

（1）三相负载星形连接（三相四线制供电）。按图 5-66 所示连接电路，即将三相灯组负载经三相自耦调压器接至三相对称电源，将三相自耦调压器的旋钮置于输出为 0V 的位置（逆时针旋到底）。经指导教师检查合格后，方可开启实验台电源，然后调节调压器的输出，使输出的三相线电压为 220V，分别测量三相负载的线电压、相电压、线电流、相电流、中线电流、电源与负载中点间的电压。将所测得的数据记入表 5-4 中，并观察各相灯组亮暗的变化程度，特别要注意观察中线的作用。

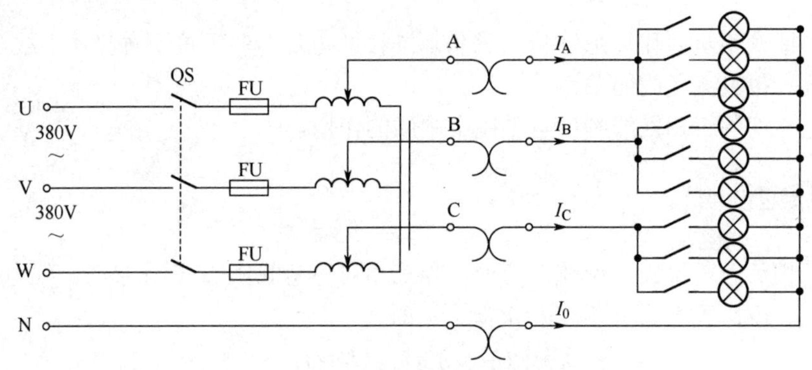

图 5-66　三相负载 Y 形连接电路图

表 5-4　三相负载 Y 形连接的测量数据

测量数据 / 负载情况	开灯盏数			线电流（A）			线电压（V）			相电压（V）			中线电流 I_0（A）	中点电压 U_{N0}（V）
	A相	B相	C相	I_A	I_B	I_C	U_{AB}	U_{BC}	U_{CA}	U_{A0}	U_{B0}	U_{C0}		
Y_0 接平衡负载	3	3	3											
Y 接平衡负载	3	3	3											
Y_0 接不平衡负载	1	2	3											
Y 接不平衡负载	1	2	3											
Y_0 接 B 相断开	1		3											
Y 接 B 相断开	1		3											
Y 接 B 相短路	1		3											

实验演示视频

三相平衡负载星形连接电压与电流的测量

实验演示视频

三相不平衡负载星形连接电压与电流的测量

（2）三相负载三角形连接（三相三线制供电）。按图 5-67 所示改接线路，经指导教师检查合格后接通三相电源，并调节调压器，使其输出的三相线电压为 220V，并按表 5-5 的内容进行测量。

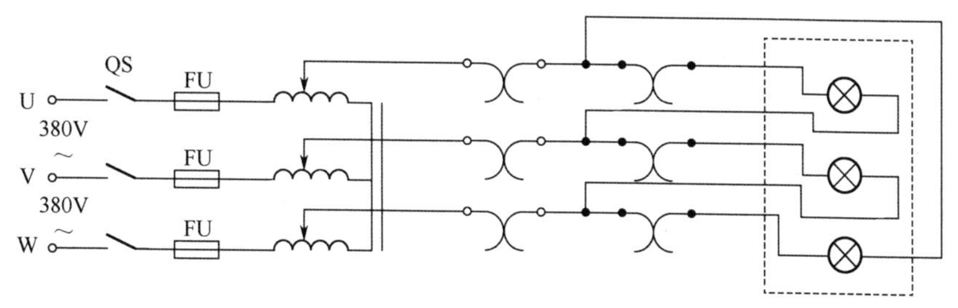

图 5-67 三相负载△形连接电路图

表 5-5 三相负载△形连接的测量数据

测量数据 / 负载情况	开灯盏数			线电压=相电压（V）			线电流（A）			相电流（A）		
	A-B 相	B-C 相	C-A 相	U_{AB}	U_{BC}	U_{CA}	I_A	I_B	I_C	I_{AB}	I_{BC}	I_{CA}
三相平衡	3	3	3									
三相不平衡	1	2	3									

五、实训注意事项

实验演示视频

三相平衡负载三角形连接电压与电流的测量

（1）每次接线完毕，同组同学应自查一遍，然后由指导教师检查后方可接通电源，必须严格遵守“先断电、再接线、后通电”和“先断电、后拆线”的操作原则。

（2）负载采用星形连接作短路实验时，必须首先断开中线，以免发生短路事故。

（3）为避免烧坏灯泡，DG08 实验挂箱内设有过压保护装置，当任一相电压>245～250V 时，立即声光报警并跳闸。因此，在进行 Y 接不平衡负载实验或缺相实验时，所加线电压应以最高相电压<240V 为宜。

实验演示视频

三相不平衡负载三角形连接电压与电流的测量

六、思考题

（1）试分析三相星形连接不对称负载在无中线的情况下，当某相负载开路或短路时会出现什么情况？如果接上中线，情况又如何？

（2）在本实训中为什么要通过三相调压器将 380V 的市电线电压降为 220V 的线电压使用呢？

本情境小结

一、正弦交流电的基本概念

（1）按正弦规律周期性变化的交流电称为正弦交流电，解析式为$i(t) = I_m \sin(\omega t + \varphi_i)$。

（2）正弦量的三要素是振幅、初相位和角频率。

（3）角频率 $\omega=\dfrac{2\pi}{T}=2\pi f$，频率与周期互为倒数，即 $f=\dfrac{1}{T}$。

（4）相位差反映两个同频率正弦交流电在相位上超前或滞后的关系，它等于两个同频率正弦交流电的初相位之差。

（5）有效值：$I=\dfrac{I_{\mathrm{m}}}{\sqrt{2}}=0.707I_{\mathrm{m}}$，$U=\dfrac{U_{\mathrm{m}}}{\sqrt{2}}=0.707U_{\mathrm{m}}$。

（6）正弦量可以用函数式、波形图、相量和相量图四种方法表示。相量表示法是分析和计算交流电路的一种重要方法。

（7）正弦量的相量表示法是用复数表示正弦量的有效值和初相位，但相量并不等于正弦量，两者之间不能直接相等。

电流相量

$$\dot{I}=I\angle\varphi_{\mathrm{i}}$$

电压相量

$$\dot{U}=U\angle\varphi_{\mathrm{u}}$$

二、单一元件在交流电路中电压和电流的关系（如表 5-6 所示）

表 5-6　电压和电流的关系

电 路 元 件		电阻 R	电感 L	电容 C
对电流的阻碍作用		电阻 R	感抗 $X_{\mathrm{L}}=\omega L$	容抗 $X_{\mathrm{C}}=\dfrac{1}{\omega C}$
电压与电流的关系	有效值	$U_{\mathrm{R}}=RI_{\mathrm{R}}$	$U_{\mathrm{L}}=X_{\mathrm{L}}I_{\mathrm{L}}$	$U_{\mathrm{C}}=X_{\mathrm{C}}I_{\mathrm{C}}$
	相位关系	$\varphi_{\mathrm{u}}=\varphi_{\mathrm{i}}$	$\varphi_{\mathrm{u}}=\varphi_{\mathrm{i}}+\dfrac{\pi}{2}$	$\varphi_{\mathrm{i}}=\varphi_{\mathrm{u}}+\dfrac{\pi}{2}$
	相量关系	$\dot{U}_{\mathrm{R}}=R\dot{I}_{\mathrm{R}}$	$\dot{U}_{\mathrm{L}}=\mathrm{j}X_{\mathrm{L}}\dot{I}_{\mathrm{L}}$	$\dot{U}_{\mathrm{C}}=-\mathrm{j}X_{\mathrm{C}}\dot{I}_{\mathrm{C}}$
有功功率		$P=U_{\mathrm{R}}I_{\mathrm{R}}=I_{\mathrm{R}}^2R$	0	0
无功功率		0	$Q_{\mathrm{L}}=U_{\mathrm{L}}I_{\mathrm{L}}=I_{\mathrm{L}}^2X_{\mathrm{L}}$	$Q_{\mathrm{C}}=U_{\mathrm{C}}I_{\mathrm{C}}=I_{\mathrm{C}}^2X_{\mathrm{C}}$

三、RLC 串联电路中电压、电流和功率的关系

电压与电流的关系为

$$\dot{U}=\dot{I}Z$$

阻抗为

$$Z=R+\mathrm{j}(X_{\mathrm{L}}-X_{\mathrm{C}})=|Z|\angle\varphi$$

有功功率为

$$P=UI\cos\varphi$$

无功功率为

$$Q=UI\sin\varphi$$

视在功率为

$$S=UI=\sqrt{P^2+Q^2}$$

在 RLC 串联电路中，当 $X_{\mathrm{L}}>X_{\mathrm{C}}$ 时，即 $X>0$，$\varphi>0$，此时 u 比 i 超前 φ 角度，电路呈感性；当 $X_{\mathrm{L}}<X_{\mathrm{C}}$ 时，即 $X<0$，$\varphi<0$，此时 u 比 i 滞后 φ 角度，电路呈容性；当 $X_{\mathrm{L}}=X_{\mathrm{C}}$

时，即 $X=0$，$\varphi=0$，此时 u 和 i 同相位，电路呈电阻性。

功率因数：为了提高发电设备的利用率，减少电能损耗，提高经济效益，必须提高电路的功率因数，方法是在感性负载两端并联一个电容量适当的电容器。

四、串联谐振与并联谐振的比较（如表 5-7 所示）

表 5-7　串联谐振与并联谐振的比较

	串联谐振电路	并联谐振电路
电路形式		
阻抗或导纳	$Z=R+\mathrm{j}(\omega L-\frac{1}{\omega C})$ $=R+\mathrm{j}X$	$Y=\frac{R}{R^2+\omega^2L^2}+\mathrm{j}\left(\omega C-\frac{\omega L}{R^2+\omega^2L^2}\right)$ $=G+\mathrm{j}B$
谐振条件	$X=0$，即 $X_\mathrm{L}=X_\mathrm{C}$ $\omega L=\frac{1}{\omega C}$	$B=0$，即 $\omega C=\frac{\omega L}{R^2+\omega^2L^2}$ 当 $(\omega L)^2\geqslant R^2$ 时，$\omega C=\frac{1}{\omega L}$
谐振角频率	$\omega_0=\sqrt{\frac{1}{LC}}$	$\omega_0=\sqrt{\frac{1}{LC}}$
特性阻抗	$\rho=\sqrt{\frac{L}{C}}=\omega_0L=\frac{1}{\omega_0C}$	$\rho=\sqrt{\frac{L}{C}}=\omega_0L=\frac{1}{\omega_0C}$
品质因数	$Q=\frac{\omega_0L}{R}=\frac{1}{\omega_0CR}=\frac{\rho}{R}$	$Q=\frac{\omega_0L}{R}=\frac{1}{\omega_0CR}=\frac{\rho}{R}$
谐振阻抗	$Z_0=R$	$\lvert Z_0\rvert\approx\frac{(\omega_0L)^2}{R}\approx Q\omega_0L=Q\rho=\frac{L}{CR}$ $=Q^2R$
谐振时 L、C 上电压或电流的表达式	$\dot{U}_{\mathrm{L0}}=\mathrm{j}Q\dot{U}_\mathrm{S}$ $\dot{U}_{\mathrm{C0}}=-\mathrm{j}Q\dot{U}_\mathrm{S}$ 串联谐振也叫作电压谐振	$\dot{I}_{\mathrm{C0}}=\mathrm{j}Q\dot{I}_\mathrm{S}$ $\dot{I}_{\mathrm{L0}}=-\mathrm{j}Q\dot{I}_\mathrm{S}$ 并联谐振也叫作电流谐振

五、三相电路

（1）对称三相电源。

$$\dot{U}_\mathrm{U}=U\angle 0^\circ$$
$$\dot{U}_\mathrm{V}=U\angle -120^\circ$$
$$\dot{U}_\mathrm{W}=U\angle 120^\circ$$

（2）三相电源的连接。

Y 形连接：$\dot{U}_\mathrm{L}=\sqrt{3}\dot{U}_\mathrm{P}\angle 30^\circ$

△形连接：$\dot{U}_\mathrm{L}=\dot{U}_\mathrm{P}$

（3）三相负载的连接及计算。不管三相负载采用 Y 形连接还是△形连接，对称负载的电路均可先计算其中一相，然后再利用对称关系得出其他两相的数值。

Y 形连接对称负载：

$$\dot{I}_N = \dot{I}_U + \dot{I}_V + \dot{I}_W = 0$$
$$\dot{U}_L = \sqrt{3}\dot{U}_P\angle 30°$$
$$\dot{I}_L = \dot{I}_P$$

△形连接对称负载：

$$\dot{U}_L = \dot{U}_P$$
$$\dot{I}_L = \sqrt{3}\dot{I}_P\angle -30°$$

（4）三相对称负载功率。

$$P = \sqrt{3}U_L I_L \cos\varphi_P = 3U_P I_P \cos\varphi_P$$
$$Q = \sqrt{3}U_L I_L \sin\varphi_P = 3U_P I_P \sin\varphi_P$$
$$S = \sqrt{3}U_L I_L = 3U_P I_P$$

练习与提高

1．已知电流$i = 10\sqrt{2}\sin(3140t - 240°)\text{A}$，写出电流的最大值、有效值、频率及初相位。

2．已知某正弦交流电的角频率为628rad/s，试求相应的周期和频率。

3．已知两个正弦电流分别为$i_1 = 100\sin(628t - 30°)\text{A}$，$i_2 = 200\sin(628t + 60°)\text{A}$，求这两个电流的相位差。

4．将下列复数的代数式化成极坐标式。

（1）$40 - \text{j}30$　（2）$45 + \text{j}45$　（3）$50 + \text{j}25$　（4）$14.4 - \text{j}26$

（5）$10.2 + \text{j}17.2$　（6）$3.4 - \text{j}4$　（7）$6.2 + \text{j}10.6$　（8）$4.4 + \text{j}7.4$

5．将下列复数写成代数式。

（1）$30\angle 60°$　（2）$10\angle -90°$　（3）$10\angle 45°$　（4）$10\angle -30°$

6．写出正弦电压、电流的相量形式，并画出相量图。

（1）$u = 311\sin 314t\text{V}$

（2）$u = 28\sqrt{2}\sin(314t + 60°)\text{V}$

7．如图5-68所示的RL串联电路，电压源$u_S = 110\sqrt{2}\sin 314t\text{V}$，$L = 0.025\text{H}$，已知电感端电压的有效值$U_L = 25\text{V}$，求$R$和$i$。

8．电路如图5-69所示，已知$\omega = 2\text{rad/s}$，求电路的总阻抗Z_{ab}。

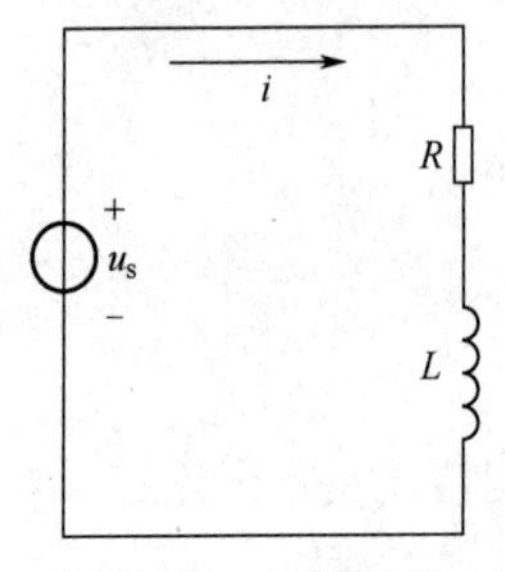

图5-68　习题7图

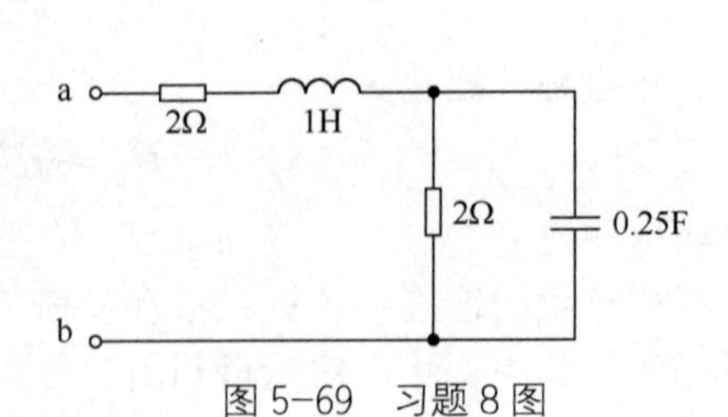

图5-69　习题8图

9．在 RLC 串联电路中，已知 $R=10\Omega$，$L=0.7\text{H}$，$C=1000\mu\text{F}$，$\dot{U}=220\angle0°\text{V}$，$\omega=100\text{rad/s}$，求该电路的电流、有功功率、无功功率及视在功率。

10．有一单相交流电动机，其输入功率 $P=3\text{kW}$，电压 $U=220\text{V}$，功率因数 $\cos\varphi=0.6$，频率 $f=50\text{Hz}$，现将 $\cos\varphi$ 提高到 0.9，问需与电动机并联多大的电容？

11．电路如图 5-70 所示，已知 $\dot{U}_S=220\angle0°\text{V}$，$R_1=100\Omega$，$R_2=40\Omega$，$X_L=50\Omega$，求各支路电流的大小。

12．串联谐振电路如图 5-71 所示，已知电压表 V_1、V_2 的读数分别为 150V 和 120V，试问电压表 V 的读数为多少？

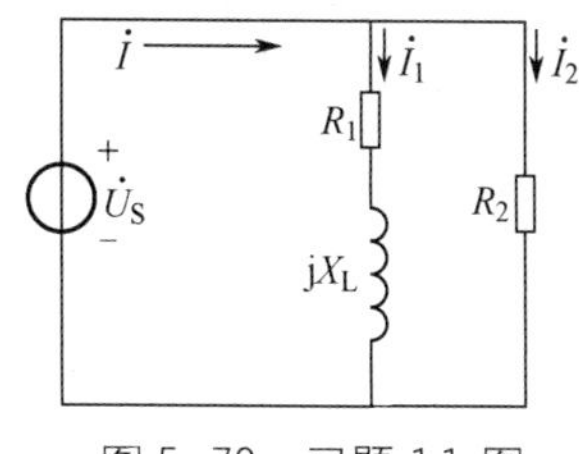

图 5-70 习题 11 图

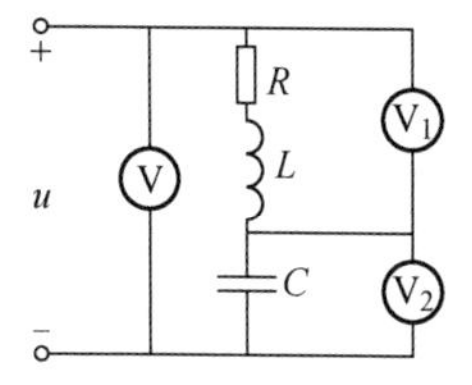

图 5-71 习题 12 图

13．收音机的调谐电路如图 5-72 所示，利用改变电容 C 的容值出现谐振来达到选台的目的。已知 L_2 =0.3mH，可变电容 C 的容值变化范围为 7～20pF，C_1 为微调电容，是为调整波段覆盖范围而设置的，设 C_1=20pF，试求该收音机的波段覆盖范围。

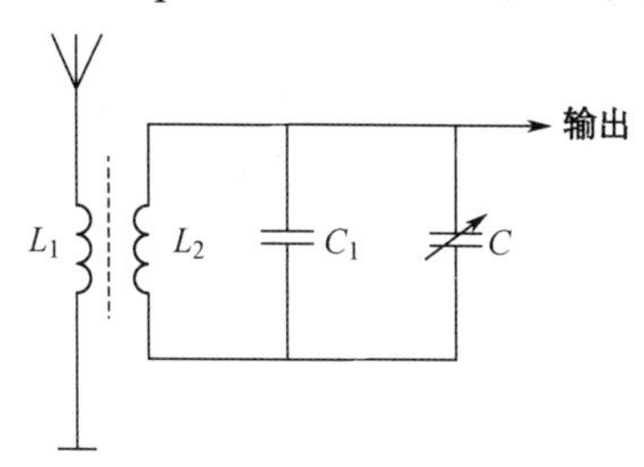

图 5-72 习题 13 图

14．在三相△形连接的负载中，已知 $Z_U=Z_V=Z_W=100\angle30°\Omega$，接在 $U_L=380\text{V}$ 的三相电源上，求三相相电流和线电流。

15．在如图 5-73 所示的电路中，已知线电压 $U_L=380\text{V}$，$Z_U=Z_V=Z_W=10\Omega$，求每相的负载电流及中线电流。

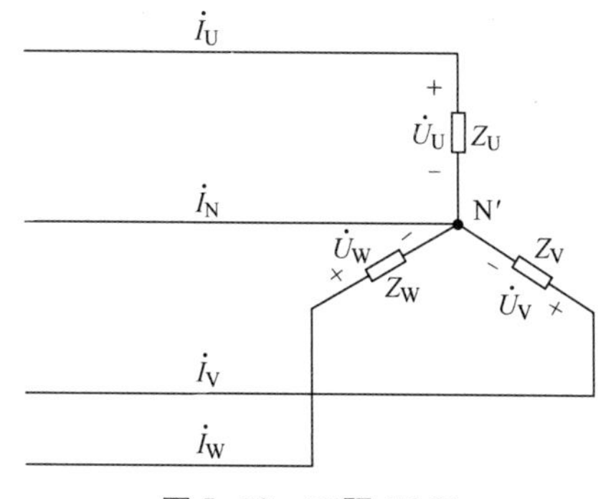

图 5-73 习题 15 图

学习情境 6

变压器及其测试

本学习情境重点介绍互感现象的产生，互感线圈中自感、互感电压和电流的关系，同名端的概念，互感线圈的串、并联，互感线圈的去耦等效变换方法，理想变压器的工作原理与应用。教学难点是对含有互感线圈的正弦交流电路的分析、计算以及理想变压器的作用。在掌握以上知识与技能的基础上，完成变压器的测试任务。

知识目标

1．了解互感现象产生的原因
2．掌握互感电压的表达式
3．掌握同名端的判定方法
4．掌握互感线圈的串联
5．掌握互感线圈的并联
6．掌握理想变压器的作用

技能目标

1．能计算互感电压
2．能计算互感线圈串、并联的等效电感
3．能进行理想变压器的简单计算
4．能正确连接变压器并对铁芯变压器进行性能测试

项目 1 变压器的工作原理

任务 1 互感

演示文稿

互感

动画

互感现象

任务导入：通过前面正弦交流电路的学习，我们知道了当通过电感线圈的电流变化时，在其自身会产生感应电压，这种现象称为自感现象，产生的电压称为自感电压，那么，在一个线圈的附近放置另外一个线圈，情况又会怎样呢？

1．互感现象

如图 6-1 所示为互感现象实验电路，线圈 I 和线圈 II 靠得很近，并且封装在一起，在 1、2 两端加电压源 U_S，将电压表并联在 3、4 两端测量线圈 II 上的电压，在开关 S 接通的瞬间，由线圈 I 构成的回路产生电流 i_1，同时电压表指针偏转；在开关 S 断开的瞬间，电压表指针反向偏转。

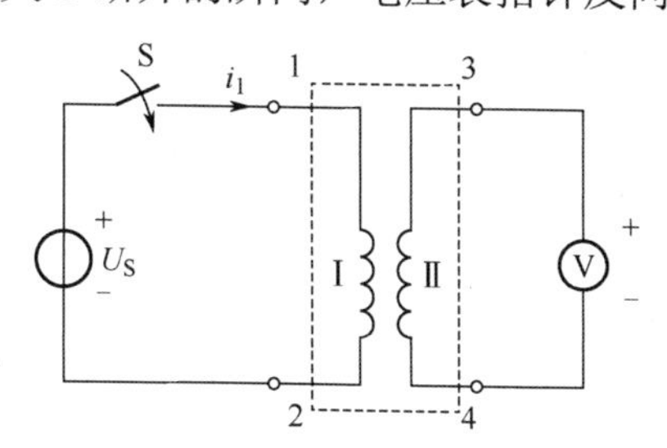

图 6-1 互感现象实验电路

该实验说明，当线圈 I 中的电流发生变化时，在线圈 II 中将产生感应电压，这种由于一个线圈中的电流变化而在另一个线圈中产生感应电压的现象称为互感现象，产生的感应电压叫作互感电压。

2．互感系数与同名端

1）互感系数

根据电磁感应定律可知，由线圈 I 中电流 i_1 的变化而在线圈 II 中产生的互感电压记作 u_{21}，其大小为

$$|u_{21}| = M\left|\frac{di_1}{dt}\right| \tag{6-1}$$

同理，由线圈 II 中电流 i_2 的变化而在线圈 I 中产生的互感电压记作 u_{12}，其大小为

$$|u_{12}| = M\left|\frac{\mathrm{d}i_2}{\mathrm{d}t}\right| \tag{6-2}$$

式中，比例常数 M 称为线圈Ⅰ和Ⅱ之间的互感系数，简称互感，其国际单位为亨利，符号用 H 表示。线圈之间的互感 M 是线圈的固有参数，它取决于两线圈的匝数、几何尺寸、相对位置和磁介质。当用铁磁材料（如硅钢片等）作耦合磁路时，M 将不是常数。

2）同名端

微课

同名端的定义

（1）同名端的定义。在如图 6-1 所示的实验电路中，线圈Ⅰ和Ⅱ封装在一起，外面有两组接线端子 1 和 2、3 和 4，在每组端子中必有一个正极性端和一个负极性端，所以规定：在这四个接线端子中实际极性始终相同的两个端子叫作同极性端，习惯上称为同名端，四个端子中必有两组同名端。把同一组同名端用标记标出，如标上“•”或者标上“*”，如图 6-2 所示，另一组同名端无须标出。同理，将极性不相同的端子叫作异名端。

动画

同名端的判定

（2）同名端的判定。掌握了同名端的定义，如何判定同名端呢？下面举例说明。在如图 6-2 所示的实验电路中，当合上开关 S 时，如果电压表正偏，则说明 3 端为正极性端、4 端为负极性端，S 闭合时，i_1 增大，根据楞次定律可知，在线圈Ⅰ中产生的感应电动势为 e_{L1}，1 端为正，2 端为负，则 1 端和 3 端均为正极性端，2 端和 4 端均为负极性端，所以 1 和 3、2 和 4 为两对同名端。用同名端符号表示如图 6-2 所示。反之，若电压表反偏，则说明 3 端为负极性端、4 端为正极性端，则 1 和 4、2 和 3 为同名端。

微课

互感线圈电压与电流的关系

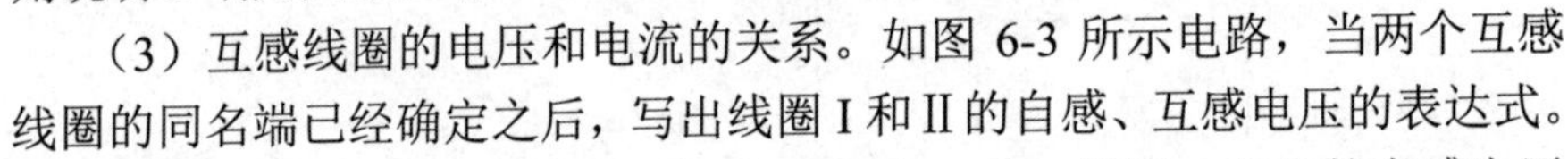

（3）互感线圈的电压和电流的关系。如图 6-3 所示电路，当两个互感线圈的同名端已经确定之后，写出线圈Ⅰ和Ⅱ的自感、互感电压的表达式。

选取自感电压的方向与电流的参考方向一致，线圈Ⅰ和Ⅱ的自感电压分别记作 u_{L1} 和 u_{L2}，则 u_{L1} 和 u_{L2} 的表达式为

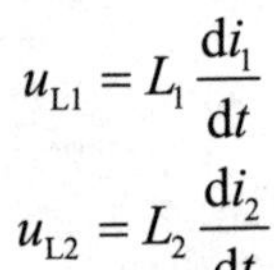

$$u_{L1} = L_1\frac{\mathrm{d}i_1}{\mathrm{d}t}$$

$$u_{L2} = L_2\frac{\mathrm{d}i_2}{\mathrm{d}t}$$

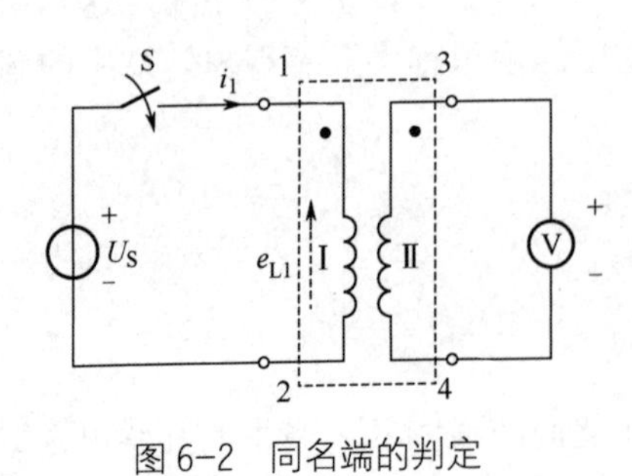

图 6-2　同名端的判定

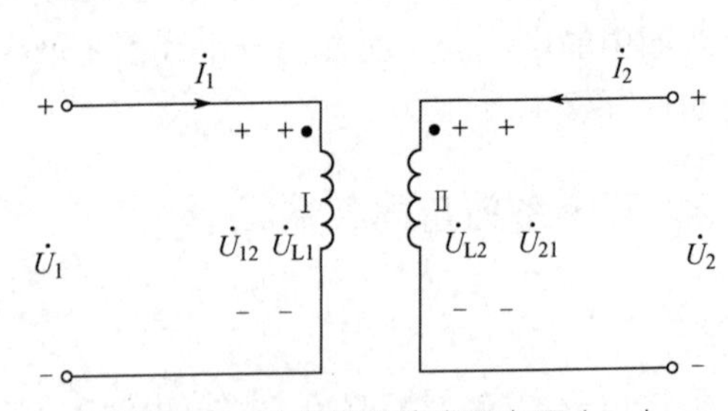

图 6-3　具有互感的线圈电压（一）

当电流为正弦电流时，其相量形式为

$$\dot{U}_{L1} = \mathrm{j}\omega L_1\dot{I}_1$$

$$\dot{U}_{L2} = \mathrm{j}\omega L_2\dot{I}_2$$

互感电压方向的选取采用一致性原则，即互感电压的参考方向与引起互感电压的电流

的参考方向对同名端的指向一致。例如，电流 i_1 从有标记端流入，则由于电流 i_1 的变化在线圈 II 中引起的互感电压 u_{21} 的方向为有标记端为正极性。按上述规定，互感电压 u_{21} 和 u_{12} 的表达式为

$$u_{21}=M\frac{\mathrm{d}i_1}{\mathrm{d}t}$$

$$u_{12}=M\frac{\mathrm{d}i_2}{\mathrm{d}t}$$

同理，当电流为正弦电流时，其相量形式为

$$\dot{U}_{21}=\mathrm{j}\omega M\dot{I}_1$$

$$\dot{U}_{12}=\mathrm{j}\omega M\dot{I}_2$$

式中，$\omega M=X_{\mathrm{M}}$ 称为互感抗，单位为 Ω。

在如图 6-3 所示的电路中，根据 KVL 可写出其端口电压 $\dot{U}_1$ 和 $\dot{U}_2$ 的相量表达式，分别为

$$\begin{aligned}\dot{U}_1&=\dot{U}_{\mathrm{L1}}+\dot{U}_{12}=\mathrm{j}\omega L_1\dot{I}_1+\mathrm{j}\omega M\dot{I}_2\\ \dot{U}_2&=\dot{U}_{\mathrm{L2}}+\dot{U}_{21}=\mathrm{j}\omega L_2\dot{I}_2+\mathrm{j}\omega M\dot{I}_1\end{aligned}\qquad(6\text{-}3)$$

同理，图 6-4 所示电路的端口电压 U_1 和 U_2 的相量表达式分别为

$$\dot{U}_1=\dot{U}_{\mathrm{L1}}+\dot{U}_{12}=\mathrm{j}\omega L_1\dot{I}_1+\mathrm{j}\omega M\dot{I}_2$$

$$\dot{U}_2=-\dot{U}_{\mathrm{L2}}-\dot{U}_{21}=-\mathrm{j}\omega L_2\dot{I}_2-\mathrm{j}\omega M\dot{I}_1$$

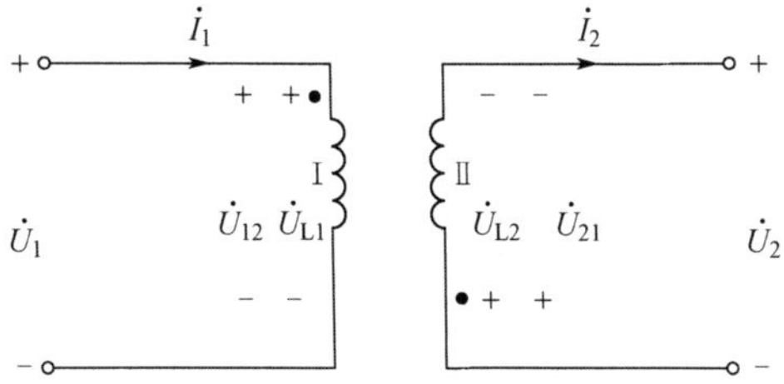

图 6-4　具有互感的线圈电压（二）

通过以上分析可知，当互感现象存在时，一个线圈的电压不仅与流过线圈本身的电流有关，而且与相邻线圈的电流有关，即线圈的端口电压为自感电压和互感电压的代数和。

【例 6-1】 电路如图 6-5 所示，同名端已标在图中，两线圈之间的互感 $M=0.1\mathrm{H}$，$i_1=\sqrt{2}\sin 314t\mathrm{A}$，求互感电压 u_{21}。

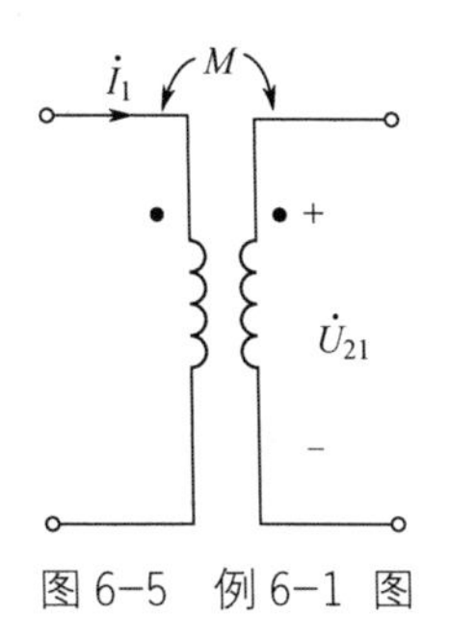

图 6-5　例 6-1 图

解：选 u_{21} 的参考方向与 i_1 的参考方向对同名端的指向一致，并标在图 6-5 上。当电流 i_1 为正弦电流时，互感电压的相量形式为

$$\dot{U}_{21} = \mathrm{j}\omega M\dot{I}_1 = \mathrm{j}\times 314\times 0.1\times 1\angle 0^\circ = 31.4\angle 90^\circ\mathrm{V}$$

故

$$u_{21} = 44.4\sin(314t + 90^\circ)\mathrm{V}$$

3）耦合系数

在如图 6-1 所示的互感现象实验电路中，两线圈相互靠近，其耦合的程度通常用耦合系数 k 表示。k 的定义为

$$k = \frac{M}{\sqrt{L_1L_2}} \tag{6-4}$$

k 的取值范围是

$$0 \leqslant k \leqslant 1$$

微课

耦合系数

其中，$k = 1$ 称为全耦合。

【例 6-2】 两个互感耦合线圈，已知 $L_1 = 0.4\mathrm{H}$，$k = 0.5$，互感系数 $M = 0.1\mathrm{H}$，求 L_2。当两个互感耦合线圈为全耦合时，互感系数 M_m 为多少？

解：根据式（6-4）可得

$$L_2 = \frac{M^2}{k^2L_1} = \frac{0.1^2}{0.5^2\times 0.4} = 0.1(\mathrm{H})$$

当两个互感耦合线圈为全耦合时，耦合系数 $k = 1$，故

$$M_\mathrm{m} = \sqrt{L_1L_2} = \sqrt{0.4\times 0.1} = 0.2(\mathrm{H})$$

任务 2 互感线圈的连接

演示文稿

互感线圈的连接

任务导入：对于具有互感的电路，依然可运用基尔霍夫定律进行分析。在正弦激励源的作用下，相量法仍适用。与一般正弦电路的不同点是，具有互感的两线圈，每一线圈上的电压不但与本线圈的电流变化率有关，而且与另一线圈的电流变化率也有关，其电压、电流的表达式又因同名端的位置不同以及电压、电流的参考方向是否关联而有多种不同的表达式，这对于分析互感电路很不方便，本任务主要讨论如何通过电路的等效变换去掉互感耦合，为了简化分析，暂不考虑线圈的内阻。

微课

互感线圈的顺向串联

1. 互感线圈的串联

1）互感线圈的顺向串联

所谓互感线圈的顺向串联是指把两个线圈的异名端相连接的方式，如图 6-6 所示。

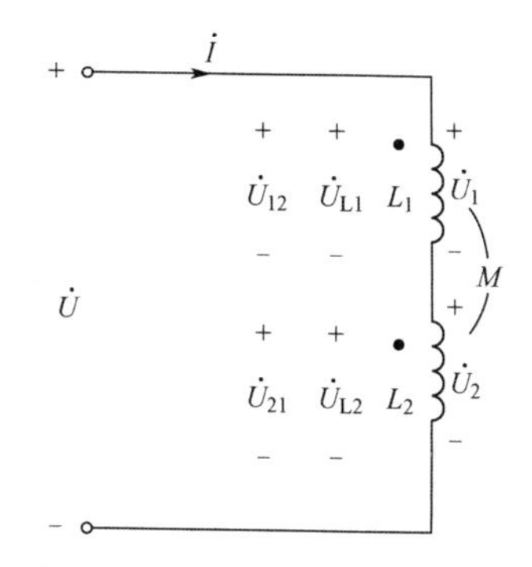

图 6-6　互感线圈的顺向串联

按照图中给定的 i、u、u_1、u_2 的参考方向，写出在正弦交流情况下 $\dot{U}_1$、$\dot{U}_2$、$\dot{U}$ 的相量表达式为

$$
\begin{aligned}
\dot{U}_1 &= \dot{U}_{\mathrm{L1}} + \dot{U}_{12} = \mathrm{j}\omega L_1\dot{I} + \mathrm{j}\omega M\dot{I} \\
\dot{U}_2 &= \dot{U}_{\mathrm{L2}} + \dot{U}_{21} = \mathrm{j}\omega L_2\dot{I} + \mathrm{j}\omega M\dot{I} \\
\dot{U} &= \dot{U}_1 + \dot{U}_2 = \mathrm{j}\omega L_1\dot{I} + \mathrm{j}\omega M\dot{I} + \mathrm{j}\omega L_2\dot{I} + \mathrm{j}\omega M\dot{I} \\
&= \mathrm{j}\omega(L_1 + L_2 + 2M)\dot{I} \\
&= \mathrm{j}\omega L_{\mathrm{FW}}\dot{I}
\end{aligned}
$$

顺向串联后的等效电感为

$$L_{\mathrm{FW}} = L_1 + L_2 + 2M \tag{6-5}$$

2）互感线圈的反向串联

所谓互感线圈的反向串联是指把两个线圈的同名端相连接的方式，如图 6-7 所示。

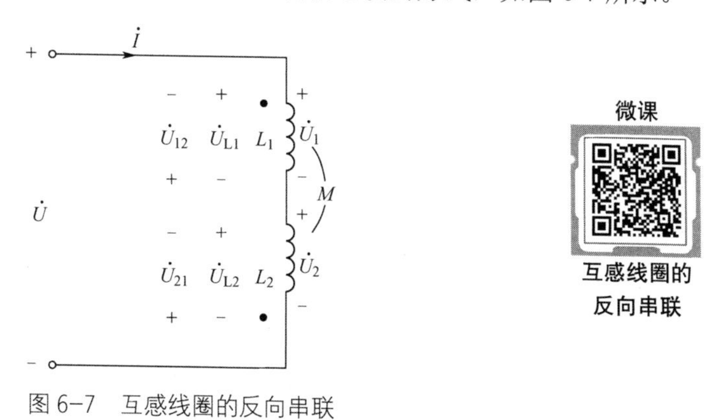

图 6-7　互感线圈的反向串联

按照图中给定的 i、u、u_1、u_2 的参考方向，写出在正弦交流情况下 $\dot{U}_1$、$\dot{U}_2$、$\dot{U}$ 的相量表达式为

$$
\begin{aligned}
\dot{U}_1 &= \dot{U}_{\mathrm{L1}} - \dot{U}_{12} = \mathrm{j}\omega L_1\dot{I} - \mathrm{j}\omega M\dot{I} \\
\dot{U}_2 &= \dot{U}_{\mathrm{L2}} - \dot{U}_{21} = \mathrm{j}\omega L_2\dot{I} - \mathrm{j}\omega M\dot{I} \\
\dot{U} &= \dot{U}_1 + \dot{U}_2 = \mathrm{j}\omega L_1\dot{I} - \mathrm{j}\omega M\dot{I} + \mathrm{j}\omega L_2\dot{I} - \mathrm{j}\omega M\dot{I} \\
&= \mathrm{j}\omega(L_1 + L_2 - 2M)\dot{I} \\
&= \mathrm{j}\omega L_{\mathrm{R}}\dot{I}
\end{aligned}
$$

反向串联后的等效电感为

$$L_{\mathrm{R}}=L_1+L_2-2M \tag{6-6}$$

3）互感线圈串联的应用

互感线圈串联的应用

利用互感线圈串联的方法可以测定互感线圈的同名端和互感系数。

由于互感线圈顺向和反向串联时的等效电感不同，在同样的电压下电路中的电流也不相等，顺向串联时等效电感大而电流小，反向串联时等效电感小而电流大，根据这个道理，通过实验的方法可以测定互感线圈的同名端。

另外，根据式（6-5）和式（6-6）可以计算互感系数 M。

$$L_{\mathrm{FW}}-L_{\mathrm{R}}=L_1+L_2+2M-(L_1+L_2-2M)=4M$$

所以

$$M=\frac{L_{\mathrm{FW}}-L_{\mathrm{R}}}{4} \tag{6-7}$$

【例 6-3】 如图 6-8 所示电路，$R_1=R_2=3\Omega$，$\omega M=2\Omega$，$\omega L_1=\omega L_2=6\Omega$，$\dot{U}_{\mathrm{AB}}=10\mathrm{V}$，求开路电压 $\dot{U}_{\mathrm{CD}}$ 为多少？

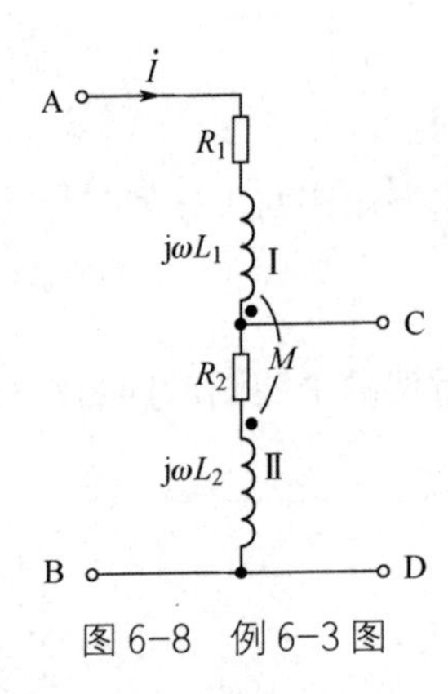

图 6-8　例 6-3 图

解： 由图可知，互感线圈 I 和 II 为反向串联，所以有

$$\omega L_{\mathrm{R}}=\omega(L_1+L_2-2M)=8(\Omega)$$

根据相量形式的 KVL 可得

$$\dot{U}_{\mathrm{AB}}=(R_1+R_2+\mathrm{j}\omega L_{\mathrm{R}})\dot{I}$$

$$\dot{I}=\frac{\dot{U}_{\mathrm{AB}}}{6+\mathrm{j}8}=\frac{10\angle 0^\circ}{10\angle 53.1^\circ}=1\angle -53.1^\circ\mathrm{A}$$

故

$$\begin{aligned}\dot{U}_{\mathrm{CD}}&=\dot{I}(R_2+\mathrm{j}\omega L_2-\mathrm{j}\omega M)\\&=1\angle -53.1^\circ\times(3+\mathrm{j}4)\\&=1\angle -53.1^\circ\times 5\angle 53.1^\circ=5\angle 0^\circ\mathrm{V}\end{aligned}$$

【例 6-4】 如图 6-9 所示电路，已知 $R_1=100\Omega$，$L_1=0.1\mathrm{H}$，$L_2=0.4\mathrm{H}$，$k=0.5$，$C=10\mathrm{pF}$，求谐振时的频率 f_0 为多少？

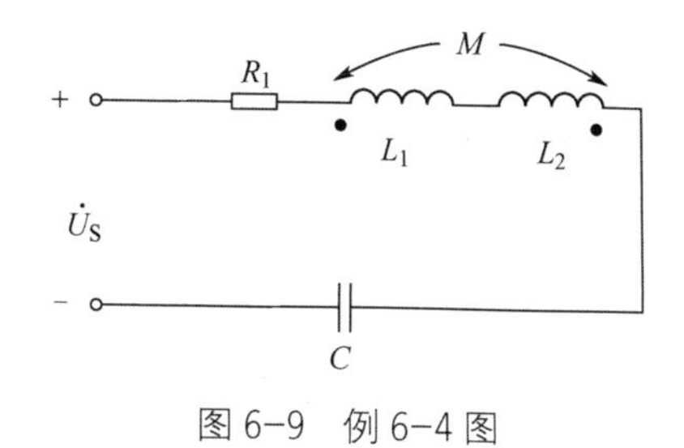

图 6-9 例 6-4 图

解：根据式（6-4）可得

$$M = k\sqrt{L_1L_2} = 0.5\times\sqrt{0.1\times 0.4} = 0.1(\mathrm{H})$$

$$L_{\mathrm{R}} = L_1 + L_2 - 2M = 0.3(\mathrm{H})$$

$$f_0 = \frac{1}{2\pi\sqrt{LC}} = \frac{1}{2\times 3.14\times\sqrt{0.3\times 10\times 10^{-12}}} = 91.9(\mathrm{kHz})$$

2. 互感线圈的并联

互感线圈同名端相连的并联电路

1）互感线圈的同名端相连

如图 6-10 所示电路为互感线圈的同名端相连，在给定电压、电流的参考方向下，列出电路的 KCL 和 KVL 方程为

$$\dot I = \dot I_1 + \dot I_2$$

$$\dot U = \dot U_{\mathrm{L1}} + \dot U_{12} = \mathrm{j}\omega L_1\dot I_1 + \mathrm{j}\omega M\dot I_2$$

$$\dot U = \dot U_{\mathrm{L2}} + \dot U_{21} = \mathrm{j}\omega L_2\dot I_2 + \mathrm{j}\omega M\dot I_1 \tag{6-8}$$

根据式（6-8）可得

$$\dot U = \mathrm{j}\omega L_1\dot I_1 + \mathrm{j}\omega M\dot I_2 = \mathrm{j}\omega L_1\dot I_1 + \mathrm{j}\omega M(\dot I - \dot I_1) = \mathrm{j}\omega(L_1 - M)\dot I_1 + \mathrm{j}\omega M\dot I$$

$$\dot U = \mathrm{j}\omega L_2\dot I_2 + \mathrm{j}\omega M\dot I_1 = \mathrm{j}\omega L_2\dot I_2 + \mathrm{j}\omega M(\dot I - \dot I_2) = \mathrm{j}\omega(L_2 - M)\dot I_2 + \mathrm{j}\omega M\dot I \tag{6-9}$$

根据式（6-9）可画出图 6-10 的去耦等效电路，如图 6-11 所示，图中线圈间已经不存在互感了。

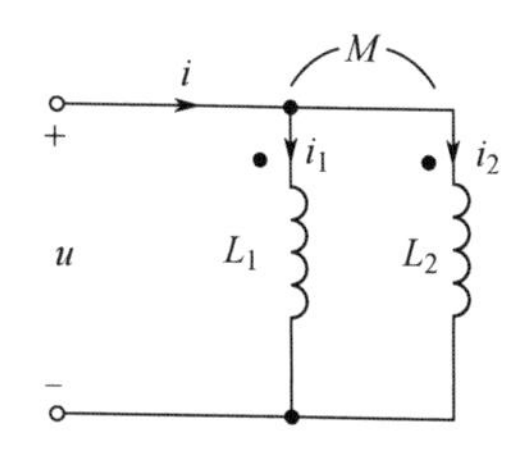

图 6-10 互感线圈的同名端相连

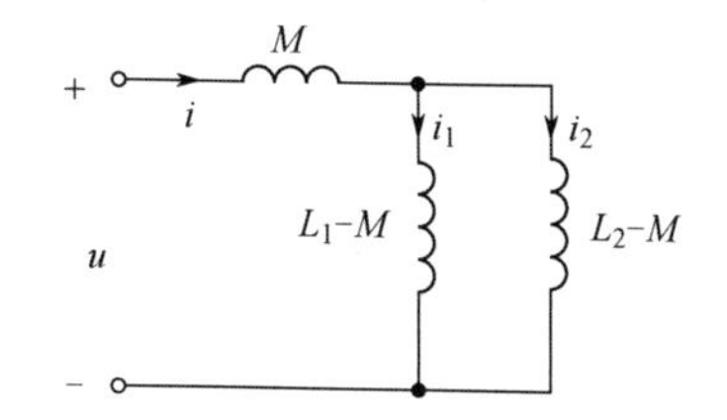

图 6-11 同名端相连消去互感后的等效电路

2）互感线圈的异名端相连

互感线圈异名端相连的并联电路

如图 6-12 所示电路为互感线圈的异名端相连，在给定电压、电流的参考方向下，列出电路的 KCL 和 KVL 方程为

$$\dot I = \dot I_1 + \dot I_2$$

$$\dot{U}=\dot{U}_{L1}-\dot{U}_{12}=j\omega L_1\dot{I}_1-j\omega M\dot{I}_2$$
$$\dot{U}=\dot{U}_{L2}-\dot{U}_{21}=j\omega L_2\dot{I}_2-j\omega M\dot{I}_1 \quad (6\text{-}10)$$

根据式（6-10）可得

$$\dot{U}=j\omega L_1\dot{I}_1-j\omega M\dot{I}_2=j\omega L_1\dot{I}_1-j\omega M(\dot{I}-\dot{I}_1)=j\omega(L_1+M)\dot{I}_1-j\omega M\dot{I}$$
$$\dot{U}=j\omega L_2\dot{I}_2-j\omega M\dot{I}_1=j\omega L_2\dot{I}_2-j\omega M(\dot{I}-\dot{I}_2)=j\omega(L_2+M)\dot{I}_2-j\omega M\dot{I} \quad (6\text{-}11)$$

根据式（6-11）可画出图 6-12 的去耦等效电路，如图 6-13 所示，图中线圈间已经不存在互感了。

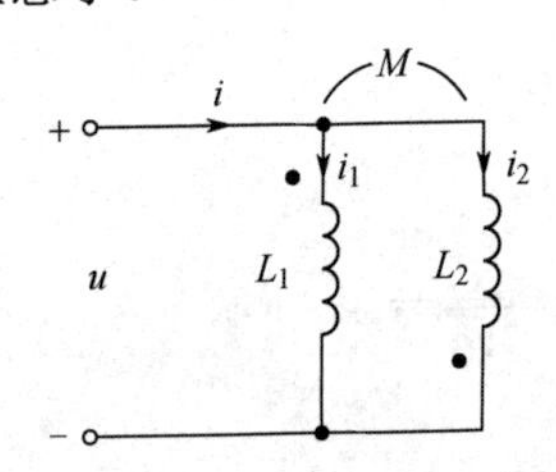

图 6-12　互感线圈的异名端相连

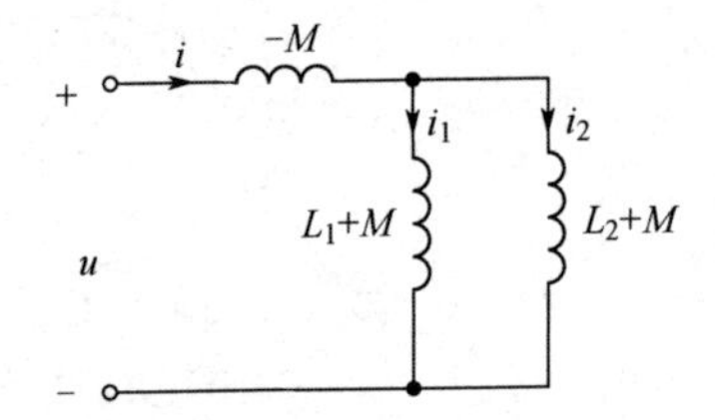

图 6-13　异名端相连消去互感后的等效电路

3. 互感线圈的一端相连

如图 6-14 所示为具有互感的两个线圈仅有一端相连（同名端相连），在给定电压、电流的参考方向下，列出电路的 KCL 和 KVL 方程为

$$\dot{I}=\dot{I}_1+\dot{I}_2$$
$$\dot{U}_{13}=\dot{U}_{L1}+\dot{U}_{12}=j\omega L_1\dot{I}_1+j\omega M\dot{I}_2$$
$$\dot{U}_{23}=\dot{U}_{L2}+\dot{U}_{21}=j\omega L_2\dot{I}_2+j\omega M\dot{I}_1$$

经整理得

$$\dot{U}_{13}=j\omega L_1\dot{I}_1+j\omega M(\dot{I}-\dot{I}_1)=j\omega(L_1-M)\dot{I}_1+j\omega M\dot{I}$$
$$\dot{U}_{23}=j\omega L_2\dot{I}_2+j\omega M(\dot{I}-\dot{I}_2)=j\omega(L_2-M)\dot{I}_2+j\omega M\dot{I} \quad (6\text{-}12)$$

根据式（6-12）可画出图 6-14 的去耦等效电路，如图 6-15 所示。

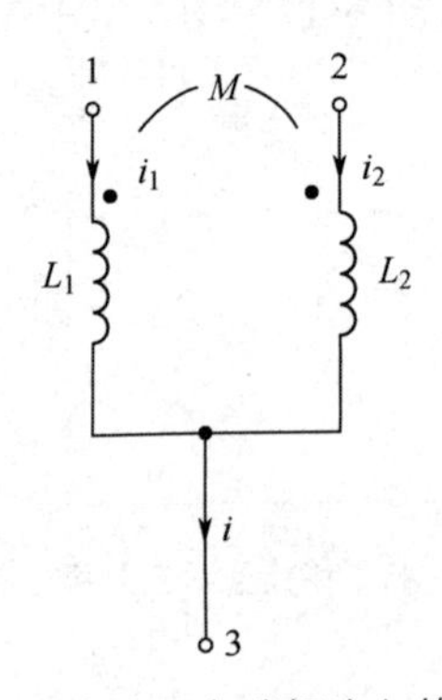

图 6-14　一端相连（同名端相连）的两互感线圈

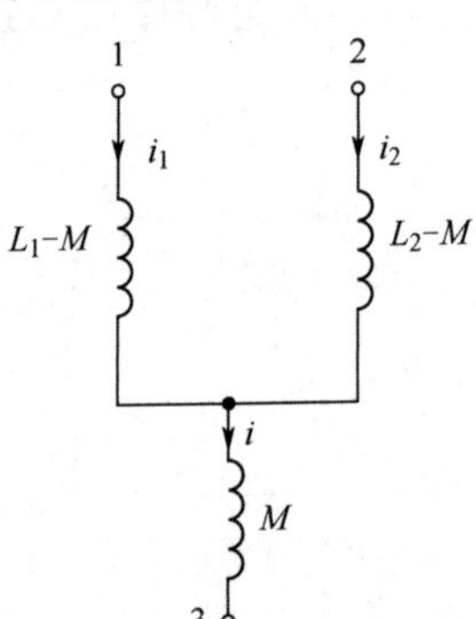

图 6-15　一端相连消去互感的去耦等效电路

当含有互感的两线圈的异名端一端相连时，其分析过程与同名端一端相连类似，请读者自己分析。现画出其电路和消去互感后的去耦等效电路如图 6-16 所示。

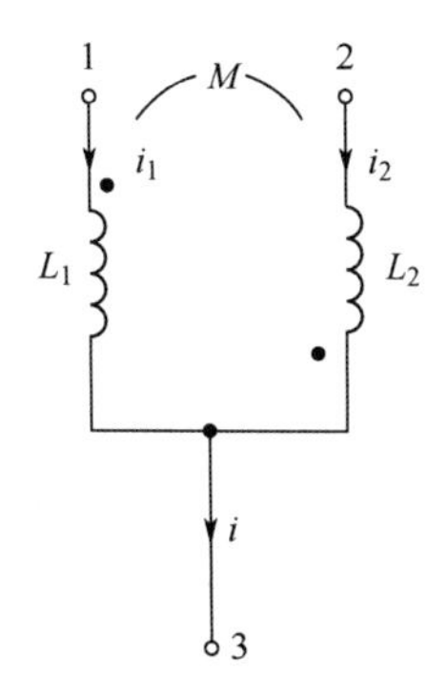

（a）一端相连（异名端相连）的两互感线圈

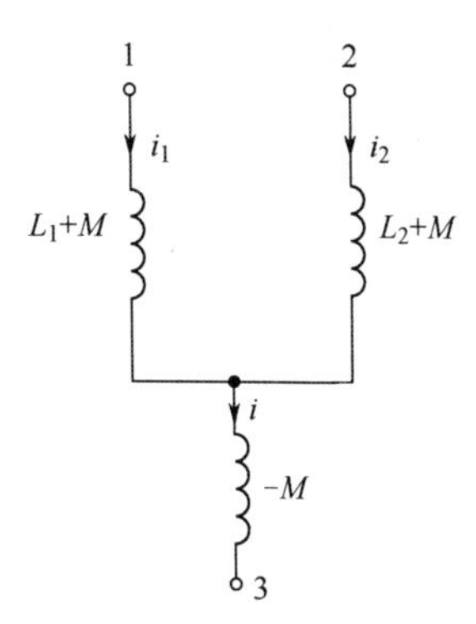

（b）消去互感的去耦等效电路

图 6-16　一端相连（异名端相连）的两互感线圈及其去耦等效电路

【例 6-5】如图 6-17 所示电路，已知 $R=10\Omega$，$L_1=0.2\text{H}$，$L_2=0.4\text{H}$，$M=0.1\text{H}$，$C=5\text{pF}$，求谐振时的角频率为多少。

解：图 6-17 为互感线圈的同名端相并联的形式，根据分析可画出其去耦等效电路如图 6-18 所示。

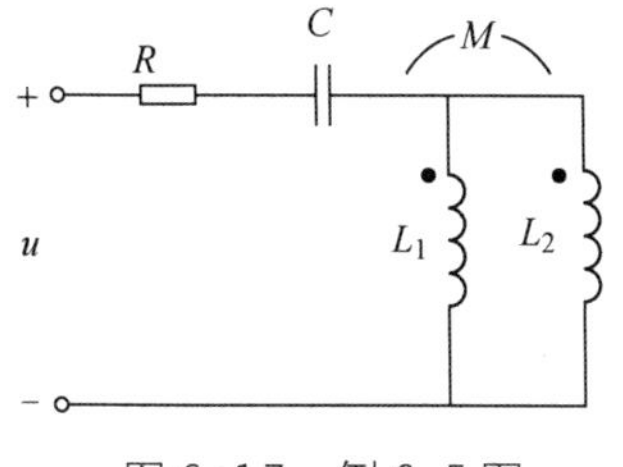

图 6-17　例 6-5 图

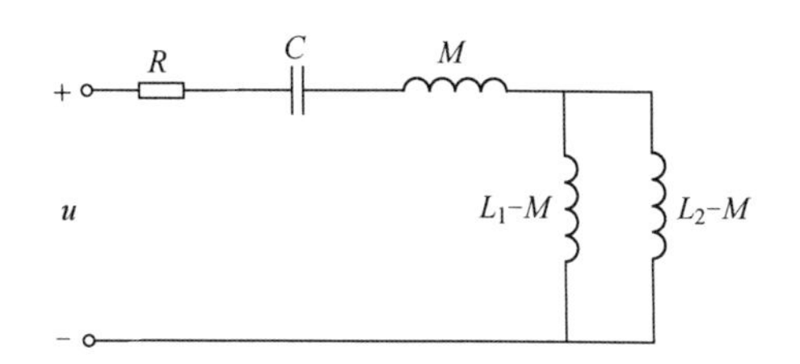

图 6-18　消去互感后的等效电路

由图 6-18 所示电路可得输入阻抗为

$$Z_\text{i}=R-\text{j}\frac{1}{\omega C}+\text{j}\omega M+\frac{\text{j}\omega(L_1-M)\times\text{j}\omega(L_2-M)}{\text{j}\omega(L_1-M)+\text{j}\omega(L_2-M)}$$

$$=R+\text{j}\left[-\frac{1}{\omega C}+\omega M+\omega\frac{(L_1-M)(L_2-M)}{L_1+L_2-2M}\right]$$

$$=R+\text{j}X$$

根据谐振时 $X=0$，可得

$$-\frac{1}{\omega C}+\omega M+\omega\frac{(L_1-M)(L_2-M)}{L_1+L_2-2M}=0$$

$$\omega^2=\frac{1}{C\left[M+\dfrac{(L_1-M)(L_2-M)}{L_1+L_2-2M}\right]}$$

代入数据可得

$$\omega^2=\frac{1}{5\times10^{-12}\times\left[0.1+\dfrac{0.1\times0.3}{0.6-0.2}\right]}=\frac{10^{12}}{5\times0.175}=1.14\times10^{12}(\text{rad/s})^2$$

$$\omega=1.07\times10^{6}(\text{rad/s})$$

【例 6-6】电路如图 6-19 所示，画出消去互感后的等效电路。

解：如图 6-19 所示为互感线圈的一端相连且为同名端相连的电路，根据式（6-12）可得到其消去互感后的等效电路，如图 6-20 所示。

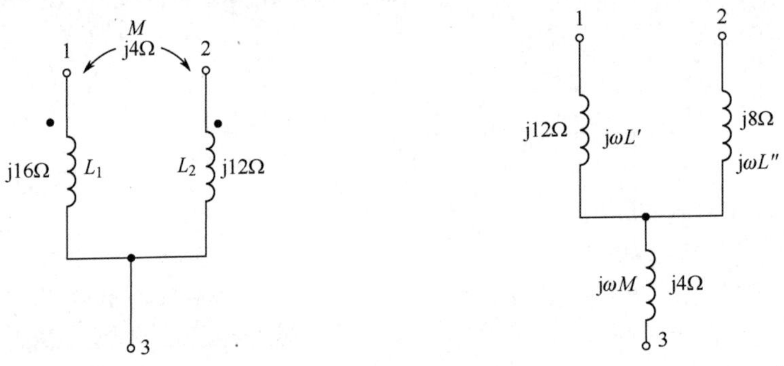

图 6-19　例 6-6 图　　　图 6-20　消去互感后的等效电路

图中

$$\mathrm{j}\omega L' = \mathrm{j}\omega L_1 - \mathrm{j}\omega M = \mathrm{j}16 - \mathrm{j}4 = \mathrm{j}12(\Omega)$$

$$\mathrm{j}\omega L'' = \mathrm{j}\omega L_2 - \mathrm{j}\omega M = \mathrm{j}12 - \mathrm{j}4 = \mathrm{j}8(\Omega)$$

$$\mathrm{j}\omega M = \mathrm{j}4(\Omega)$$

任务 3　变压器

任务导入：工业企业广泛采用电力作为能源，而发电厂产生的电力往往需要经过远距离传输才能到达用电地区。为了获得较低的线路压降和线路损耗，一般采用专门的设备将发电机端的电压升高以后再输送出去，这种专门的设备就是变压器。同时，在受电端又必须用降压变压器将高压降低为配电系统所需的电压，故要经过一系列配电变压器将高压降低到合适的值以供民用企业使用。除了上述应用，在电子、通信领域中，变压器还常用于实现信号能量的耦合、选择、相位改变和阻抗匹配。

演示文稿

变压器

变压器是根据互感原理制成的电气设备，故可以用耦合电感来建立它的模型。常用的变压器有空心变压器和铁芯变压器两种。如图 6-21 所示为几种常见的变压器。

微课

变压器的结构

图 6-21　常见的变压器

1．变压器的结构

尽管变压器的种类很多，但其基本结构是相同的。它主要由两个或两个以上的绕组（绕圈）绕在一个公共铁芯上构成，铁芯和绕组组合成变压器的主体。

1）铁芯

铁芯是变压器的磁路部分，为了减小涡流损耗，一般由导磁性能较好的 0.35～0.55mm 硅钢片交错叠制而成，硅钢片的表面涂有绝缘漆。在电子设备中，为了缩小变压器的体积、提高其质量和工作效率，目前已逐渐采用 C 型铁芯，并用坡莫合金及各种铁氧体代替硅钢片。

铁芯的基本结构形式有心式和壳式两种，如图 6-22 所示。心式铁芯呈“口”形，心式变压器的绕组装在铁芯的两个铁芯柱上，绕组包着铁芯，其结构比较简单，有较大的绝缘空间，电力变压器大部分采用心式结构；壳式铁芯呈“日”形，壳式变压器的铁芯包围着绕组的上下和两侧，这种变压器机械强度较好，铁芯散热条件好，但工艺复杂，用钢量大。

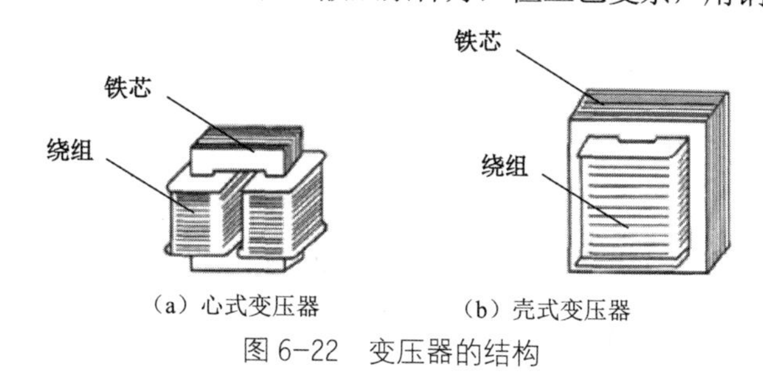

（a）心式变压器　（b）壳式变压器

图 6-22　变压器的结构

2）绕组

变压器的线圈即绕组，绕制在骨架上，是变压器的电路部分，常用具有绝缘的漆包圆铜线绕制而成，对容量较大的变压器则用绝缘扁铜线或铝线绕制而成。骨架一般用胶木板、聚苯乙烯等材料制成，形状多为方桶形或圆桶形。

变压器一般有两个或两个以上的绕组，与电源相连的绕组称为原边绕组（或称初级绕组、一次绕组），与负载相连的绕组称为副边绕组（或称次级绕组、二次绕组）。

2．理想变压器的定义

理想变压器是一种特殊的无损耗、全耦合变压器，它是从实际变压器抽象出来的。理想变压器应满足下列 3 个条件。

（1）变压器本身无损耗。

（2）耦合系数 $k=\dfrac{M}{\sqrt{L_1L_2}}=1$（全耦合）。

（3）磁化电流趋近于零，故可忽略。

它的图形符号如图 6-23 所示。

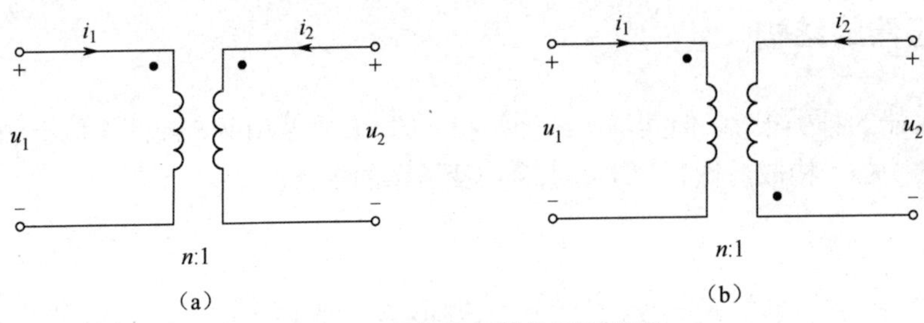

图 6-23　理想变压器的图形符号

3. 变压器的工作原理

如图 6-24 所示为变压器空载工作示意图，为了简化分析，将两个互相绝缘的绕组分别画在铁芯的两侧。与电源相连的绕组（一次绕组）其相关物理量均标有下标 1；与负载相连的绕组（二次绕组）其相关物理量均标有下标 2。设一次绕组和二次绕组的匝数分别为 N_1、N_2。

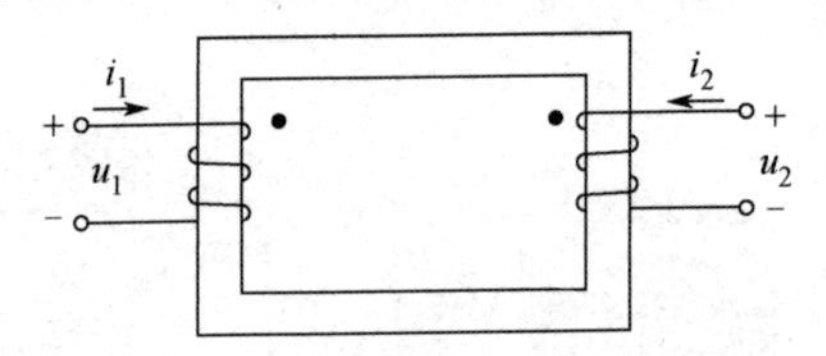

图 6-24　变压器空载工作示意图

1）电压变换

如图 6-24 所示，若流入线圈的电流发生变化，则根据电磁感应定律可得

$$u_1 = \frac{N_1 \mathrm{d}\Phi}{\mathrm{d}t}, \quad u_2 = \frac{N_2 \mathrm{d}\Phi}{\mathrm{d}t}$$

所以有

$$\frac{U_1}{U_2} = \frac{N_1}{N_2} = n \qquad (6\text{-}13)$$

式（6-13）中，n 称为变压器的变比，它是一个仅由变压器本身决定的常数，即 $n=\frac{N_1}{N_2}$（N_1、N_2 分别为一、二次绕组的匝数），恒大于零，是理想变压器的唯一参数（L_1、L_2、M 已不再适用）。

① 当 $N_1<N_2$，$n<1$ 时，$u_1 < u_2$，电压上升，称为升压变压器；

② 当 $N_1>N_2$，$n>1$ 时，$u_1 > u_2$，电压下降，称为降压变压器；

③ 当 $N_1=N_2$，$n=1$ 时，$u_1 = u_2$，电压不变，称为隔离变压器。

在变压器工作时高压侧的绕组称为高压绕组，其导线直径较小，匝数较多；低压侧的绕组称为低压绕组，其导线直径较大，匝数较少。

2）电流变换

因理想变压器没有能量损耗，故根据能量守恒定律，变压器输出功率与从电网获得的功率相等，即 $P_1=P_2$，则有

$$U_1I_1 = U_2I_2$$

$$\frac{I_1}{I_2} = \frac{U_2}{U_1} = \frac{N_2}{N_1} = \frac{1}{n} \tag{6-14}$$

这说明变压器在变换电压的同时也变换了电流，一、二次绕组的电流跟绕组的匝数成反比。

【例 6-7】在如图 6-25 所示的电路中，试求 i_1 和 i_2。

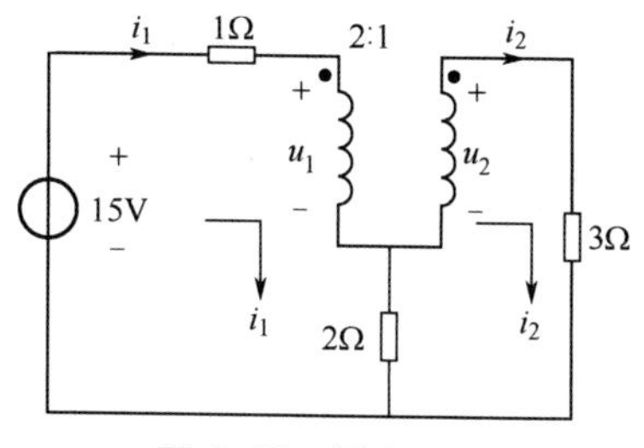

图 6-25　例 6-7 图

解：根据理想变压器的变比原理可知

$$\begin{cases} u_1 = 2u_2 \\ i_1 = \dfrac{1}{2}i_2 \end{cases}$$

对两网孔列网孔方程有

$$\begin{cases} i_1 + u_1 + 2\times(i_1 - i_2) = 15 \\ 3i_2 + 2\times(i_2 - i_1) - u_2 = 0 \end{cases}$$

联立求解上述方程得　　$i_1 = 1(\mathrm{A})$，$i_2 = 2(\mathrm{A})$

3）阻抗变换

变压器不仅可以变换电压、电流，还可以变换阻抗。在电子技术中，为了使负载获得最大功率，常用变压器来变换阻抗，实现负载阻抗等于电源内阻抗（阻抗匹配）。

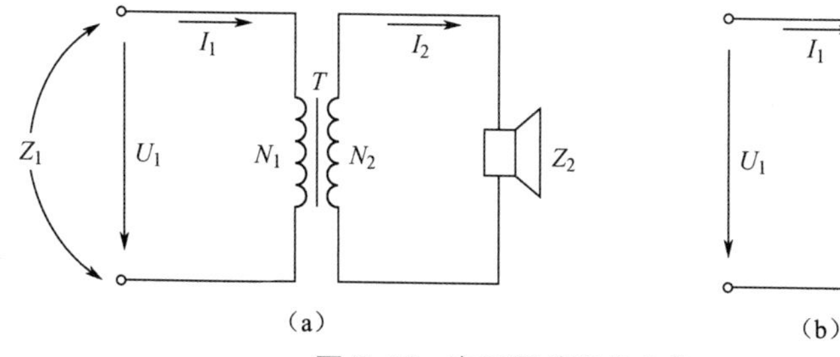

图 6-26　变压器的阻抗变换

设变压器一次输入阻抗为$|Z_1|$，二次负载阻抗为$|Z_2|$。

如图 6-26（a）所示，从变压器的初级两端看进去的阻抗（输入阻抗）为

$$|Z_1| = \frac{U_1}{I_1}$$

从变压器的次级两端看进去的阻抗（输出阻抗）为

$$|Z_2| = \frac{U_2}{I_2}$$

则有

$$\frac{|Z_1|}{|Z_2|} = \frac{U_1}{I_1} \times \frac{I_2}{U_2} = \frac{U_1}{U_2} \times \frac{I_2}{I_1} = n \times n = n^2$$

即

$$|Z_1| = n^2 |Z_2| \tag{6-15}$$

如图 6-26（b）所示，负载阻抗通过变压器接电源时，相当于把阻抗提高为原值的 n^2 倍。由此可见，变压器也有变换阻抗的作用，只要使等效阻抗 $n^2|Z_2|$ 等于电源内阻抗，就实现了阻抗匹配。

【例 6-8】某晶体管收音机的功率放大电路的阻抗为 800Ω，现在需要接阻抗为 8Ω 的扬声器，为了获得最大功率，输出变压器的变压比应为多少？

解：对输出变压器而言，输入阻抗为 $|Z_1| = 800\Omega$，输出阻抗为 $|Z_2| = 8\Omega$，由 $|Z_1| = n^2|Z_2|$ 得

$$n = \sqrt{\frac{|Z_1|}{|Z_2|}} = \sqrt{\frac{800}{8}} = 10$$

4．变压器的隔离应用

变压器是电路中不可缺少的无源设备，在众多高效装置中，变压器的效率一般都在 95%以上，达到 99%也是可能的。变压器的应用包含以下几个方面。

（1）提高或降低电压和电流，这一点使变压器在电力输送和配电方面显得很有用。

（2）将电路的一部分与另一部分隔离开来（在没有任何电连接的情况下传送功率）。

（3）变压器常用作阻抗匹配装置，以实现最大功率输送。

（4）用于感应性响应的选频电路中。

由于变压器应用的多样性，所以有许多专用变压器，如电压变压器、电流变换器、功率转换器、配电变压器、阻抗匹配变压器、声频变压器、单相变压器、三相变压器、整流变压器、反相变压器等。这里仅讨论变压器的其中一个重要应用——用作隔离装置。

如果两个装置之间没有实际的电连接，则称为电隔离。变压器的能量转换主要依靠初级绕组和次级绕组之间的磁耦合，它们之间没有电连接，是电隔离的。下面举三个例子说明如何应用变压器电隔离的优点。

如图 6-27 所示是第一个例子。整流器将交流电源转换为直流电源，变压器用在电路中可以将交流电源耦合到整流器中。这里的变压器起两个作用：升压或降压，交流电源与整流器之间的电隔离。如此一来在处理电路时就降低了电击的风险。

在放大器的级与级之间常会用到变压器，从而避免这一级的直流电压影响下一级的直流偏置。直流偏置是晶体管或电路按所要求的模式工作的必要条件。放大器的每一级都有其各自的偏置电压，按一定的模式工作，要是没有变压器作为直流隔离，工作就会遭到破坏。如图 6-28 所示，用了变压器以后，直流电压是不存在磁耦合的，只有交流信号才由前级通过变压器耦合到后级，在无线电或电视接收机中的变压器常用于高频放大器各级之间

的耦合。若变压器只作为隔离之用，其匝数比为 1，即隔离变压器的变比 n=1。

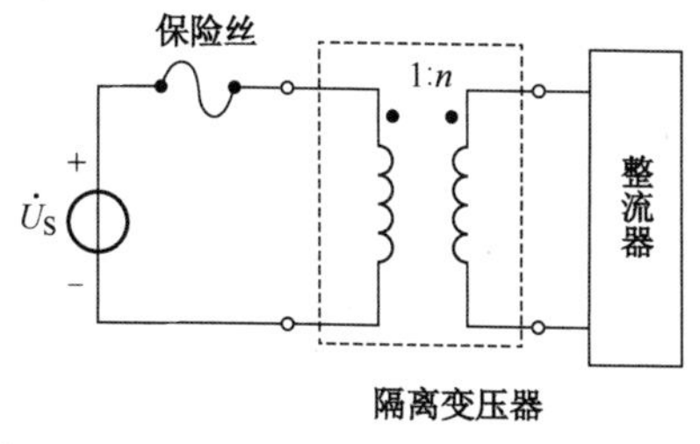

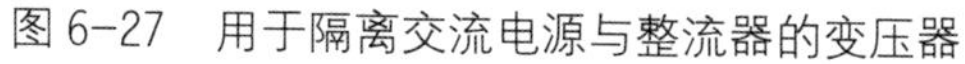
图 6-27　用于隔离交流电源与整流器的变压器

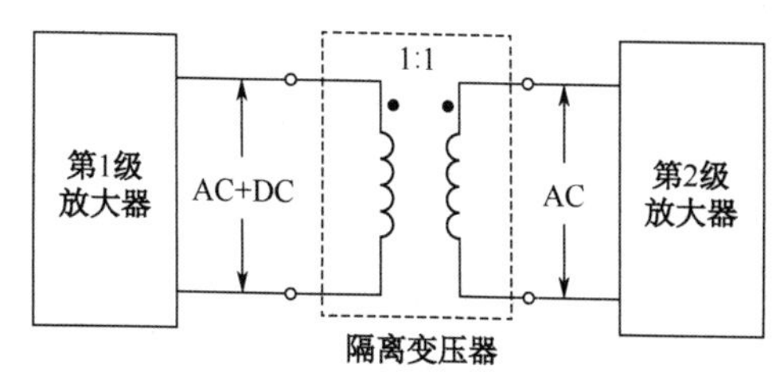

图 6-28　变压器用于两级放大器之间的隔离

第三个例子是高压测量。如图 6-29 所示，要测量图中的高压电，显然直接将电压表接在高压电源线上是不安全的。可以先用变压器隔离高压电源，降低电压使之达到安全的电压，然后用电压表测量变压器的次级电压，结合它的匝数比确定初级电压的大小。

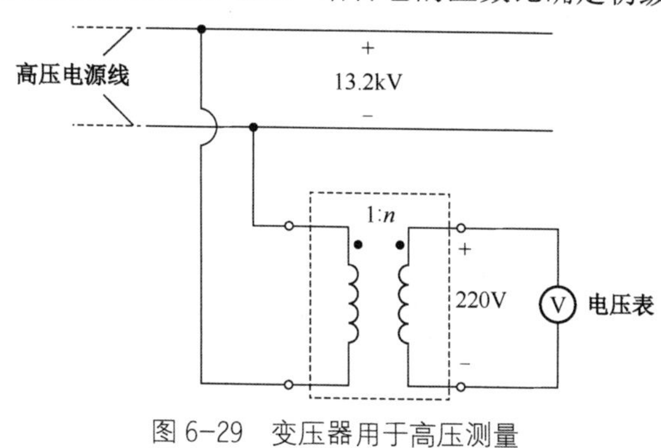

图 6-29　变压器用于高压测量

项目 2　单相电源变压器的设计

单相电源变压器的电路图如图 6-30 所示，一次绕组电压为 220V，频率为 50Hz，二次绕组有两个绕组，分别为 12V、0.5A 和 6V、1A。

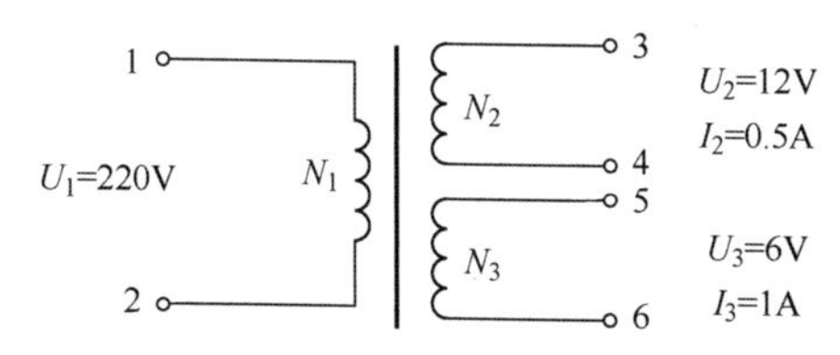

图 6-30　单相电源变压器的电路图

一、制作目的

✧　认识各类变压器；
✧　了解变压器的工作原理和特性；
✧　掌握理想变压器的设计方法；
✧　学会制作简单的单相电源变压器，并对其进行检测。

二、设备选型

序　号	名　称	规格型号	数　量
1	铁芯	GEI19	1（个）
2	线圈	Q2 型漆包线	50（米）
3	线圈框架	16×28	1（个）
4	绝缘材料	牛皮纸（0.05mm）、青壳纸（0.12mm）	各 5 张
5	浸渍材料	甲酚清漆	若干

三、设计思路

要自制一个电源变压器，最重要的是根据所需功率、电压、电流确定铁芯的用量（截面积）、各个绕组的匝数、导线直径等参数。对于功率在 1000W 以下的电源变压器，常采用两种设计方法：计算法和图表法。前者计算麻烦但较为精确，后者计算简便但误差大，本项目采用计算法设计电源变压器。计算法大致分 6 个步骤。

1. 计算变压器的额定功率

（1）计算输出总功率 P_2。

$$P_2 = U_2 I_2 + U_3 I_3 = 12 \times 0.5 + 6 \times 1 = 12(\mathrm{W})$$

（2）计算输入功率 P_1 及输入电流 I_1。

$$P_1 = \frac{P_2}{\eta} = \frac{12}{0.8} = 15(\mathrm{W})$$

$$I_1 = (1.1\sim1.2) \times \left(P_1/U_1\right) = 1.1 \times \frac{15}{220} = 0.075(\mathrm{A})$$

式中，η 为变压器效率，对于容量在 100W 以下的变压器，其值为 0.7～0.8；1.1～1.2 为考虑变压器空载励磁电流的经验系数。

2. 计算变压器的铁芯规格

（1）确定铁芯截面积 S。小容量变压器的铁芯形式多采用壳式，在中间铁芯柱上套放绕组，铁芯的几何尺寸如图 6-31 所示。它的中柱截面积 S 的大小与经验系数 k_0、变压器输出总功率 P_2 有关，对于 100W 以下的变压器，k_0 的值取 1.2～1.3。

$$S = k_0 \sqrt{P_2} = 1.25 \times \sqrt{12} = 4.33(\mathrm{cm}^2)$$

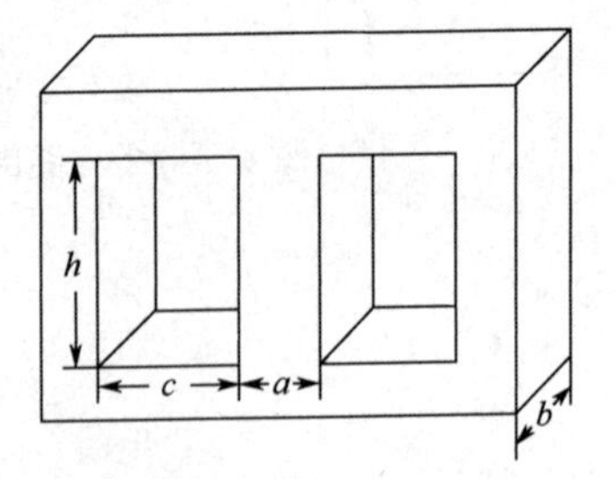

图 6-31　铁芯的几何尺寸

（2）确定铁芯规格。根据计算所得的 S 值，确定使用 GEI 型铁芯，还要根据实际情况

来确定铁芯尺寸 a 与 b 的大小，由图可得

$$S = a \times b$$

式中，a——铁芯中柱宽（mm）；

b——铁芯叠厚（mm）。

查阅《电工手册》，可选用 GEI16 型铁芯，即 a=16mm，b=28mm。

3）计算每个绕组的匝数

根据 $U \approx E = 4.44fN\phi_m$，设 N_0 表示变压器感应 1V 电动势所需绕组的匝数，则

$$N_0 = \frac{1}{4.44f\phi_m} = \frac{1}{4.44fB_mS} = \frac{1}{4.44 \times 50 \times 15000 \times 10^{-4} \times 18 \times 24 \times 10^{-6}} \approx 7 \text{（匝/V）}$$

式中，B_m——磁感应强度，不同的硅钢片所允许的 B_m 值也不同，一般热轧硅钢片取 9000～12000Gs，冷轧硅钢片取 12000～18000Gs。如果不知道硅钢片的牌号，按经验可以将硅钢片扭一扭，如果硅钢片薄而脆，则磁性较好（俗称高硅），B_m 可取大些；如果硅钢片厚而软，则磁性较差（俗称低硅），B_m 可取小些。

根据电压值计算求得一、二次绕组的匝数。考虑到接上负载后的压降及损耗，二次绕组应增加 5%的匝数，则

一次绕组的匝数：　$N_1 = N_0 \times U_1 = 7 \times 220 = 1540$（匝）

二次绕组的匝数：　$N_2 = 1.05 \times N_0 \times U_2 = 1.05 \times 7 \times 12 = 88$（匝）

$$N_3 = 1.05 \times N_0 \times U_3 = 1.05 \times 7 \times 6 = 44 \text{（匝）}$$

4）计算变压器绕组导线的规格

计算绕组的导线直径 d，先选取电流密度 j，求出各导线的截面积为

$$S_t = I/j$$

式中，电流密度一般取 $j = (2～3)\text{A/mm}^2$，变压器短时工作时可以取 $j = (4～5)\text{A/mm}^2$。如果取 $j = 3\text{A/mm}^2$，则

$$d = 0.65\sqrt{I}\ \text{(mm)}$$

一次绕组 N_1 导线的直径为　$d_1 = 0.65\sqrt{I_1} = 0.65\sqrt{0.075} = 0.18\text{(mm)}$

二次绕组 N_2 导线的直径为　$d_2 = 0.65\sqrt{I_2} = 0.65\sqrt{0.5} = 0.46\text{(mm)}$

二次绕组 N_3 导线的直径为　$d_3 = 0.65\sqrt{I_3} = 0.65\sqrt{1} = 0.65\text{(mm)}$

查阅《电工手册》漆包线规格表，可分别选用导线直径为 0.18mm、0.47mm、0.67mm 的 Q2 型漆包线。

5）选择合适的变压器绝缘材料

对于一般的小型电源变压器来说，其工作环境、温升情况均无特殊要求，工作电压为 220V，其层间绝缘可用牛皮纸，厚度为 0.05mm，线圈间的绝缘可采用 2～3 层牛皮纸或 0.12mm 的青壳纸。本项目采用现成的 16×28 线圈框架。

6）核算变压器铁芯窗口容纳绕组的情况

当一、二次绕组裸线截面积乘以相应匝数所得总面积占铁芯窗口面积的 30%左右时，一般是可以容纳绕组且比较适当的。

（1）根据铁芯规格（GEI16）查阅《电工手册》得到窗口宽度为 $c=10\text{mm}$，高度为 $h=28\text{mm}$，则窗口面积为

$$c\times h=10\times 28=280(\text{mm}^2)$$

一半窗口面积即为 140mm^2。

（2）一次绕组 N_1 的导线截面积为

$$S_1=3.14\times(0.18/2)^2=0.0254(\text{mm}^2)$$

一次绕组 N_1 的总面积 S_{N1} 为

$$S_{\text{N1}}=S_1\times N_1=0.0254\times 1540=39(\text{mm}^2)(<42\text{mm}^2)$$

所以一次绕组会很紧凑。

（3）二次绕组 N_2 的导线截面积为

$$S_2=3.14\times(0.47/2)^2=0.173(\text{mm}^2)$$

二次绕组 N_2 的总面积 S_{N2} 为

$$S_{\text{N2}}=S_2\times N_2=0.173\times 88=15(\text{mm}^2)$$

二次绕组 N_3 的导线截面积为

$$S_3=3.14\times(0.67/2)^2=0.352(\text{mm}^2)$$

二次绕组 N_3 的总面积 S_{N3} 为

$$S_{\text{N3}}=S_3\times N_3=0.352\times 44=15(\text{mm}^2)$$

二次绕组的总面积为

$$S_{\text{N3}}+S_{\text{N2}}=15+15=30(\text{mm}^2)(<42\text{mm}^2)$$

所以二次绕组会很宽裕。

四、操作步骤

1）绕线前的准备工作

（1）选择漆包线和绝缘材料。

（2）选择或制作绕组骨架。

（3）制作木芯（木芯是套在绕线机转轴上支撑绕组骨架以进行绕线的）。

2）绕线

（1）按一次侧、静电屏蔽层、二次侧高压绕组、二次侧低压绕组的顺序依次叠绕。

（2）做好层间、绕组间及绕组与静电屏蔽层间的绝缘。

（3）当绕组导线的直径大于 0.2mm 时，绕组的引出线可利用原线；当绕组导线的直径小于 0.2mm 时，应采用软线焊接后引出，引出线应用绝缘套管绝缘。

3）绕组测试

（1）不同绕组的绝缘测试。

（2）绕组的断线及短路测试。

4）铁芯叠装

（1）硅钢片采用交叠方式进行叠装，叠装时要注意避免损伤线包。

（2）铁芯叠装要求平整且紧而牢，以防铁芯截面达不到计算要求，并且使硅钢片产生振动噪声。

5）半成品测试

（1）绝缘电阻测试。用兆欧表测试各绕组之间及各绕组对铁芯（地）的绝缘电阻。
（2）空载电压测试。一次侧加额定电压时，二次侧空载电压允许误差应≤±5%。
（3）空载电流测试。一次侧加额定电压时，其空载电流应小于10%～20%的额定电流。

6）浸漆与烘干

（1）将绕组或变压器预烘干（温度不能超过变压器材料的耐温值）。
（2）将绕组或变压器浸漆。
（3）将浸漆滴干后的绕组或变压器送入烘箱内干燥，烘到漆膜完全干燥、固化、不粘手为止。

7）成品测试

（1）耐压及绝缘测试。用高压仪、兆欧表测试各绕组之间及各绕组对铁芯的耐压及绝缘电阻。
（2）空载电压、电流测试。方法同上。
（3）负载电压、电流测试。一次侧加额定电压、二次侧加额定负载，测量电压与电流。

五、项目考核

能力目标	专业技能 目标要求	评分标准	配分	得分	备注
设计	1. 能正确计算额定功率 2. 能正确设计铁芯规格 3. 能正确计算每个绕组的匝数 4. 能根据计算结果正确选择变压器绕组导线的规格 5. 能选择合适的变压器绝缘材料	1. 计算额定功率错误，每处扣0.5分 2. 铁芯规格选择错误，扣1分 3. 绕组匝数计算错误，每处扣1分 4. 导线规格选择错误，扣0.5分 5. 绝缘材料选择错误，扣1分	5		扣完为止
安装与制作	1. 能正确使用各种工具 2. 排线方法正确，排线紧密结实且呈梯状 3. 层间绝缘处理好 4. 引出线正确 5. 空载电压和空载电流符合要求，通电响声正常	1. 排线不紧密或不结实，出现塌崩，每处扣1分 2. 引出线不正确，每处扣1分 3. 空载电压和空载电流不符合要求，扣2分 4. 损坏元件，每个扣1分	5		扣完为止
元件质量检测	能够根据元件的工作原理正确选用仪表进行质量检测，得到质检结果	在元件质量检测过程中，每错检、缺检、漏检一处，酌情扣0.5～3分	5		扣完为止

六、项目报告

单相电源变压器设计制作报告

项目名称	
设计目的	
所需器材	
设计步骤	
操作步骤	
心得体会	
教师评语	

技能实训　互感耦合电路的测定

一、实训目的

（1）学会互感电路同名端、互感系数以及耦合系数的测定方法。
（2）理解两个线圈相对位置的改变以及用不同的材料制作线圈绕组时对互感的影响。

二、原理说明

1）判定互感线圈同名端的方法

（1）直流法。如图 6-32 所示，当开关 S 闭合时，若毫安表的指针正偏，则可判定 1、3 为同名端；若毫安表的指针反偏，则可判定 1、4 为同名端。

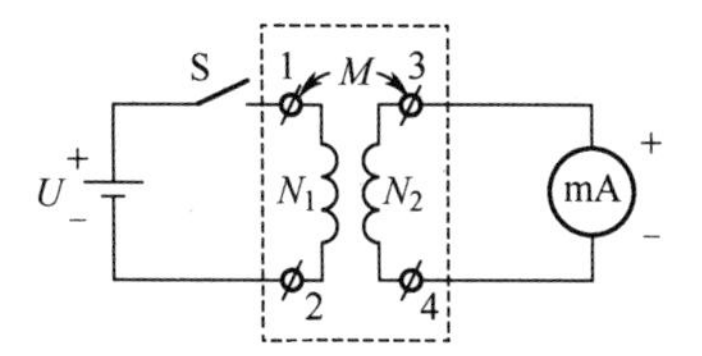

图 6-32　直流法测同名端

（2）交流法。如图 6-33 所示，将两个绕组 N_1 和 N_2 的任意两端（如 2、4 端）连在一起，在其中的一个绕组（如 N_1）两端加一个低电压，另一个绕组（如 N_2）开路，用交流电压表分别测出端电压 U_{13}、U_{12} 和 U_{34}。若 U_{13} 是两个绕组端电压之差，则 1、3 是同名端；若 U_{13} 是两个绕组端电压之和，则 1、4 是同名端。

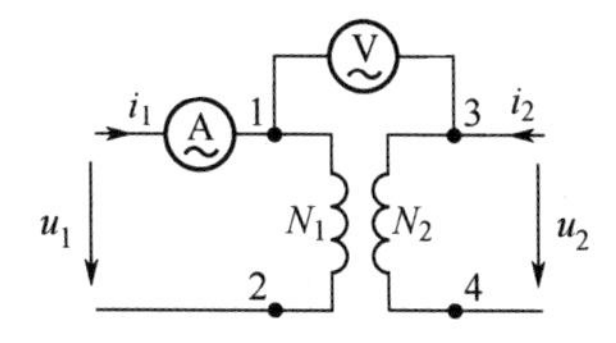

图 6-33　交流法测同名端

2）两线圈互感系数 M 的测定

如图 6-33 所示，在 N_1 侧施加低压交流电压 u_1，测出 I_1 及 U_2。根据互感电势 $E_{2M} \approx U_2 = \omega M I_1$，可算得互感系数 $M = \dfrac{U_2}{\omega I_1}$。

3）耦合系数 k 的测定

两个互感线圈耦合松紧的程度可用耦合系数 k 来表示。

$$k = \frac{M}{\sqrt{L_1 L_2}}$$

在图 6-33 中，先在 N_1 侧加低压交流电压 u_1，测出 N_2 侧开路时的电流 I_1；然后再在 N_2 侧加电压 u_2，测出 N_1 侧开路时的电流 I_2，求出各自的自感 L_1 和 L_2，即可算得 k 值。

三、实训设备

序　号	名　称	型号与规格	数　量	备　注
1	数字直流电压表	0～200V	1	D31
2	数字直流电流表	0～5A 和 0～2mA	2	D31
3	交流电压表	0～30V	1	D32
4	交流电流表	0～5A	1	D32
5	空心互感线圈	N_1 为大线圈 N_2 为小线圈	1 对	DG08
6	自耦调压器		1	DG01
7	直流稳压电源	0～30V	1	DG04
8	电阻器	30Ω/8W 510Ω/2W	各 1	DG09
9	发光二极管	红或绿	1	DG09
10	粗、细铁棒和铝棒		各 1	
11	变压器	36V/220V	1	DG08

四、实训内容

分别用直流法和交流法测定互感线圈的同名端。

（1）直流法。直流法测定互感线圈同名端的电路如图 6-34 所示。先将 N_1 和 N_2 两线圈的四个接线端以 1、2 和 3、4 编号。将 N_1、N_2 同心地套在一起，并放入细铁棒。U 为可调直流稳压电源，调至 10V。流过 N_1 侧的电流不可超过 0.4A（选用 5A 量程的数字电流表）。N_2 侧直接接入 2mA 量程的毫安表。将细铁棒迅速地拔出和插入，观察毫安表读数正、负的变化，从而判定 N_1 和 N_2 两个线圈的同名端。

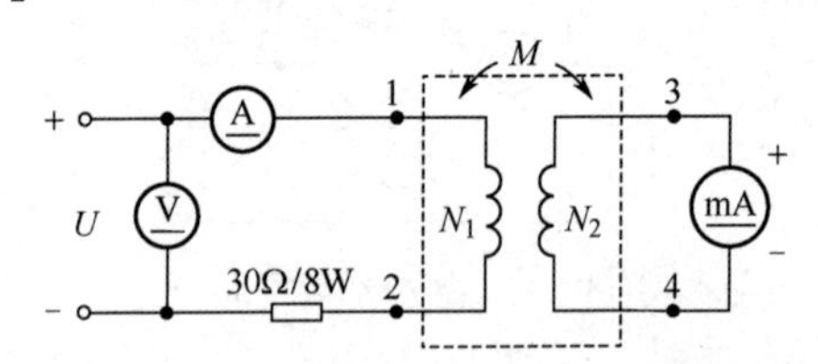

图 6-34　直流法测定互感线圈同名端电路

（2）交流法。在本方法中，由于加在 N_1 上的电压仅为 2V 左右，直接用屏内调压器很难调节，因此采用如图 6-35 所示的电路来扩展调压器的调节范围。图中 W、N 为主屏上的自耦调压器的输出端，B 为 DG08 挂箱中的升压铁芯变压器，此处作降压用。将 N_2 放入 N_1 中，并在两线圈中插入细铁棒。A 为 2.5A 以上量程的电流表，N_2 侧开路。

接通电源前，应首先检查自耦调压器是否调至零位，确认后方可接通交流电源。令自耦调压器输出一个很低的电压（约 12V 左右），使流过电流表的电流小于 1.4A，然后用 0～30V 量程的交流电压表测量 U_{13}、U_{12} 和 U_{34}，判定同名端。

拆去 2、4 连线，并将 2、3 相接，重复上述步骤，判定同名端。

拆除 2、3 连线，测 U_1、I_1、U_2，计算 M 值。

将低压交流电压加在 N_2 侧，使流过 N_2 侧的电流小于 1A，N_1 侧开路，测出 U_2、I_2、U_1。

用万用表的 R×1 挡分别测出 N_1 和 N_2 线圈的电阻值 R_1 和 R_2，计算 K 值。

五、观察互感现象

在图 6-35 的 N_2 侧接入 LED 发光二极管与 510Ω 电阻串联的支路。

（1）将细铁棒慢慢地从两线圈中拔出和插入，观察 LED 亮度的变化及各仪表读数的变化，记录现象。

（2）将两线圈改为并排放置并改变其间距，分别插入细铁棒，观察 LED 亮度的变化及各仪表读数的变化。

（3）改用铝棒、粗铁棒代替细铁棒，重复（1）、（2）两个步骤，观察 LED 的亮度变化，记录现象。

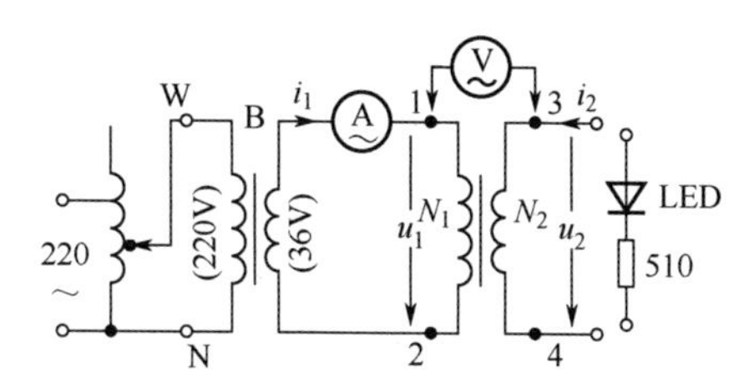

图 6-35　交流法测定互感线圈同名端电路

本情境小结

1）互感

了解互感现象产生的原因，掌握互感电压大小的表达式。

$$|u_{21}| = M\left|\frac{\mathrm{d}i_1}{\mathrm{d}t}\right|$$

$$|u_{12}| = M\left|\frac{\mathrm{d}i_2}{\mathrm{d}t}\right|$$

2）互感线圈的耦合

耦合系数　$k = \dfrac{M}{\sqrt{L_1 L_2}}$　$(0 \leqslant k \leqslant 1)$

当 $k = 1$ 时，为全耦合。

3）同名端

实际极性始终相同的两个端子称为同名端。

4）互感电压

当互感电压的参考方向和产生它的电流的参考方向对同名端的指向一致时，有

$$u_{21} = M\frac{\mathrm{d}i_1}{\mathrm{d}t}$$

$$u_{12} = M\frac{\mathrm{d}i_2}{\mathrm{d}t}$$

对于正弦电流，其相量表达式为

$$\dot{U}_{21} = \mathrm{j}\omega M\dot{I}_1$$

$$\dot{U}_{12} = \mathrm{j}\omega M\dot{I}_2$$

5）互感线圈中电压和电流的关系

对于有互感的两个线圈，每个线圈的端口电压为自感电压和互感电压的代数和，其中，自感电压的方向选取与通过线圈的电流为关联参考方向，当输入电流为正弦电流时，其相量表达式为

$$\dot{U}_{\mathrm{L1}} = \mathrm{j}\omega L_1\dot{I}_1$$

$$\dot{U}_{\mathrm{L2}} = \mathrm{j}\omega L_2\dot{I}_2$$

当互感电压的参考方向和产生它的电流的参考方向对同名端的指向一致时，端口电压的相量表达式为

$$\dot{U}_1 = \dot{U}_{\mathrm{L1}} + \dot{U}_{12} = \mathrm{j}\omega L_1\dot{I}_1 + \mathrm{j}\omega M\dot{I}_2$$

$$\dot{U}_2 = \dot{U}_{\mathrm{L2}} + \dot{U}_{21} = \mathrm{j}\omega L_2\dot{I}_2 + \mathrm{j}\omega M\dot{I}_1$$

6）互感线圈的串联

重点掌握等效电感的概念。

顺向串联的等效电感为 $L_{\mathrm{FW}} = L_1 + L_2 + 2M$

反向串联的等效电感为 $L_{\mathrm{R}} = L_1 + L_2 - 2M$

互感系数为 $M = \dfrac{L_{\mathrm{FW}} - L_{\mathrm{R}}}{4}$

7）互感线圈的并联

在给定参考方向下，根据相量形式的 KCL 和 KVL 列出端口的电压方程并进行转换，消去互感，然后画出去耦等效电路。

8）理想变压器

（1）电压变换。

理想变压器的电压变换为 $\dfrac{U_1}{U_2} = \dfrac{N_1}{N_2} = n$

（2）电流变换。

理想变压器的电流变换为 $\dfrac{I_1}{I_2} = \dfrac{U_2}{U_1} = \dfrac{N_2}{N_1} = \dfrac{1}{n}$

（3）阻抗变换。

理想变压器的负载 Z_2 折合到其输入端为

$$|Z_1| = n^2 |Z_2|$$

练习与提高

1．已知两线圈的自感为 $L_1 = 16\text{mH}$，$L_2 = 4\text{mH}$。（1）若 $k = 0.5$，求互感 M；（2）若 $M = 6\text{mH}$，求耦合系数 k；（3）若两线圈为全耦合，求互感 M。

2．一对磁耦合线圈串联，已知 $L_1 = 10\text{H}$，$L_2 = 4\text{H}$，$M = 3\text{H}$，试计算顺向串联和反向串联时的等效电感分别为多少。

3．电路如图 6-36 所示，标出自感电压和互感电压的参考方向，并写出端口电压 $\dot{U}_1$ 和 $\dot{U}_2$ 的相量表达式。

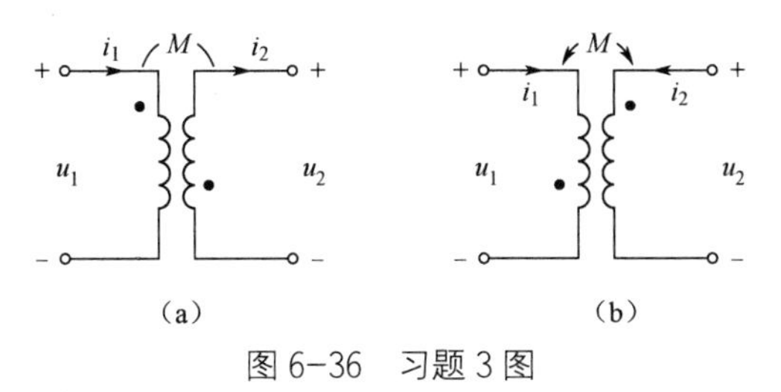

图 6-36　习题 3 图

4．电路如图 6-37 所示，已知 $U_1 = 100\text{V}$，$\omega L_1 = \omega L_2 = 8\Omega$，$\omega M = 4\Omega$，求 AB 端开路电压 U_{AB} 为多少。

5．电路如图 6-38 所示，已知 $L_1 = L_2 = 0.02\text{H}$，$u_{AB} = 2\sqrt{2}\sin100t\text{V}$，求电流 $\dot{I}_1$ 为多少。

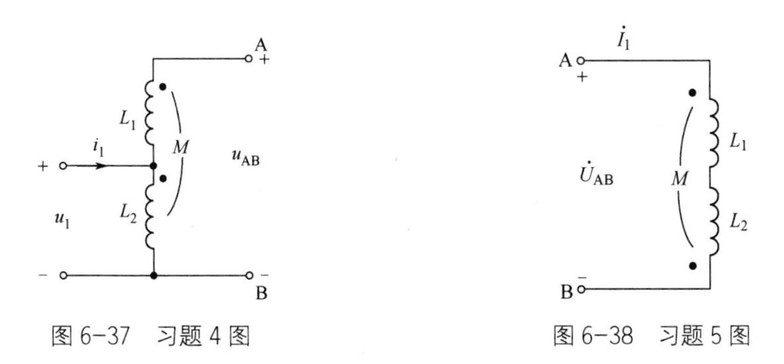

图 6-37　习题 4 图　　图 6-38　习题 5 图

6．电路如图 6-39 所示，已知 $R = 100\Omega$，$L_1 = 0.1\text{H}$，$L_2 = 0.4\text{H}$，$M = 0.2\text{H}$，谐振时 $\omega_0 = 10^6\text{rad/s}$，试求谐振时的电容 C 为多少。

7．如图 6-40 所示，已知 $R_1 = R_2 = 100\Omega$，$L_1 = 4\text{H}$，$L_2 = 10\text{H}$，$M = 5\text{H}$，$C = 10\mu\text{F}$，电源电压 $\dot{U} = 220\angle0°\ \text{V}$，$\omega = 100\text{rad/s}$，求电流 $\dot{I}$ 为多少。

8．电路如图 6-41 所示，已知 $L_1 = 0.04\text{H}$，$L_2 = 0.01\text{H}$，$M = 0.01\text{H}$，$\omega = 100\text{rad/s}$，$R_1 = 10\Omega$，求图 6-41 所示电路的等效阻抗为多少。

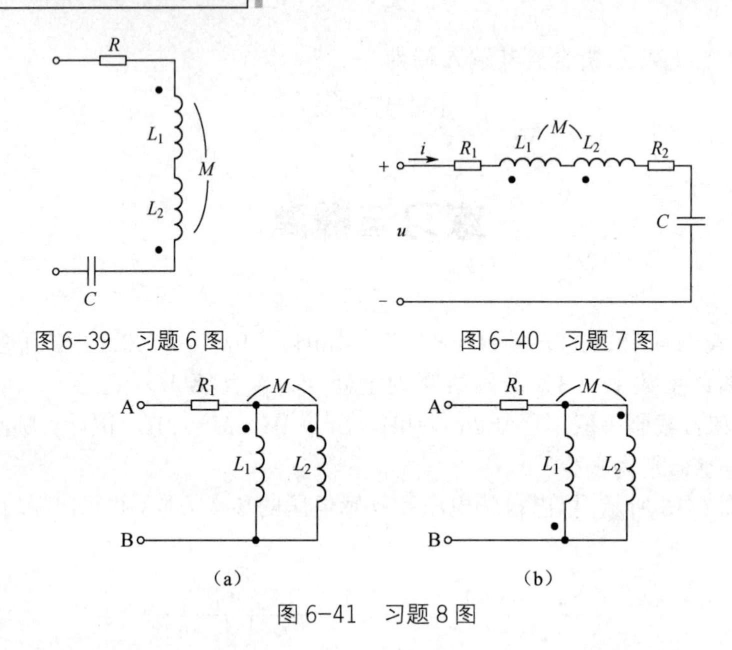

图 6-39　习题 6 图

图 6-40　习题 7 图

图 6-41　习题 8 图

9．电路如图 6-42 所示，已知 $L_1 = 0.1\text{H}$，$L_2 = 0.4\text{H}$，$M = 0.01\text{H}$，$\omega = 1000\text{rad/s}$，$R = 10\Omega$，当 C 为何值时电路发生谐振？

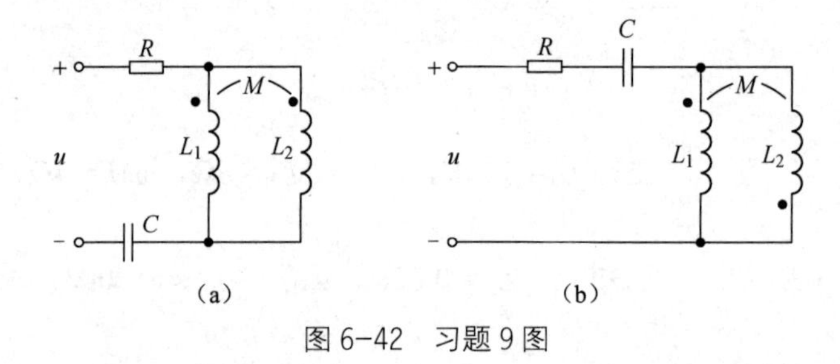

图 6-42　习题 9 图

10．某晶体管收音机二次侧接 4Ω 的扬声器，现改接为 8Ω 的扬声器，且要求一次侧的等效阻抗保持不变，已知输出变压器的一次绕组匝数 $N_1 = 250$ 匝，二次绕组匝数 $N_2 = 50$ 匝，若一次绕组匝数不变，问二次绕组的匝数应如何变动才能实现阻抗匹配。